Arithmetische Funktionen

Paul J. McCarthy

Arithmetische Funktionen

Aus dem Englischen übersetzt von
Markus Hablizel

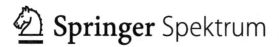 Springer Spektrum

Paul J. McCarthy
Department of Mathematics
University of Kansas
Lawrence, USA

ISBN 978-3-662-53731-2   ISBN 978-3-662-53732-9 (eBook)
DOI 10.1007/978-3-662-53732-9

Die Deutsche Nationalbibliothek verzeichnet diese Publikation in der Deutschen Nationalbibliografie;
detaillierte bibliografische Daten sind im Internet über http://dnb.d-nb.de abrufbar.

Springer Spektrum
Translation from the English language edition: Introduction to Arithmetical Functions by Paul J. Mc-
Carthy, Copyright © 1986 by Springer-Verlag New York Inc.
This Springer imprint is published by Springer Nature
The registered company is Springer Science+Business Media LLC
All Rights Reserved
© Springer-Verlag GmbH Deutschland 2017

Planung: Dr. Andreas Rüdinger

Gedruckt auf säurefreiem und chlorfrei gebleichtem Papier

Springer Spektrum ist Teil von Springer Nature
Die eingetragene Gesellschaft ist Springer-Verlag GmbH Germany
Die Anschrift der Gesellschaft ist: Heidelberger Platz 3, 14197 Berlin, Germany

Vorwort des Autors

Die Theorie der arithmetischen Funktionen gehörte schon immer zu den eher dynamischeren Bereichen der Zahlentheorie. Die große Anzahl an Veröffentlichungen, welche im Literaturverzeichnis aufgeführt sind, bezeugen ihre Bedeutung. Viele Lehrbücher über Zahlentheorie enthalten Sätze über arithmetische Funktionen, meistens die klassischen Ergebnisse. Mein Anliegen ist es, den Leser über die Stelle hinaus zu führen, an dem die Lehrbücher das Thema abschließen. In jedem Kapitel gibt es Ergebnisse, die aktuell sind, und in manchen gilt dies für nahezu den gesamten Inhalt.

Dieses Buch ist eine Einführung in das Gebiet der arithmetischen Funktionen und soll keine wissenschaftliche Monographie hierzu darstellen. Deshalb darf nicht erwartet werden, dass jedes Thema abgedeckt wird. Im Literaturverzeichnis sind Veröffentlichungen angegeben, die mit den behandelten Themen zusammen hängen, und diese sollen zumindest eine gute Näherung an eine vollständige Darstellung des Themas innerhalb eines Rahmens, den ich mir selbst auferlegt habe, geben. Wenn Themen ausgelassen oder nur sehr knapp behandelt wurden, so habe ich weiterführende Literatur zu diesen aufgeführt.

Jedem Kapitel folgen Anmerkungen, die vorrangig bibliografischer Natur und nur zum Teil historisch sind. Mein Anliegen ist es, mit diesen Anmerkungen auf die ursprünglichen Quellen der Ergebnisse hinzuweisen. Zahlentheorie, und insbesondere die Theorie der arithmetischen Funktionen, ist voller Wiederentdeckungen; deshalb hoffe ich, dass der Leser nicht zu streng mit mir sein wird, wenn es mir nicht gelingt, die allererste Quelle eines Resultats zu nennen. Möglicherweise hilft dieses Buch die Anzahl der Wiederentdeckungen zu verringern.

Im vorliegenden Buch sind mehr als 400 Übungsaufgaben enthalten, welche einen wesentlichen Teil meiner Erschließung des Themas darstellen. Bei einem ernsthaften Lesen des Buchs muss etwas Zeit für das Nachdenken über diese Aufgaben verwendet werden.

Ich setze voraus, dass der Leser mit dem Gebiet der Analysis, insbesondere mit unendlichen Reihen, vertraut ist, sowie Erfahrungen durch den Besuch von Einführungsvorlesungen der Mathematik erlangt hat. Ein einführendes Lehrbuch in die Zahlentheorie enthält hierzu genügend Hintergrundwissen. Eigentlich werden nur wenige Resultate einer solchen Vorlesung benutzt, wie zum Beispiel Kongruenzen und die Eindeutigkeit der Primfaktorzerlegung.

Paul J. McCarthy[1]

---

[1] Paul Joseph McCarthy (1928–2012)

Inhaltsverzeichnis

Multiplikative Funktionen

1.1 Einführung und Beispiele multiplikativer Funktionen

Eine **arithmetische Funktion** ist eine komplexwertige Funktion, die auf der Menge der natürlichen Zahlen definiert ist. Auch wenn viele Beispiele solcher Funktionen auf völlig beliebige Art definiert werden können, tauchen die interessantesten dadurch auf, dass sie gewisse arithmetische Eigenschaften codieren. Die nachfolgenden ersten Beispiele erscheinen auf diese Art und Weise.

(i)   Die **Eulersche φ-Funktion**[1] wird folgendermaßen definiert:

$$\varphi(n) := \#\{m \in \mathbb{N} : 1 \le m \le n, (m;n) = 1\}$$

     wobei $(m;n)$ den **größten gemeinsamen Teiler** von m und n bezeichnet.

(ii)   Für eine natürliche Zahl k wird die **Teilersummen-Funktion** σ_k durch

$$\sigma_k(n) := \sum_{d\,|\,n} d^k$$

definiert. Im Speziellen ist

$$\sigma(n) := \sigma_1(n) = \sum_{d\,|\,n} d$$

die Summe der Teiler von n und

$$\tau(n) := \sigma_0(n) = \sum_{d\,|\,n} 1$$

die Anzahl der Teiler von n (wenn in diesem Buch von Teilern gesprochen wird, dann sind stets nur die positiven Teiler gemeint).

---

[1] Leonhard Euler (1707–1783)

© Springer-Verlag GmbH Deutschland 2017
P.J. McCarthy, *Arithmetische Funktionen*, DOI 10.1007/978-3-662-53732-9_1

(iii) Für eine natürliche Zahl k wird die Funktion ζ_k durch

$$\zeta_k(n) := n^k \tag{1.1}$$

definiert. Die Funktion $\mathbb{1} := \zeta_0$ mit $\mathbb{1}(n) = 1$ für alle $n \in \mathbb{N}$ heißt **arithmetische Zeta-Funktion**.

Es existieren mehrere nützliche arithmetische Verknüpfungen auf der Menge der arithmetischen Funktionen. Sind f und g arithmetische Funktionen, dann wird deren **Summe** $f + g$ und deren **Produkt** fg punktweise definiert:

$$(f + g)(n) := f(n) + g(n)$$
$$(fg)(n) := f(n)g(n)$$

Die Addition und Multiplikation arithmetischer Funktionen ist in natürlicher Weise kommutativ, assoziativ und distributiv.

Die **Dirichlet-Faltung**[2] $f * g$ von f und g wird durch

$$(f * g) := \sum_{d \mid n} f(d) g\left(\frac{n}{d}\right)$$

definiert. Beispielsweise gilt damit $\sigma_k = \zeta_k * \mathbb{1}$.

Lemma 1.1 *Sind f, g und h arithmetische Funktionen dann gelten die folgende Aussagen:*

(i) $f * g = g * f$
(ii) $(f * g) * h = f * (g * h)$
(iii) $f * (g + h) = f * g + f * h$

Beweis Aussage (i) folgt aus der Tatsache, dass mit d auch $\frac{n}{d}$ über alle Teiler von n läuft. Desweiteren gilt

$$(f * (g * h))(n) = \sum_{d \mid n} f(d) \sum_{e \mid \frac{n}{d}} g(e) h\left(\frac{n}{de}\right)$$

und mit $D = de$ ist dies äquivalent zu

$$\sum_{D \mid n} \left(\sum_{e \mid D} f\left(\frac{D}{e}\right) g(e) \right) h\left(\frac{n}{D}\right) = ((f * g) * h)(n)$$

---

[2] Johann Peter Gustav Lejeune Dirichlet (1805–1859)

was Aussage (ii) beweist. Für den Nachweis von Aussage (iii) bemerkt man

$$(f * (g + h))(n) = \sum_{d|n} f(d) \left(g\left(\frac{n}{d}\right) + h\left(\frac{n}{d}\right) \right)$$
$$= \sum_{d|n} f(d) g\left(\frac{n}{d}\right) + \sum_{d|n} f(d) h\left(\frac{n}{d}\right)$$
$$= (f * g)(n) + (f * h)(n)$$
$$= (f * g + f * h)(n)$$

was den Beweis abschließt.   □

Hieraus ergibt sich in der Sprache der abstrakten Algebra, dass die Menge der arithmetischen Funktionen zusammen mit den binären Verknüpfungen Addition und Faltung einen kommutativen Ring $(\mathcal{A}, +, *)$ bildet. Der Ring $\mathcal{A}$ besitzt das Einselement δ, definiert durch

$$\delta(n) := \begin{cases} 1 & \text{wenn } n = 1 \\ 0 & \text{sonst} \end{cases} \tag{1.2}$$

Wie sich leicht nachrechnen lässt, gilt damit $f * \delta = \delta * f = f$ für jede arithmetische Funktion f.

Für eine arithmetische Funktion f wird eine arithmetische Funktion g mit der Eigenschaft $f * g = g * f = \delta$ eine **inverse Funktion** genannt. Sind g und g' zwei Funktionen mit dieser Eigenschaft, dann gilt

$$g = \delta * g = (g' * f) * g = g' * (f * g) = g' * \delta = g'$$

woraus folgt, dass, wenn eine inverse Funktion existiert, diese eindeutig ist. Für die zu f inverse Funktion wird die Notation f^{-1} verwendet. Die invertierbaren Elemente des Rings $\mathcal{A}$ sind die Einheiten von $\mathcal{A}$.

Lemma 1.2 *Eine arithmetische Funktion f hat genau dann ein Inverses, wenn $f(1) \neq 0$.*

Beweis Angenommen f hat ein Inverses. Dann gilt

$$1 = \delta(1) = (f * f^{-1})(1) = f(1) f^{-1}(1)$$

also auch $f(1) \neq 0$. Umgekehrt, ist $f(1) \neq 0$, dann definieren wir eine Funktion g rekursiv durch

$$g(1) := \frac{1}{f(1)}$$

und für $n > 1$

$$g(n) := -\frac{1}{f(1)} \sum_{\substack{d \mid n \\ d > 1}} f(d) g\left(\frac{n}{d}\right) \tag{1.3}$$

Dann gilt $f * g = \delta$ und $g * f = \delta$ und damit nach Lemma 1.1, dass g die zu f inverse arithmetische Funktion ist.   □

Hieraus ergibt sich, dass auch die arithmetische Zeta-Funktion $\mathbb{1}$ eine inverse Funktion besitzt. Diese wird mit μ bezeichnet und heißt **Möbius-Funktion**[3]. Da $\mu * \mathbb{1} = \delta$ ist, gilt

$$\sum_{d \mid n} \mu(d) = \begin{cases} 1 & \text{wenn } n = 1 \\ 0 & \text{sonst} \end{cases}$$

Insbesondere gilt für eine Primzahl p und für alle natürlichen Zahlen $a \geq 1$

$$\sum_{j=0}^{a} \mu(p^a) = 0$$

Daraus folgt $\mu(1) = 1, \mu(p) = -1$ und $\mu(p^a) = 0$ für alle $a \geq 2$. Sind f und g arithmetische Funktionen mit der Eigenschaft $f = g * \mathbb{1}$, dann gilt $f * \mu = g$. Dies ist die klassische **Möbius-Umkehrformel**. Die umgekehrte Aussage, das heißt $(f * \mu = g) \Rightarrow (f = g * \mathbb{1})$, ist ebenfalls wahr, da $\mathbb{1}$ und μ zueinander inverse Funktionen sind. Diese Aussagen haben einen stärkeren visuellen Effekt, wenn die Summenschreibweise verwendet wird:

Satz 1.3 (Möbius-Umkehrformel) *Sind f und g arithmetische Funktionen, dann gilt*

$$f(n) = \sum_{d \mid n} g(d)$$

genau dann, wenn

$$g(n) = \sum_{d \mid n} f(d) \mu\left(\frac{n}{d}\right)$$

für alle $n \in \mathbb{N}$ gilt.

Beispielsweise folgt damit aus

$$\sigma_k(n) = \sum_{d \mid n} d^k$$

die Gültigkeit von

$$n^k = \sum_{d \mid n} \sigma_k(d) \mu\left(\frac{n}{d}\right)$$

---

[3] August Ferdinand Möbius (1790–1868)

Satz 1.3 kann genutzt werden, um eine Formel für $\varphi(n)$ zu finden.

Lemma 1.4 *Definiert man für $d \mid n$ die Mengen S_d durch*

$$S_d := \left\{ m\,\frac{n}{d} : 1 \le m \le d,\ (m;d) = 1 \right\}$$

*Dann bilden die Mengen S_d eine **Partition** der Menge $\{1, 2, \ldots, n\}$, wenn d über alle Teiler von n läuft. Das heißt für zwei Teiler $d \mid n$, $e \mid n$ mit $d \ne e$ gilt*

$$S_d \cap S_e = \emptyset$$

und

$$\bigcup_{d \mid n} S_d = \{1, 2, \ldots, n\}$$

Beweis Angenommen $S_d \cap S_e$ ist nicht leer. Dann existieren x und y mit $1 \le x \le d$, $1 \le y \le e$, $(x;d) = 1 = (y;e)$ und $x\frac{n}{d} = y\frac{n}{e}$, also $xe = yd$. Da x und d keinen gemeinsamen Teiler besitzen, folgt $x \mid y$, und analog $y \mid x$. Das bedeutet aber $x = y$ und $d = e$. Ist $1 \le m \le n$, $(m;n) = \frac{n}{d}$ und $m = x\frac{n}{d}$, dann ist $(x;d) = 1$ und $1 \le x \le m\frac{d}{n} \le d$, also $m \in S_d$. $\qquad\square$

Die Menge S_d hat genau $\varphi(d)$ Elemente, woraus sich

$$n = \sum_{d \mid n} \varphi(d)$$

ergibt. Nach Satz 1.3 gilt also auch

$$\varphi(n) = \sum_{d \mid n} d\,\mu\left(\frac{n}{d}\right)$$

Für den Spezialfall einer Primzahlpotenz gilt damit insbesondere

$$\varphi(p^a) = \sum_{j=0}^{a} p^j\,\mu\left(p^{a-j}\right) = p^a - p^{a-1} = p^a\left(1 - \frac{1}{p}\right)$$

Eine arithmetische Funktion heißt **multiplikativ**, wenn $f(n) \ne 0$ für mindestens ein n und

$$f(mn) = f(m)f(n)$$

für alle teilerfremden Zahlen n und m. Ist f multiplikativ, dann folgt aus $f(n) \ne 0$, die Aussage $f(n) = f(1)f(n)$ und damit $f(1) \ne 0$, sogar $f(1) = 1$. Eine multiplikative Funktion besitzt nach Lemma 1.2 also eine inverse Funktion.

Eine multiplikative Funktion ist vollständig durch Angabe ihrer Werte auf Primzahlpotenzen bestimmt: Ist $n = p_1^{a_1} \cdot \ldots \cdot p_m^{a_m}$, dann gilt

$$f(n) = \prod_{j=1}^{m} f\left(p_j^{a_j}\right)$$

Lemma 1.5 *Mit einer multiplikativen Funktion f ist auch deren inverse Funktion f^{-1} multiplikativ.*

Beweis Seien m und n natürliche Zahlen mit $(m;n) = 1$. Ist $m = n = 1$, dann gilt $f^{-1}(mn) = f^{-1}(m) f^{-1}(n)$, da aus der Multiplikativität von f auch $f^{-1}(1) = 1$ folgt. Sei nun $mn \neq 1$. Es gelte weiter $f^{-1}(m_1 n_1) = f^{-1}(m_1) f^{-1}(n_1)$ für alle $m_1 n_1 < mn$ mit $(m_1;n_1) = 1$. Ist $m_1 = 1$ oder $n_1 = 1$, dann gilt die Aussage zweifelsohne, weshalb im Folgenden $m_1 \neq 1$ und $n_1 \neq 1$ angenommen werden darf. Man setzt analog zu Gleichung (1.3)

$$f^{-1}(mn) = -\sum_{\substack{d|mn \\ d>1}} f(d) f^{-1}\left(\frac{mn}{d}\right)$$

Da m und n teilerfremd sind, kann jeder Teiler d von mn eindeutig als $d = d_1 d_2$ mit $d_1 \mid m$, $d_2 \mid n$ und $(d_1;d_2) = 1 = \left(\frac{m}{d_1}; \frac{n}{d_2}\right)$ geschrieben werden. Damit ergibt sich

$$f^{-1}(mn) = -\sum_{\substack{d_1|m \\ d_2|n \\ d_1 d_2>1}} f(d_1 d_2) f^{-1}\left(\frac{mn}{d_1 d_2}\right)$$

und da $\frac{m}{d_1} \frac{n}{d_2} < mn$ gilt, ist

$$f^{-1}(mn) = -\sum_{\substack{d_1|m \\ d_2|n \\ d_1 d_2>1}} f(d_1) f(d_2) f^{-1}\left(\frac{m}{d_1}\right) f^{-1}\left(\frac{n}{d_2}\right)$$

$$= -f^{-1}(m) \sum_{\substack{d_2|n \\ d_2>1}} f(d_2) f^{-1}\left(\frac{n}{d_2}\right) - f^{-1}(n) \sum_{\substack{d_1|m \\ d_1>1}} f(d_1) f^{-1}\left(\frac{m}{d_1}\right)$$

$$- \left(-\sum_{\substack{d_1|m \\ d_1>1}} f(d_1) f^{-1}\left(\frac{m}{d_1}\right)\right) \left(-\sum_{\substack{d_2|n \\ d_2>1}} f(d_2) f^{-1}\left(\frac{n}{d_2}\right)\right)$$

$$= f^{-1}(m) f^{-1}(n) + f^{-1}(n) f^{-1}(m) - f^{-1}(m) f^{-1}(n)$$

$$= f^{-1}(m) f^{-1}(n)$$

was den Beweis abschließt.   □

Die arithmetische Zeta-Funktion $\mathbb{1}$ ist offensichtlich multiplikativ, und damit auch die zu ihr inverse Funktion μ und es gilt

$$
\mu(n) = \begin{cases} 1 & \text{wenn } n = 1 \\ (-1)^a & \text{wenn } n \text{ ein Produkt aus } a \text{ verschiedenen Primzahlen ist} \\ 0 & \text{sonst} \end{cases}
$$

Lemma 1.6 *Sind f und g multiplikative Funktionen, dann ist auch deren Faltung $f * g$ multiplikativ.*

Beweis Es ist $(f * g)(1) = f(1)g(1) = 1$. Für teilerfremde m und n gilt

$$
(f * g)(mn) = \sum_{d \mid mn} f(d)g\left(\frac{mn}{d}\right)
$$

$$
= \sum_{\substack{d_1 \mid m \\ d_2 \mid n}} f(d_1) f(d_2) g\left(\frac{m}{d_1}\right) g\left(\frac{n}{d_2}\right)
$$

$$
= \left(\sum_{d_1 \mid m} f(d_1) g\left(\frac{m}{d_1}\right) \right) \left(\sum_{d_2 \mid n} f(d_2) g\left(\frac{n}{d_2}\right) \right)
$$

$$
= ((f * g)(m)) ((f * g)(n)) \qquad \square
$$

Die in Gleichung (1.1) definierte Funktion ζ_k ist multiplikativ und damit auch $\sigma_k = \zeta_k * \mathbb{1}$. Für eine natürliche Zahl k ist auf Primzahlpotenzen p^a

$$
\sigma_k(p^a) = \sum_{j=0}^{a} p^{jk} = \frac{p^{(a+1)k} - 1}{p^k - 1}
$$

Für $n = p_1^{a_1} \cdot \ldots \cdot p_m^{a_m}$ ist

$$
\sigma_k(n) = \prod_{j=1}^{m} \frac{p_j^{(a_j+1)k} - 1}{p_j^k - 1}
$$

und insbesondere

$$
\sigma(n) = \prod_{j=1}^{m} \frac{p_j^{a_j+1} - 1}{p_j - 1}
$$

Mit $\tau(p^a) = a + 1$ ergibt sich

$$
\tau(n) = \sigma_0(n) = \prod_{j=1}^{m} (a_i + 1)
$$

Die Eulersche φ-Funktion ist ebenfalls multiplikativ, da sie als Faltung multiplikativer Funktionen $\varphi = \zeta_1 * \mu$ dargestellt werden kann:

$$\varphi(n) = n \prod_{p|n} \left(1 - \frac{1}{p}\right)$$

Die Funktion $\varphi(n)$ ist eine Zählfunktion; das heißt, sie gibt die Anzahl der Elemente einer Menge, hier $\{m \in \mathbb{N} : 1 \leq m \leq n, (n; m) = 1\}$, an. Zählfunktionen können gelegentlich über das **Inklusions-Exklusions-Prinzip** ausgewertet werden:

Satz 1.7 (Inklusions-Exklusions-Prinzip) *Sind $A_1, \dots, A_m$ Teilmengen einer endlichen Menge S, dann ist*

$$\#(S \setminus (A_1 \cup \dots \cup A_m)) = \#S + \sum_{j=1}^{m} (-1)^j \sum_{1 \leq i_1 < i_2 < \dots < i_j \leq m} \#\left(A_{i_1} \cup \dots \cup A_{i_j}\right)$$

Beweis Der Beweis wird per Induktion nach der Anzahl der Teilmengen geführt. Die Behauptung ist wahr für $m = 1$. Sei also $m > 1$ und die Behauptung stimme für $m - 1$ Teilmengen, also

$$\#(S \setminus (A_1 \cup \dots \cup A_{m-1})) = \#S + \sum_{j=1}^{m-1} (-1)^j \sum_{1 \leq i_1 < i_2 < \dots < i_j \leq m-1} \#\left(A_{i_1} \cap \dots \cap A_{i_j}\right)$$

Betrachtet man nun A_m und die $m - 1$ Teilmengen $A_1 \cap A_m, \dots, A_{m-1} \cap A_m$, dann ist

$$\begin{aligned}
&\#((A_m \setminus (A_1 \cup \dots \cup A_{m-1})) \cap A_m) \\
&= \#(A_m \setminus ((A_1 \cap A_m) \cup \dots \cup (A_{m-1} \cap A_m))) \\
&= \#A_m + \sum_{j=1}^{m-1} (-1)^j \sum_{1 \leq i_1 < i_2 < \dots < i_j \leq m-1} \#\left(A_{i_1} \cap \dots \cap A_{i_j} \cap A_m\right)
\end{aligned}$$

Hieraus folgt nun zusammen mit

$$\begin{aligned}
&\#(S \setminus (A_1 \cup \dots \cup A_m)) \\
&= \#(S \setminus (A_1 \cup \dots \cup A_{m-1})) - \#((A_m \setminus (A_1 \cup \dots \cup A_{m-1})) \cap A_m)
\end{aligned}$$

die Behauptung für $\#(S \setminus (A_1 \cup \dots \cup A_m))$. $\square$

Als Anwendung des Inklusions-Exklusions-Prinzips wird eine Verallgemeinerung der Eulerschen φ-Funktion ausgewertet. Für eine natürliche Zahl k wird die **Jordan-Funktion**[4] folgendermaßen definiert:

$$J_k(n) := \#\left\{(x_1, \dots, x_k) \in \mathbb{N}^k : 1 \leq x_i \leq n, (x_1; \dots; x_k; n) = 1\right\}$$

---

[4] Camille Jordan (1838–1922)

Mit dieser Definition ist $J_1 = \varphi$. Sei $n = p_1^{a_1} \cdot \ldots \cdot p_m^{a_m}$, S die Menge aller geordneten k-Tupel natürlicher Zahlen $(x_1, \ldots, x_k)$ mit $1 \leq x_i \leq n$ und sei A_i die Menge aller solcher k-Tupel mit $p_i \mid (x_1; \ldots; x_k)$. Dann ist

$$J_k(n) = \#(S \setminus (A_1 \cup \ldots \cup A_m))$$

und

$$\#\left(A_{i_1} \cap \ldots \cap A_{i_j}\right) = \left(\frac{n}{p_{i_1} \cdot \ldots \cdot p_{i_j}}\right)^k$$

Schließlich ergibt sich

$$\begin{aligned}
J_k(n) &= n^k + \sum_{j=1}^{m} (-1)^j \sum_{1 \leq i_1 < i_2 \ldots < i_j \leq m} \left(\frac{n}{p_{i_1} \cdot \ldots \cdot p_{i_j}}\right)^k \\
&= \sum_{d \mid n} \left(\frac{n}{d}\right)^k \mu(d) \\
&= \sum_{d \mid n} d^k \mu\left(\frac{n}{d}\right)
\end{aligned}$$

also $J_k = \zeta_k * \mu$. Damit ist J_k ebenfalls eine multiplikative Funktion mit

$$J_k(p^a) = p^{ak} - p^{(a-1)k} = p^{ak}\left(1 - \frac{1}{p^k}\right)$$

und daher

$$J_k(n) = n^k \prod_{p \mid n}\left(1 - \frac{1}{p^k}\right)$$

Als weitere Verallgemeinerung der Eulerschen φ-Funktion soll die sogenannte **von Sterneck-Funktion**[5] H_k angeführt werden:

$$H_k(n) := \sum_{[e_1; \ldots; e_k] = n} \varphi(e_1) \cdot \ldots \cdot \varphi(e_k)$$

wobei sich die Summe über alle geordneten k-Tupel $(e_1, \ldots, e_k) \in \mathbb{N}^k$ mit $1 \leq e_i \leq n$ und $[e_1; \ldots; e_k] = n$ erstreckt (mit $[e_1; \ldots; e_k]$ wird das **kleinste gemeinsame Vielfache** von $e_1, \ldots, e_k$ bezeichnet). Angemerkt sei noch, dass $H_1 = \varphi$ und $H_k(1) = 1$ gilt.

---

[5] Robert Daublebsky von Sterneck (1871–1928)

Lemma 1.8 *Die von Sterneck-Funktion H_k ist multiplikativ.*

Beweis Sei $[e_1; \ldots; e_k] = mn$ mit $(m; n) = 1$. Für jedes $1 \leq i \leq k$ kann e_i eindeutig in ein Produkt $e_i = c_i d_i$ mit $c_i \mid m$, $d_i \mid n$ zerlegt werden. Dann ist $[c_1; \ldots; c_k] = m$ und $[d_1; \ldots; d_k] = n$. Nun folgt

$$
\begin{aligned}
H_k(mn) &= \sum_{[e_1;\ldots;e_k]=mn} \varphi(e_1) \cdot \ldots \cdot \varphi(e_k) \\
&= \sum_{\substack{[c_1;\ldots;c_k]=m \\ [d_1;\ldots;d_k]=n}} \varphi(c_1) \cdot \ldots \cdot \varphi(c_k)\, \varphi(d_1) \cdot \ldots \cdot \varphi(d_k) \\
&= \left(\sum_{[c_1;\ldots;c_k]=m} \varphi(c_1) \cdot \ldots \cdot \varphi(c_k) \right) \left(\sum_{[d_1;\ldots;d_k]=n} \varphi(d_1) \cdot \ldots \cdot \varphi(d_k) \right) \\
&= H_k(m)\, H_k(n) \qquad\qquad \square
\end{aligned}
$$

Außergewöhnlich ist, dass die von Sterneck- und die Jordan-Funktion gleich sind!

Lemma 1.9 *Es gilt $J_k = H_k$.*

Beweis Der Beweis wird per Induktion nach k geführt. Bekannt ist $J_1 = H_1 = \varphi$. Sei nun $k > 1$ und die Behauptung für alle Zahlen kleiner als k bewiesen. Da J_k und H_k multiplikativ sind, genügt es die Behauptung auf beliebigen Primzahlpotenzen p^a zu verifizieren.

$$
\begin{aligned}
H_k(p^a) &= \sum_{\max(b_1,\ldots,b_k)=a} \varphi\left(p^{b_1}\right) \cdot \ldots \cdot \varphi\left(p^{b_k}\right) \\
&= \sum_{\substack{\max(b_1,\ldots,b_{k-1})=a \\ b_k < a}} \varphi\left(p^{b_1}\right) \cdot \ldots \cdot \varphi\left(p^{b_{k-1}}\right) \varphi\left(p^{b_k}\right) \\
&\quad + \sum_{\max(b_1,\ldots,b_{k-1}) \leq a} \varphi\left(p^{b_1}\right) \cdot \ldots \cdot \varphi\left(p^{b_{k-1}}\right) \varphi\left(p^a\right) \\
&= H_{k-1}\left(p^a\right) \sum_{d \mid p^{a-1}} \varphi(d) + \varphi\left(p^a\right) \left(\sum_{d \mid p^a} \varphi(d) \right)^{k-1} \\
&= p^{a-1} H_{k-1}\left(p^a\right) + \varphi\left(p^a\right) p^{a(k-1)} \\
&= p^{a-1} J_{k-1} + \varphi\left(p^a\right) p^{a(k-1)} \\
&= p^{a-1} p^{a(k-1)} \left(1 - \frac{1}{p^{k-1}} \right) + p^{a(k-1)} p^a \left(1 - \frac{1}{p} \right)
\end{aligned}
$$

$$= p^{ak} \left(\frac{1}{p} \left(1 - \frac{1}{p^{k-1}} \right) + \left(1 - \frac{1}{p} \right) \right)$$

$$= p^{ak} \left(1 - \frac{1}{p^k} \right)$$

$$= J_k \left(p^a \right) \qquad \qquad \square$$

1.2 Vollständig multiplikative Funktionen

Eine arithmetische Funktion heißt **vollständig multiplikativ**, wenn $f(n) \neq 0$ für mindestens eine natürliche Zahl n und $f(mn) = f(m)f(n)$ für alle natürlichen Zahlen m und n – nicht notwendigerweise teilerfremd – gilt. Für eine Primzahl p gilt dann $f(p^a) = f(p)^a$. Eine vollständig multiplikative Funktion ist somit komplett durch ihre Werte auf Primzahlen bestimmt.

Unter den multiplikativen Funktionen sind die vollständig multiplikativen Funktionen über gewisse algebraische Eigenschaften erkennbar.

Lemma 1.10 *Eine multiplikative Funktion f ist genau dann vollständig multiplikativ, wenn $f^{-1} = \mu f$ gilt.*

Beweis Ist f vollständig multiplikativ, dann gilt für alle natürliche Zahlen n

$$(\mu f * f)(n) = \sum_{d \mid n} \mu(d) f(d) f\left(\frac{n}{d} \right)$$

$$= f(n) \sum_{d \mid n} \mu(d)$$

$$= \begin{cases} 1 & \text{wenn } n = 1 \\ 0 & \text{sonst} \end{cases}$$

Gilt $f^{-1} = \mu f$, dann zeigt man per Induktion nach a, dass für eine Primzahlpotenz p^a die charakterisierende Eigenschaft $f(p^a) = f(p)^a$ vollständig multiplikativer Funktionen gilt. Der Induktionsanfang $a = 1$ ist offensichtlich wahr. Sei nun $a \geq 2$ und $f(p^{a-1}) = f(p)^{a-1}$. Für alle $b \geq 2$ gilt $f^{-1}(p^b) = \mu(p^b)f(p^b) = 0$ und daraus folgt

$$0 = \left(f^{-1} * f \right) \left(p^a \right)$$

$$= \sum_{b=0}^{a} \mu\left(p^b \right) f\left(p^b \right) f\left(p^{a-b} \right)$$

$$= \mu(1)f(1)f\left(p^a \right) + \mu(p)f(p)f\left(p^{a-1} \right)$$

$$= f\left(p^a \right) - f(p)f(p)^{a-1}$$

Woraus sich die Behauptung ergibt. Die Gleichung $f^{-1}(p) = -f(p)$ gilt im Übrigen für alle multiplikativen Funktionen. $\qquad \square$

Folgerung 1.11 *Eine multiplikative Funktion f ist genau dann vollständig multiplikativ, wenn $f^{-1}(p^a) = 0$ für alle $a \geq 2$ gilt.*

Folgerung 1.12 *Eine multiplikative Funktion f ist genau dann vollständig multiplikativ, wenn*

$$f(g * h) = fg * fh \qquad (1.4)$$

für beliebige arithmetische Funktionen g und h gilt.

Beweis Ist f vollständig multiplikativ, dann gilt für beliebige Funktionen g und h

$$(f(g*h))(n) = f(n) \sum_{d|n} g(d)h\left(\frac{n}{d}\right)$$

$$= \sum_{d|n} f(d)g(d)f\left(\frac{n}{d}\right)h\left(\frac{n}{d}\right) = (fg * fh)(n)$$

Sei umgekehrt die Gleichung (1.4) wahr; wählt man dann $g := \mathbb{1}$ und $h := \mu$, so folgt mit der Gleichung (1.2) für δ

$$\delta = f\delta = f(\mathbb{1} * \mu) = f\mathbb{1} * f\mu = f * \mu f$$

und damit $f^{-1} = \mu f$. Nach Lemma 1.10 ist f vollständig multiplikativ. $\qquad \square$

Eine ähnliche Charakterisierung von vollständig multiplikativen Funktionen durch andere arithmetische Funktionen, wie in Folgerung 1.12, wird in Übung 1.44 gegeben. Weitere bestimmende Eigenschaften vollständig multiplikativer Funktionen werden in den Übungen 1.45 und 1.46 angeführt.

Für eine beliebige natürliche Zahl k ist die Funktion ζ_k vollständig multiplikativ. Jede der Funktionen $\sigma_k = \zeta_k * \mathbb{1}$ ist eine Faltung von vollständig multiplikativen Funktionen. Arithmetische Funktionen mit dieser Eigenschaft können durch Bedingungen, analog zu denen in Folgerung 1.11, charakterisiert werden.

Lemma 1.13 *Eine multiplikative Funktion f ist genau dann als Faltung zweier vollständig multiplikativer Funktionen darstellbar, wenn $f^{-1}(p^a) = 0$ für jede Primzahl p und alle $a \geq 3$.*

Beweis Gilt $f = g * h$ mit vollständig multiplikativen Funktionen g und h, so ist für eine Primzahl p und $a \geq 3$

$$f^{-1}(p^a) = \left(g^{-1} * h^{-1}\right)(p^a) = \sum_{j=0}^{a} g^{-1}(p^j) h^{-1}(p^{a-j})$$

$$= g^{-1}(1) h^{-1}(p^a) + g^{-1}(p) h^{-1}(p^{a-1})$$

$$= 0$$

nach Folgerung 1.11. Für den Beweis der Umkehrung definiert man eine vollständig multiplikative Funktion g wie folgt: Für jede Primzahl p sei der Wert $g(p)$ eine Nullstelle der quadratischen Gleichung

$$X^2 + f^{-1}(p)\, X + f^{-1}(p^2) = 0$$

Wir setzen $h := g^{-1} * f$. Dann ist h eine multiplikative Funktion und für jede Primzahl p und jede natürliche Zahl $a \geq 2$ gilt

$$\begin{aligned}
h^{-1}(p^a) &= \left(g * f^{-1}\right)(p^a) \\
&= g(p^a) + g(p^{a-1})\, f^{-1}(p) + g(p^{a-2})\, f^{-1}(p^2) \\
&= g(p^{a-2}) \left(g(p)^2 + f^{-1}(p)\, g(p) + f^{-1}(p^2)\right) \\
&= 0
\end{aligned}$$

Also ist h nach Folgerung 1.11 sogar vollständig multiplikativ, und damit $f = g * h$. $\square$

Die Funktionen aus dem vorhergehenden Lemma 1.13 können auch auf andere Weise charakterisiert werden.

Satz 1.14 *Für eine multiplikative Funktion f sind folgende vier Aussagen äquivalent:*

(i) *f ist als Faltung zweier vollständig multiplikativer Funktionen darstellbar.*

(ii) *Es existiert eine multiplikative Funktion F mit*

$$f(mn) = \sum_{d\,|\,(m;n)} f\left(\frac{m}{d}\right) f\left(\frac{n}{d}\right) F(d) \tag{1.5}$$

für alle natürlichen Zahlen m und n.

(iii) *Es existiert eine vollständig multiplikative Funktion B mit*

$$f(m) f(n) = \sum_{d\,|\,(m;n)} f\left(\frac{mn}{d^2}\right) B(d) \tag{1.6}$$

für alle natürlichen Zahlen m und n.

(iv) *Für jede Primzahl p und alle $a \geq 1$ gilt*

$$f(p^{a+1}) = f(p)\, f(p^a) + f(p^{a-1}) \left(f(p^2) - f(p)^2\right) \tag{1.7}$$

Beweis In der Beweisführung wird ersichtlich, dass die Funktionen F und B eindeutig durch die Funktion f bestimmt sind.

(i) $\Rightarrow$ (iv): Sei $f = g * h$ mit vollständig multiplikativen Funktionen f und g. Ist $g(p) = M$ und $h(p) = N$, dann gilt $f(p) = M + N$ und $f(p^2) =$

$M^2 + MN + N^2$. Für $a \geq 1$ ergibt die rechte Seite der Gleichung (1.7)

$$f(p)\, f(p^a) + f(p^{a-1})\left(f(p^2) - f(p)^2\right)$$

$$= (M + N) \sum_{j=0}^{a} M^j\, N^{a-j} - MN \sum_{j=0}^{a-1} M^j\, N^{a-1-j}$$

$$= \sum_{j=0}^{a} M^{j+1}\, N^{a-j} + \sum_{j=0}^{a} M^j\, N^{a+1-j} - \sum_{j=0}^{a-1} M^{j+1}\, N^{a-j}$$

$$= M^{a+1} + \sum_{j=0}^{a} M^j\, N^{a+1-j}$$

$$= \sum_{j=0}^{a+1} M^j\, N^{a+1-j}$$

$$= f(p^{a+1})$$

(iv) $\Rightarrow$ (i): Für jede Primzahl p seien M und N als Lösungen der quadratischen Gleichung

$$X^2 - f(p)\, X + \left(f(p^2) - f(p)^2\right) = 0$$

definiert. Natürlich hängen M und N von p ab, aber da die Primzahl p während des Beweises festgehalten wird, ist keinerlei zusätzliche Notation hierfür notwendig. Definiert man die arithmetischen Funktionen g und h über $g(p) = M$ und $h(p) = N$, dann gilt damit $f(p) = M + N = (g * h)(p)$ und für $a \geq 2$:

$$(g * h)(p) = \sum_{j=0}^{a} M^i\, N^{a-j}$$

$$= (M + N) \sum_{j=0}^{a-1} M^i\, N^{a-1-j} - MN \sum_{j=0}^{a-2} M^i\, N^{a-2-j}$$

$$= f(p)\, f(p^{a-1}) + f(p^{a-2})\left(f(p^2) - f(p)^2\right)$$

$$= f(p^a)$$

Da f multiplikativ ist, gilt $f = g * h$.

(ii) $\Rightarrow$ (iv): Sei $a \geq 1$. Setzt man in Gleichung (1.5) $m = p^a$ und $n = p$, dann ergibt sich

$$f(p^{a+1}) = f(p)\, f(p^a) + f(p^{a-1})\, F(p)$$

Für $a = 1$ folgt $F(p) = f(p^2) - f(p)^2$.

(iv) $\Rightarrow$ (ii): Es gelte Aussage (iv). Mit $(mn; m'n') = 1$ ist auch

$$\left((m; n)\, ; (m'; n')\right) = 1 \quad \text{und} \quad \left(mm'; nn'\right) = (m; n)\, (m'; n').$$

Daher genügt es für den Beweis von Aussage (ii) zu zeigen, dass eine multiplikative Funktion F existiert, die für alle $a, b \geq 1$ folgende Gleichung erfüllt:

$$f(p^{a+b}) = \sum_{j=0}^{\min(a,b)} f(p^{a-j}) f(p^{b-j}) F(p^j) \tag{1.8}$$

Es stellt sich heraus, dass dies der Fall ist, wenn $F = \mu B'$ ist, mit der vollständig multiplikativen Funktion B', die über

$$B'(p) := f(p)^2 - f(p^2) \tag{1.9}$$

charakterisiert ist.

Ohne Einschränkung kann $b \leq a$ angenommen werden und der Beweis wird per Induktion nach b geführt. Die Gleichung (1.7) stellt den Fall $b = 1$ in Gleichung (1.8) dar. Deshalb kann $b > 1$ und die Gültigkeit der Gleichung für $b - 1$ und alle $a \geq b - 1$ angenommen werden. Mit $F = \mu B'$ ergibt sich $0 = F(p^2) = F(p^3) = \ldots$ und somit

$$\begin{aligned}
f(p^{a+b}) &= f(p^{a+1+b-1}) \\
&= f(p^{a+1}) f(p^{b-1}) + f(p^a) f(p^{b-2}) F(p) \\
&= \left(f(p) f(p^a) - f(p^{a-1}) B'(p) \right) f(p^{b-1}) - f(p^a) f(p^{b-2}) B'(p) \\
&= f(p^a) \left(f(p) f(p^{b-1}) - f(p^{b-2}) B'(p) \right) - f(p^{a-1}) f(p^{b-2}) B'(p) \\
&= f(p^a) f(p^b) + f(p^{a-1}) f(p^{b-1}) F(p)
\end{aligned}$$

Hiermit ist die Äquivalenz von (i), (ii) und (iv) bewiesen. Gleichzeitig gilt dann auch für alle natürlichen Zahlen m und n

$$f(mn) = \sum_{d \mid (m;n)} f\left(\frac{m}{d}\right) f\left(\frac{n}{d}\right) \mu(d) B'(d)$$

mit der Funktion B' wie oben definiert.

(ii) $\Rightarrow$ (iii): Mit (ii) gilt auch

$$\begin{aligned}
\sum_{d \mid (m;n)} f\left(\frac{mn}{d^2}\right) B'(d) &= \sum_{d \mid (m;n)} \sum_{D \mid \left(\frac{m}{d};\frac{n}{d}\right)} f\left(\frac{m/d}{D}\right) f\left(\frac{n/d}{D}\right) \mu(D) B'(D) B'(d) \\
&= \sum_{d \mid (m;n)} \sum_{\substack{e \mid (m;n) \\ d \mid e}} f\left(\frac{m}{e}\right) f\left(\frac{n}{e}\right) \mu\left(\frac{e}{d}\right) B'(e) \\
&= \sum_{e \mid (m;n)} f\left(\frac{m}{e}\right) f\left(\frac{n}{e}\right) B'(e) \sum_{d \mid e} \mu\left(\frac{e}{d}\right) \\
&= f(m) f(n)
\end{aligned}$$

für alle natürlichen Zahlen m und n. Damit kann die Funktion B', definiert in Gleichung (1.9), die Rolle von B in (iii) ausfüllen.

(iii) $\Rightarrow$ (iv): Gilt (iii), dann erhält man für $m = n = p$

$$B(p) = f(p^2) - f(p)^2$$

also erneut $B = B'$. Für $n = p$, $m = p^a$ mit $a \geq 1$ erhält man schließlich Aussage (iv). $\square$

In Übung 1.64 soll gezeigt werden, dass bei Gültigkeit von (ii) zwangsläufig $F = \mu B = B^{-1}$ folgt. Wenn die Abhängigkeit von B zur Funktion f verdeutlicht werden soll, wird gelegentlich die Notation $B = B_f$ verwandt. Man beachte, dass im Verlauf des Beweises von Satz 1.14 gezeigt wurde, dass aus der Darstellung $f = g * h$ mit vollständig multiplikativen Funktionen g und h sich notwendigerweise $B = gh$ ergibt. Man vergleiche hierzu den Beweis von (i) $\Rightarrow$ (iv) unter Berücksichtigung von

$$\begin{aligned}
B(p) &= f(p^2) - f(p)^2 \\
&= (M + N)^2 - \left(M^2 + MN + N^2\right) \\
&= MN \\
&= g(p)\,h(p)
\end{aligned}$$

1.3 Busche-Ramanujan-Identitäten

Arithmetische Funktionen, die die Eigenschaften von Satz 1.14 erfüllen, werden **speziell multiplikative Funktionen** genannt. Als Beispiel kann die Funktion σ_k aufgeführt werden, bei der $B = B_{\sigma_k} = \zeta_k$ ist, denn es gilt

$$\begin{aligned}
B(p) &= \sigma_k(p)^2 - \sigma_k(p^2) \\
&= \left(1 + p^k\right)^2 - \left(1 + p^k + p^{2k}\right) \\
&= p^k \\
&= \zeta_k(p)
\end{aligned}$$

Somit gilt auch für alle natürlichen Zahlen m und n

$$\sigma_k(mn) = \sum_{d \mid (m;n)} \sigma_k\left(\frac{m}{d}\right) \sigma_k\left(\frac{n}{d}\right) \mu(d)\, d^k \tag{1.10}$$

sowie

$$\sigma_k(m)\sigma_k(n) = \sum_{d \mid (m;n)} \sigma_k\left(\frac{mn}{d^2}\right) d^k \tag{1.11}$$

Die Identität (1.11) wurde von Edmund Busche[6] im Jahr 1906 formuliert; die erstgenannte (1.10) für $k = 0$ von Srinivasa Ramanujan[7] etwa zehn Jahre später. Aus diesem Grund werden die beiden Identitäten in den Gleichungen (1.5) und (1.6) aus Satz 1.14 als **Busche-Ramanujan-Identitäten** bezeichnet.

Viele weitere arithmetische Funktionen werden auch in den Übungen behandelt. Als weiteres Beispiel sei die Funktion β genannt, die durch

$$\beta(n) := \#\{m \in \mathbb{N} : 1 \leq m \leq n, (m;n) \text{ ist eine Quadratzahl}\} \tag{1.12}$$

definiert wird. Ist $1 \leq m \leq n$ und $(m;n)$ eine Quadratzahl, dann existiert ein d mit $d^2 \mid n$ und $m = d^2 y$, wobei $1 \leq y \leq \frac{n}{d^2}$ und $\left(y; \frac{n}{d^2}\right) = 1$ gilt. Hieraus folgt die Darstellung

$$\beta(n) = \sum_{d^2 \mid n} \varphi\left(\frac{n}{d^2}\right) \tag{1.13}$$

Nach Übung 1.26 ist β multiplikativ und die Werte auf Primzahlpotenzen sind

$$\beta(p^a) = \sum_{j \leq \frac{a}{2}} \varphi\left(p^{a-2j}\right)$$

$$= \begin{cases} p^a - p^{a-1} + p^{a-2} - \ldots + p^2 - p + 1 & \text{wenn } a \text{ gerade} \\ p^a - p^{a-1} + p^{a-2} - \ldots - p^2 + p - 1 & \text{wenn } a \text{ ungerade} \end{cases}$$

$$= \sum_{j=0}^{a} p^j \lambda(p^{a-j})$$

mit der Liouville-Funktion λ, die in Übung 1.47 eingeführt wird. Daher ist

$$\beta(n) = \sum_{d \mid n} d \, \lambda\left(\frac{n}{d}\right) = (\zeta_1 * \lambda)(n)$$

In Übung 1.47 wird gezeigt, dass λ vollständig multiplikativ ist, weshalb β speziell multiplikativ ist. Die Funktion $B = B_\beta = \zeta_1 \lambda$ ist vollständig multiplikativ mit $B(p) = -p$. Nach Satz 1.14 gilt daher auch

$$\beta(mn) = \sum_{d \mid (m;n)} d \, \lambda(d) \, \beta\left(\frac{m}{d}\right) \beta\left(\frac{n}{d}\right)$$

sowie

$$\beta(m)\beta(n) = \sum_{d \mid (m;n)} d \, \lambda(d) \beta\left(\frac{mn}{d^2}\right)$$

---

[6] Edmund Busche (1861–1916)
[7] Srinivasa Ramanujan Aiyangar (1887–1920)

Sei $R(n)$ die Anzahl der Darstellungen von n als Summe zweier Quadrate

$$R(n) := \# \left\{ (x, y) \in \mathbb{Z}^2 : n = x^2 + y^2 \right\} \tag{1.14}$$

also beispielsweise $R(5) = 8$. In den klassischen Lehrbüchern von Godfrey Hardy[8] und Edward Wright[9] [197] oder von Ivan Niven[10] und Herbert Zuckerman[11] [294] wird

$$R_1(n) = \frac{1}{4} R(n) = \sum_{d \mid n} \chi(n)$$

gezeigt, mit der vollständig multiplikativen arithmetischen Funktion χ

$$\chi(n) := \begin{cases} (-1)^{\frac{1}{2}(n-1)} & \text{wenn } n \text{ ungerade} \\ 0 & \text{sonst} \end{cases}$$

Die Funktion χ wird **Charakter** (mod 4) genannt. Die Funktion R_1 ist damit speziell multiplikativ mit $B = \chi$. Die Busche-Ramanujan-Identitäten hierfür sind:

$$R(mn) = \frac{1}{4} \sum_{\substack{d \mid (m;n) \\ 2 \nmid d}} (-1)^{\frac{1}{2}(d-1)} R\left(\frac{m}{d}\right) R\left(\frac{n}{d}\right) \mu(d)$$

und

$$R(m)R(n) = 4 \sum_{\substack{d \mid (m;n) \\ 2 \nmid d}} (-1)^{\frac{1}{2}(d-1)} R\left(\frac{mn}{d^2}\right)$$

1.4 Übungen zu Kap. 1

Übung 1.1 Für alle natürlichen Zahlen n gilt

$$\sum_{j \leq n} \mu(j) \left\lfloor \frac{n}{j} \right\rfloor = 1$$

wobei $\lfloor x \rfloor$ die größte ganze Zahl $\leq x$ bezeichnet.

---

[8] Godfrey Harold Hardy (1877–1947)
[9] Edward Maitland Wright (1906–2005)
[10] Ivan Morton Niven (1915–1999)
[11] Herbert Samuel Zuckerman (1912–1970)

Übung 1.2 Die Aussage von Übung 1.1 kann verallgemeinert werden. Sind f und g arithmetische Funktionen mit

$$f(n) = \sum_{d \mid n} g(d)$$

dann gilt

$$\sum_{j \le n} f(j) = \sum_{j \le n} g(j) \left\lfloor \frac{n}{j} \right\rfloor$$

Insbesondere ist

$$\sum_{j \le n} \varphi(j) \left\lfloor \frac{n}{j} \right\rfloor = \frac{1}{2} n (n+1)$$

und

$$\sum_{j \le n} \left\lfloor \frac{n}{j} \right\rfloor = \sum_{j \le n} \tau(j)$$

Übung 1.3 Sei f eine arithmetische Funktion mit

$$g(n) = \sum_{j \le n} f((n;r))$$

dann gilt

$$\sum_{d \mid n} g(d) = \sum_{d \mid n} d \, f\left(\frac{n}{d}\right)$$

das heißt $g * 1 = f * \zeta_1$, also $g = f * \varphi$.

Übung 1.4 Seien f und g arithmetische Funktionen. Definiert man die Funktion h durch

$$h(n) := \sum_{[a;b]=n} f(a)g(b)$$

dann gilt

$$h = (f * 1)(g * 1) * \mu$$

Dieses Resultat kann auf natürliche Weise auf mehr als zwei Funktionen verallgemeinert werden.

Übung 1.5 Es gilt

$$\sum_{\substack{d \mid n \\ \forall p \in \mathbb{P}: \, p^2 \nmid d}} \mu\left(\frac{n}{d}\right) = \begin{cases} \mu\left(n^{\frac{1}{2}}\right) & n \text{ ist Quadratzahl} \\ 0 & \text{sonst} \end{cases}$$

siehe auch Übungen 1.30 und 1.35.

Übung 1.6 Das n-te **Kreisteilungspolynom** $\Phi_n(X)$ ist das normierte Polynom dessen Nullstellen die $\varphi(n)$ primitiven Einheitswurzeln sind, konkret:

$$\Phi_n(X) := \prod_{\substack{j \le n \\ (j;n)=1}} \left(X - e\left(\frac{j}{n}\right)\right) \quad \text{mit } e(x) := e^{2\pi i x}$$

Man zeige

$$X^n - 1 = \prod_{d \mid n} \Phi_d(X)$$

und

$$\Phi_n(X) = \prod_{d \mid n} (X^d - 1)^{\mu\left(\frac{n}{d}\right)}$$

Übung 1.7 Es gilt

$$\sum_{\substack{j \le n \\ (j;n)=1}} (n; j - 1) = \varphi(n)\,\tau(n)$$

wobei die Summe auch über ein beliebiges Restklassensystem modulo n laufen kann.

Übung 1.8 Ist f eine multiplikative Funktion, dann gilt

$$\sum_{d \mid n} \mu(d)\,f(d) = \prod_{p \mid n} (1 - f(p))$$

Übung 1.9 Eine arithmetische Funktion f mit $f(1) = 1$ ist genau dann multiplikativ, wenn

$$f(m)\,f(n) = f((m;n))\,f([m;n])$$

für alle natürlichen Zahlen m und n gilt.

Übung 1.10   Eine arithmetische Funktion f mit $f(1) \neq 0$ ist genau dann multiplikativ, wenn

$$f\left(\frac{[m;n]}{[d;e]}\right) = f\left(\frac{m}{d}\right) f\left(\frac{n}{e}\right)$$

für alle Teiler $d \mid m$, $e \mid n$ mit $(d;e) = (m;n)$ gilt.

Übung 1.11   Sei f eine multiplikative Funktion mit $f(k) \neq 0$. Definiere

$$g(n) := \frac{f(kn)}{f(k)}$$

dann ist g ebenfalls multiplikativ.

Übung 1.12   Ist g eine multiplikative Funktion und $f = g * \mu$, dann ist

$$|\mu(n)|\, f(n) = \sum_{\substack{d \mid n \\ (d;\frac{n}{d})=1}} g(d)\, |\mu(d)|\, \mu\left(\frac{n}{d}\right)$$

Insbesondere ist

$$|\mu(n)|\, \varphi(n) = \sum_{\substack{d \mid n \\ (d;\frac{n}{d})=1}} d\, |\mu(d)|\, \mu\left(\frac{n}{d}\right)$$

Übung 1.13   Sei f eine multiplikative Funktion und existiert ein Teiler $m \mid n$ mit $m \neq 1$ und $\left(m;\frac{n}{m}\right) = 1$, dann gilt

$$\sum_{d \mid m} f(d)\, f^{-1}\left(\frac{n}{d}\right) = 0$$

Übung 1.14   Das **Radikal** (oder auch die **Kern-Funktion**) γ wird wie folgt definiert

$$\gamma(n) := \begin{cases} 1 & \text{wenn } n = 1 \\ p_1 \cdot \ldots \cdot p_m & \text{wenn } n = p_1^{a_1} \cdot \ldots \cdot p_m^{a_m} \end{cases}$$

Man zeige, dass γ multiplikativ ist und

$$\gamma(n) = \sum_{d \mid n} |\mu(d)|\, \varphi(d)$$

Übung 1.15 Sind f und g arithmetische Funktionen, dann gilt

$$f(n) = \sum_{\substack{d \mid n \\ \gamma(d)=\gamma(n)}} g(d)$$

genau dann, wenn

$$g(n) = \sum_{\substack{d \mid n \\ \gamma(d)=\gamma(n)}} f(d)\mu\left(\frac{n}{d}\right)$$

Übung 1.16 Ist f multiplikativ, dann gilt für alle natürlichen Zahlen n, r und s mit $\gamma(n) \nmid rs$

$$\sum_{d \mid n} f(rd) f^{-1}\left(\frac{sn}{d}\right)$$

Übung 1.17 Ist f multiplikativ, dann gilt

$$\sum_{\substack{d \mid n \\ \gamma(d)=\gamma(n)}} f\left(\frac{n}{d}\right) f^{-1}(d) = (-1)^{\omega(n)} f(n)$$

mit der Funktion ω definiert durch

$$\omega(n) := \#\{p \in \mathbb{P} : p \mid n\}$$

Übung 1.18 Ist f multiplikativ, dann gilt für alle natürlichen Zahlen m und n

$$\sum_{d \mid n} f\left(\frac{mn}{d}\right) f^{-1}(d) = (-1)^{\omega(n)} \sum_{\substack{e \mid m \\ \gamma(e)=\gamma(n)}} f\left(\frac{m}{e}\right) f^{-1}(ne)$$

Übung 1.19 Sei $A = \left(a_{ij}\right)_{1 \leq i, j \leq n}$ die $n \times n$-Matrix mit den Einträgen $a_{ij} = (i; j)$. Dann gilt

$$\det(A) = \varphi(1)\varphi(2) \cdot \ldots \cdot \varphi(n)$$

Diese Determinante heißt **Smith-Determinante**[12].

Übung 1.20 Für eine natürliche Zahl k wird die Funktion δ_k durch

$$\delta_k(n) := \max\{d \in \mathbb{N} : d \mid n, (d;k) = 1\}$$

---

[12] Henry John Stephen Smith (1826–1883)

definiert. Man zeige, dass δ_k multiplikativ ist mit

$$\delta_k(n) = \sum_{\substack{d \mid n \\ (d;k)=1}} \varphi(d)$$

Übung 1.21 Sei $f(X) \in \mathbb{Z}[X]$ ein Polynom mit ganzzahligen Koeffizienten. Definiere die arithmetische Funktion φ_f durch

$$\varphi_f(n) = \#\{m \in \mathbb{N} : m \leq n, (f(m);n) = 1\}$$

Für $f(X) = X$ ist $\varphi_f = \varphi$. Die Funktion φ_f ist multiplikativ und es gilt

$$\varphi_f(n) = n \prod_{p \mid n} \left(1 - \frac{f_p}{p}\right)$$

wobei f_p für jede Primzahl p die Anzahl der Lösungen der Kongruenz $f(X) \equiv 0 \pmod{p}$ angibt. Sei ν_f die multiplikative Funktion, die auf Primzahlpotenzen die Werte $\nu_f(p^a) = f_p^a$ annimmt. Mit dieser Funktion gilt

$$\sum_{d \mid n} \varphi_f(d) \, \nu_f\left(\frac{n}{d}\right) = n$$

und

$$\varphi_f(n) = \sum_{d \mid n} d \, \nu_f\left(\frac{n}{d}\right) \mu\left(\frac{n}{d}\right)$$

Übung 1.22 Seien $m_1, \ldots, m_s$ natürliche Zahlen und sei $N(p)$ für jede Primzahl p die Anzahl der verschiedenen Restklassen mod p dieser s Zahlen. Dann ist die Anzahl der Folgen

$$x + m_1, \ldots, x + m_s$$

mit $1 \leq x \leq n$ und $(x + m_i; n) = 1$ für $i = 1, \ldots, s$ gleich

$$n \prod_{p \mid n} \left(1 - \frac{N(p)}{p}\right)$$

Tipp: Man wähle $f(X)$ in Übung 1.21 geeignet.

Übung 1.23 Definiere für eine natürliche Zahl k die arithmetische Funktion ϕ_k durch

$$\phi_k(n) := \#\{m \in \mathbb{N} : m \leq n, (m;n) = (n + k - m; n) = 1\}$$

Dann ist $\phi_0 = \varphi$. Die Funktion ϕ_1 wird **Schemmel-Funktion**[13] genannt. Ist $(m;n) = 1$, dann ist $\phi_k(mn) = \phi_k(m)\phi_k(n)$, das heißt ϕ_k ist multiplikativ und

$$\phi_k(n) = n \prod_{p|n} \left(1 - \frac{\varepsilon(p)}{p}\right)$$

mit

$$\varepsilon(p) = \begin{cases} 1 & \text{wenn } p \mid k \\ 2 & \text{wenn } p \nmid k \end{cases}$$

Übung 1.24 Definiere die arithmetische Funktion θ durch

$$\theta(n) := \# \left\{(a,b) \in \mathbb{N}^2 : n = ab, (a;b) = 1\right\}$$

Man zeige, dass $\theta(n)$ multiplikativ und

$$\theta(n) = 2^{\omega(n)}$$

ist. Das bedeutet, dass $\theta(n)$ gleich der Anzahl der quadratfreien Teiler von n ist, also

$$\theta(n) = \sum_{d|n} |\mu(d)|$$

Übung 1.25 Sei k eine natürliche Zahl und f und g arithmetische Funktionen. Dann sind die folgenden Aussagen äquivalent

$$f(n) = \sum_{d^k|n} g\left(\frac{n}{d^k}\right)$$

und

$$g(n) = \sum_{d^k|n} \mu(d) f\left(\frac{n}{d^k}\right)$$

Übung 1.26 Sei k eine natürliche Zahl und f und g multiplikative Funktionen. Dann ist die Funktion

$$h(n) := \sum_{d^k|n} f(d)g\left(\frac{n}{d^k}\right)$$

ebenfalls multiplikativ.

---

[13] Victor Schemmel (1840–1897)

Übung 1.27 Sei k eine natürliche Zahl ≥ 2. Die arithmetische Funktion θ_k, definiert über

$$\theta_k(n) := \#\{d \in \mathbb{N} : d \mid n, \ \forall p \in \mathbb{P} : p^k \nmid d\}$$

ist multiplikativ, $\theta_2 = \theta$,

$$\theta_{2k}(n) = \#\{(a,b) \in \mathbb{N}^2 : n = ab, \ (a;b)_k = 1\}$$

wobei $(a;b)_k$ den **größten gemeinsamen k-Teiler** von a und b symbolisiert, das heißt, sind

$$a = p_1^{a_1} \cdot \ldots \cdot p_s^{a_s}$$
$$b = p_1^{b_1} \cdot \ldots \cdot p_r^{b_r}$$

die Primfaktorzerlegungen von a und b, dann ist

$$(a;b)_k := \prod_{j=1}^{\min(r,s)} \left(1 + \left[\min(a_j,b_j) \geq k\right] \left(p_j^{\min(a_j,b_j)} - 1\right)\right)$$

mit der **Iverson-Klammer**[14], also

$$[A] = \begin{cases} 1 & \text{wenn } A \text{ wahr ist} \\ 0 & \text{sonst} \end{cases}$$

für eine entscheidbare Aussage A. Insbesondere gilt $(a;b)_1 = (a;b)$.
Desweiteren gilt für θ_k:

$$\sum_{d^k \mid n} \theta_k\left(\frac{n}{d^k}\right) = \tau(n)$$

und

$$\theta_k(n) = \sum_{d^k \mid n} \mu(d) \, \tau\left(\frac{n}{d^k}\right)$$

Übung 1.28 Definiert man für $x \in \mathbb{R}$

$$\varphi(x,n) := \#\{m \in \mathbb{N} : m \leq x, \ (m;n) = 1\}$$

dann ist $\varphi(n,n) = \varphi(n)$ und es gilt:

$$\varphi(x,n) = \sum_{d \mid n} \mu(d) \left\lfloor \frac{x}{d} \right\rfloor$$

---

[14] Kenneth Eugene Iverson (1920–2004)

sowie

$$\left| \varphi(x,n) - \frac{\varphi(n)}{n} x \right| \le \theta(n) = 2^{\omega(n)}$$

Übung 1.29 Für eine natürliche Zahl k ist die **Klee-Funktion**[15] $\Xi_k(n)$ definiert durch

$$\Xi_k(n) := \#\{m \in \mathbb{N} : m \le n, \ (m;n)_k = 1\}$$

wobei $(m;n)_k$ wie in Übung 1.27 definiert ist. Es ist $\Xi_1 = \varphi$ und es gelten die Gleichungen

$$\sum_{d^k|n} \Xi_k\left(\frac{n}{d^k}\right) = n$$

$$\Xi_k(n) = n \sum_{d^k|n} \frac{\mu(d)}{d^k}$$

Tipp: Man formuliere und beweise ein Lemma analog zu Lemma 1.4.

Ξ_k ist multiplikativ mit

$$\Xi_k(n) = n \prod_{p^k|n} \left(1 - \frac{1}{p^k}\right)$$

Übung 1.30 Sei $k \in \mathbb{N}$ vorgegeben. Definiere die arithmetische Funktion μ_k durch

$$\mu_k(n) := \begin{cases} 1 & \text{wenn } n = 1 \\ (-1)^m & \text{wenn } n = (p_1 \cdot \ldots \cdot p_m)^k \\ 0 & \text{sonst} \end{cases}$$

Also $\mu_1 = \mu$. Die Funktion μ_k ist multiplikativ und es gilt

$$\xi(n) := (\mu_k * \mathbb{1})(n) = \sum_{d|n} \mu_k(d) = \begin{cases} 1 & \text{wenn } n \ k\text{-frei ist, d. h. } \forall p \in \mathbb{P} : \ p^k \nmid n \\ 0 & \text{sonst} \end{cases}$$

Desweiteren gilt $\Xi_k = \zeta_1 * \mu_k$.

Übung 1.31 Für eine natürliche Zahl k gilt

$$\Xi_k(n) = \sum_{\substack{d|n \\ \forall p:\, p^k \nmid d}} \varphi\left(\frac{n}{d}\right)$$

---

[15] Victor LaRue Klee (1925–2007)

und

$$\sum_{d \mid n} \Xi_k(d) = \sum_{d^k \mid n} \sigma\left(\frac{n}{d^k}\right) \mu(d) = n \sum_{\substack{d \mid n \\ \forall p: \, p^k \nmid d}} \frac{1}{d}$$

Übung 1.32 Man definiert für eine natürliche Zahl $k \geq 2$ die arithmetische Funktion τ_k durch

$$\tau_k(n) := \#\left\{(a_1, \ldots, a_k) \in \mathbb{N}^k : n = a_1 \cdot \ldots \cdot a_k\right\}$$

Also insbesondere $\tau_2 = \tau$. Die Funktion τ_k ist multiplikativ und für die Werte auf Primzahlpotenzen gilt

$$\tau_k(p^a) = \binom{a + k - 1}{a}$$

Desweitere gilt für $k \geq 3$ die Rekursionsformel

$$\tau_k(n) = \sum_{d \mid n} \tau_{k-1}(d)$$

Übung 1.33 Definiert man für $h, k \in \mathbb{N}$ mit $k \geq 2$ die arithmetische Funktion $\tau_{k,h}$ durch

$$\tau_{k,h}(n) := \#\left\{(a_1, \ldots, a_k) \in \mathbb{N}^k : a_i = m_i^h, \, n = a_1 \cdot \ldots \cdot a_k\right\}$$

dann gilt

$$\tau_{k,h}(n) = \begin{cases} \tau_k(n^{\frac{1}{h}}) & \text{wenn } n = m^h \\ 0 & \text{sonst} \end{cases}$$

Die Funktion $\tau_{k,h}$ ist multiplikativ und es gilt die Identität

$$\sum_{d \mid n} \tau_{k,h}(d) \, \Xi_h\left(\frac{n}{d}\right) = \sum_{d \mid n} d \, \tau_{k-1,h}\left(\frac{n}{d}\right)$$

mit der Klee-Funktion Ξ_h.

Übung 1.34 Man definiert die Funktion ψ_k durch

$$\psi_k(n) := \sum_{d \mid n} d^k \left|\mu\left(\frac{n}{d}\right)\right|$$

$\psi = \psi_1$ heißt **Dedekind-Funktion**[16]. Die Funktion ψ_k ist multiplikativ und es gilt

$$\psi_k(n) = \sum_{d \mid n} \left(\frac{d}{(d; \frac{n}{d})} \right)^k J_k \left(\left(d; \frac{n}{d} \right) \right) = n^k \prod_{p \mid n} \left(1 + \frac{1}{p^k} \right) = \frac{J_{2k}(n)}{J_k(n)}$$

mit der Jordan-Funktion J_k.

Übung 1.35 Definiert man für eine natürliche Zahl k die Funktion q_k durch

$$q_k(n) := \begin{cases} \left| \mu(n^{\frac{1}{k}}) \right| & \text{wenn } n = m^k \\ 0 & \text{sonst} \end{cases}$$

dann ist q_k multiplikativ und für q_1 gilt

$$q_1(n) = \begin{cases} 1 & \text{wenn } n \text{ quadratfrei ist} \\ 0 & \text{sonst} \end{cases}$$

Mit $\Psi_k := \zeta_1 * q_k$ gilt $\Psi_1 = \psi$ sowie

$$\Psi_k(n) = n \prod_{p^k \mid n} \left(1 + \frac{1}{p^k} \right)$$

Übung 1.36 Für eine natürliche Zahl k wird ein vollständiges Restklassensystem modulo n^k als (n, k)-**Restklassensystem** bezeichnet. Die Menge $R_{(n,k)} := \{ m \in \mathbb{N} : m \leq n^k \}$ heißt **minimales** (n, k)-**Restklassensystem**. Die Menge aller m in einem (n, k)-Restklassensystem mit $(m; n^k) = 1$ wird als **primes** (n, k)-**Restklassensystem** bezeichnet. Die Menge

$$R_{(n,k)}^* := \{ m \in \mathbb{N} : m \leq n^k, (m; n^k) = 1 \}$$

heißt **minimales primes** (n, k)-**Restklassensystem**. Definiert man für $d \mid n$ die Menge S_d durch

$$S_d := \left\{ m \left(\frac{n}{d} \right)^k : m \in R_{(d,k)}^* \right\}$$

dann gilt für $d \mid n$, $e \mid n$ mit $d \neq e$, dass die Mengen S_d eine Partition von $\{ 1, \ldots, n^k \}$ bilden, also $S_d \cap S_e = \emptyset$ sowie

$$\bigcup_{d \mid n} S_d = \{ 1, \ldots, n^k \}$$

---

[16] Julius Wilhelm Richard Dedekind (1831–1916)

Übung 1.37 Definiert man für $k \in \mathbb{N}$ die Funktion φ_k durch

$$\varphi_k(n) := \# R^*_{(n,k)}$$

dann gilt $\varphi_1 = \varphi$ sowie

$$\sum_{d \mid n} \varphi_k(d) = n^k$$

$$\varphi_k(n) = \sum_{d \mid n} d^k \, \mu\left(\frac{n}{d}\right)$$

also $\varphi_k = \zeta_k * \mu = J_k = H_k$ mit der Jordan-Funktion J_k bzw. der von Sterneck-Funktion H_k.

Übung 1.38 Für natürliche Zahlen k, n und m mit $(m;n) = 1$ gilt

$$R^*_{(mn,k)} = \left\{ x m^k + y n^k : x \in R^*_{(n,k)}, y \in R^*_{(m,k)} \right\}$$

also ist die Menge ein primes (mn, k)-Restklassensystem.

Übung 1.39 Für eine natürliche Zahl k und $d \mid n$ ist jedes prime (n, k)-Restklassensystem die Vereinigung von $\frac{\varphi_k(n)}{\varphi_k(d)}$ paarweise verschiedenen, primen (d, k)-Restklassensystemen. Insbesondere ist jedes prime Restklassensystem modulo n die Vereinigung von $\frac{\varphi(n)}{\varphi(d)}$ paarweise verschiedenen, primen Restklassensystemen modulo d. (Tipp: Man betrachte die drei Fälle $\left(d; \frac{n}{d}\right) = 1$, $\gamma(d) \mid \gamma\left(\frac{n}{d}\right)$ und den allgemeinen Fall.)

Übung 1.40 Sei k eine natürliche Zahl. Für $d \mid n^k$ und $\left(d; n^k\right)_k = 1$ definiert man

$$M_d := \left\{ md : 1 \le m \le \frac{n^k}{d}, \left(m; \frac{n^k}{d}\right) = 1 \right\}$$

Dann gilt für $d \mid n^k$, $e \mid n^k$ mit $d \ne e$ und $\left(d; n^k\right)_k = \left(e; n^k\right)_k = 1$:

$$M_d \cap M_e = \emptyset$$

und

$$\bigcup_{\substack{d \mid n^k \\ \left(d; n^k\right)_k = 1}} M_d = \left\{ m : 1 \le m \le n^k, \left(m; \frac{n^k}{d}\right)_k = 1 \right\}$$

Als Folgerung hieraus ergibt sich

$$\varphi_k(n) = \sum_{\substack{d \mid n^k \\ \left(d; n^k\right)_k = 1}} \varphi\left(\frac{n^k}{d}\right)$$

Übung 1.41 Für eine natürliche Zahl k heißt die Menge

$$R_n^{(k)} := \{(m_1, \ldots, m_k) \in \mathbb{N}^k : \text{jedes } m_i \text{ läuft über ein vollst.}$$
$$\text{Restklassensystem mod } n\}$$

ein k-**Restklassensystem** modulo n. Die Menge

$$\left(R_n^{(k)}\right)^* := \{(m_1, \ldots, m_k) \in R_n^{(k)} : (m_1; \ldots; m_k; n) = 1\}$$

heißt **primes k-Restklassensystem modulo** n. Für $d \mid n$ ist jedes prime k-Restklassensystem modulo n die Vereinigung von $\frac{J_k(n)}{J_d(n)}$ paarweise verschiedenen primen k-Restklassensystemen modulo d.

Übung 1.42 Man beweise Lemma 1.9 mit Hilfe von Übung 1.4.

Übung 1.43 Sei $k \in \mathbb{N}, k = k_1 + \ldots + k_m$ mit $k_i \in \mathbb{N}$. Dann ist

$$J_k(n) = \sum_{[d_1; \ldots; d_m] = n} J_{k_1}(d_1) \cdot \ldots \cdot J_{k_m}(d_m)$$

Übung 1.44 Ist f eine multiplikative Funktion und $f * f = f\tau$, dann ist f sogar vollständig multiplikativ.

Übung 1.45 Sei f eine multiplikative Funktion. Gibt es eine vollständig multiplikative Funktion g mit $g(p)^a \neq 1$ und $f(g * \mu) = fg * f^{-1}$, dann ist f vollständig multiplikativ. Gilt beispielsweise $f\varphi = f\zeta_1 * f^{-1}$, dann ist f vollständig multiplikativ.

Übung 1.46 Eine multiplikative Funktion f ist genau dann vollständig multiplikativ, wenn $(fg)^{-1} = fg^{-1}$ für jede beliebige invertierbare arithmetische Funktion g gilt.

Übung 1.47 Definiere die **Liouville-Funktion**[17] durch

$$\lambda(n) := \begin{cases} 1 & \text{wenn } n = 1 \\ (-1)^{a_1 + \ldots + a_m} & \text{wenn } n = p_1^{a_1} \cdot \ldots \cdot p_m^{a_m} \end{cases}$$

Die Liouville-Funktion λ ist vollständig multiplikativ und es gilt

$$\sum_{d \mid n} \lambda(n) = \begin{cases} 1 & \text{wenn } n \text{ eine Quadratzahl ist} \\ 0 & \text{sonst} \end{cases}$$

---

[17] Joseph Liouville (1809–1882)

Damit ist auch

$$\lambda(n) = \sum_{d^2|n} \mu\left(\frac{n}{d^2}\right) \tag{1.15}$$

und

$$\sum_{d^2|n} \lambda(n)\tau\left(\frac{n}{d}\right) = \#\{d \in \mathbb{N} : d^2 \mid n\}$$

sowie $\theta^{-1} = \lambda\theta$, siehe Übung 1.24.

Übung 1.48 In dieser und den nachfolgenden Übungen werden Identitäten aufgeführt für deren Beweise es hilfreich sein könnte, dass die involvierten Funktionen multiplikativ sind oder sich als Dirichlet-Faltung darstellen lassen. Im Folgenden seien $k, s, m \in \mathbb{N}_0$, wobei der Index von J_k stets positiv sein muss. Es gilt

$$\sum_{d|n} d^s \sigma_k(d) = \sum_{d|n} d^{s+k} \sigma_s\left(\frac{n}{d}\right) = \sum_{d|n} d^s \sigma_{s+k}\left(\frac{n}{d}\right)$$

Übung 1.49 Es gilt

$$\sum_{d|n} d^s \sigma_{k+m}(d) \sigma_k\left(\frac{n}{d}\right) = \sum_{d|n} d^k \sigma_{s+m}(d) \sigma_s\left(\frac{n}{d}\right)$$

Übung 1.50 Es gilt

$$\sigma_{k+s}(n) = \sum_{d|n} d^s J_k(d) \sigma_s\left(\frac{n}{d}\right)$$

Übung 1.51 Es gilt

$$\sum_{d|n} J_k(d) \sigma_s\left(\frac{n}{d}\right) = \begin{cases} n^s \sigma_{k-s}(n) & \text{wenn } k \geq s \\ n^k \sigma_{s-k}(n) & \text{wenn } k < s \end{cases}$$

Übung 1.52 Es gilt

$$\tau(n^2) = \sum_{d|n} \theta(d)$$

$$\tau(n) = \sum_{d^2|n} \theta\left(\frac{n}{d^2}\right)$$

$$\theta(n) = \sum_{d|n} \tau(d^2) \mu\left(\frac{n}{d}\right)$$

Übung 1.53 Es gilt

$$\sum_{d\,|\,n} \theta(d)^k \, \sigma_s \left(\frac{n}{d}\right) = \sum_{d\,|\,n} d^s \, \tau \left(\left(\frac{n}{d}\right)^{2^k}\right)$$

Übung 1.54 Es gilt

$$\tau \left(n^{2^k}\right) = \sum_{d\,|\,n} \theta(d)^k$$

Übung 1.55 Es gilt

$$\sum_{d\,|\,n} \tau \left(d^{2^k}\right) \theta \left(\frac{n}{d}\right) = \sum_{d\,|\,n} \tau(d^2) \theta \left(\frac{n}{d}\right)^k$$

Übung 1.56 Es gilt

$$\sum_{d\,|\,n} \lambda(d) \tau(d^2) \sigma_k \left(\frac{n}{d}\right) = \sum_{d\,|\,n} d^k \tau \left(\frac{n}{d}\right) \lambda \left(\frac{n}{d}\right)$$

Übung 1.57 Es gilt

$$\sum_{d\,|\,n} \tau \left(d^{2^k}\right) \lambda \left(\frac{n}{d}\right) = \sum_{d^2\,|\,n} \theta \left(\frac{n}{d^2}\right)^k$$

Übung 1.58 Es gilt

$$\sum_{d^2\,|\,n} \lambda(d) \tau \left(\frac{n}{d^2}\right) = \sum_{d^4\,|\,n} \theta \left(\frac{n}{d^4}\right)$$

Übung 1.59 Es gilt

$$\sum_{d\,|\,n} \lambda(d) \, \sigma_k \left(\frac{n}{d}\right) = \sum_{d^2\,|\,n} \left(\frac{n}{d^2}\right)^k$$

Übung 1.60 Seien f und g arithmetische Funktionen. Mit

$$F(n) := \sum_{d\,|\,n} f(d), \quad G(n) := \sum_{d\,|\,n} g(d)$$

gilt

$$\sum_{d\,|\,n} f(d) \, G \left(\frac{n}{d}\right) = \sum_{d\,|\,n} g(d) \, F \left(\frac{n}{d}\right)$$

Übung 1.61 Sei k eine natürliche Zahl. Eine multiplikative Funktion f ist genau dann als Dirichlet-Faltung von k vollständig multiplikativen Funktionen darstellbar, wenn $f^{-1}(p^a) = 0$ für alle Primzahlen p und alle $a \geq k + 1$ gilt.

Übung 1.62 Seien $g_1, \ldots, g_k$ vollständig multiplikative Funktionen und $f = g_1 * \ldots * g_k$. Ist die natürliche Zahl n ein Produkt aus unterschiedlichen Primzahlen, dann gilt

$$f^{-1}(n^k) = \mu(n)^k g_1(n) \cdot \ldots \cdot g_k(n)$$

Übung 1.63 Sind g_1, g_2, h_1 und h_2 vollständig multiplikative Funktionen, dann gilt

$$g_1 g_2 * g_1 h_2 * h_1 g_2 * h_1 h_2 = (g_1 * h_1)(g_2 * h_2) * u$$

mit

$$u(n) := \begin{cases} g_1 h_1 g_2 h_2 \left(n^{\frac{1}{2}} \right) & \text{wenn } n \text{ eine Quadratzahl ist} \\ 0 & \text{sonst} \end{cases}$$

Übung 1.64 Gilt Gleichung (1.5) in Satz 1.14 für eine multiplikative Funktion f, dann ist $F = \mu B$.

Übung 1.65 Ist f speziell multiplikativ und h vollständig multiplikativ, dann ist hf speziell multiplikativ und $B_{hf} = h^2 B_f$ mit $h^2 := hh$.

Übung 1.66 Eine speziell multiplikative Funktion f ist genau dann vollständig multiplikativ, wenn $B_f = \pm\delta$.

Übung 1.67 Definiere die Funktion V durch

$$V(m, n) := \begin{cases} (-1)^{\omega(n)} & \text{wenn } \gamma(m) = \gamma(n) \\ 0 & \text{sonst} \end{cases}$$

Ist f multiplikativ, dann gilt für beliebige natürliche Zahlen m und n

$$f(mn) = \sum_{d|m} \sum_{e|n} f\left(\frac{m}{d}\right) f\left(\frac{n}{e}\right) f^{-1}(de)\, V(d, e)$$

Tipp: Übung 1.18 kann hilfreich sein.

Übung 1.68 Die Identität in Übung 1.67 kann auch direkt gezeigt werden, wenn nur der Spezialfall nachgewiesen wird, in welchem n und m Potenzen derselben Primzahl sind.

Übung 1.69 Ist f speziell multiplikativ, dann ist die Identität aus Übung 1.67 dieselbe, wie die aus Satz 1.14 (ii). Damit gibt es einen weiteren Beweis, nämlich durch den Beweis von Satz 1.14.

Übung 1.70 Für eine multiplikative Funktion f wird die **Norm** $N(f)$ einer multiplikativen Funktion durch

$$N(f)(n) := \sum_{d \mid n^2} f\left(\frac{n^2}{d}\right) \lambda(d) f(d)$$

definiert. Die Norm $N(f)$ ist ebenfalls multiplikativ. Ist f vollständig multiplikativ, dann auch $N(f)$ mit $N(f) = f^2$.

Übung 1.71 Sind f und g multiplikative Funktionen, dann ist

$$N(f * g) = N(f) * N(g)$$

Übung 1.72 Ist f speziell multiplikativ, dann auch $N(f)$ und $B_{N(f)} = \left(B_f\right)^2$.

Übung 1.73 Ist f multiplikativ und $f' = f * \lambda f$, dann gilt

$$f'(n) = \begin{cases} N(f)(n^{\frac{1}{2}}) & \text{wenn } n \text{ eine Quadratzahl ist} \\ 0 & \text{sonst} \end{cases}$$

Übung 1.74 Ist f speziell multiplikativ, dann gilt

$$f^2 = N(f) * \theta B = N(f) * \mu^2 B * B$$

Übung 1.75 Ist f speziell multiplikativ, dann gilt

$$f^2 * \lambda f^2 = N(f) * \lambda N(f)$$

Übung 1.76 Man finde die arithmetischen Funktionen $N(\zeta_k)$, $N(\lambda)$, $N(\sigma_k)$, $N(\beta)$, $N(\chi)$ und $N(R_1)$.

Übung 1.77 Man finde die arithmetischen Funktionen $N(\mu)$ und $N(\varphi)$.

Übung 1.78 Für eine natürliche Zahl k definiert man die arithmetische Funktion β_k durch

$$\beta_k(n) := \#\left\{x \in \mathbb{N} : 1 \le x \le n^k, (x; n^k)_k \text{ ist eine } 2k\text{-te Potenz}\right\}$$

Man setzt $\beta := \beta_1$. Dann gilt

$$\beta_k(n) = \sum_{d^2 \mid n} \varphi_k\left(\frac{n}{d^2}\right) = \sum_{d \mid n} d^k \lambda\left(\frac{n}{d}\right)$$

Insbesondere ist β_k speziell multiplikativ mit $B = \zeta_k \lambda$. Man finde die Norm $N(\beta_k)$. Wie lauten die zugehörigen Busche-Ramanujan-Identitäten?

Übung 1.79 Sei f eine speziell multiplikativ arithmetische Funktion, g eine beliebige arithmetische Funktion und $G = g * \mu$. Dann ist

$$\sum_{d \mid (m;n)} G(d)B(d)f\left(\frac{m}{d}\right) f\left(\frac{n}{d}\right) = \sum_{d \mid (m;n)} g(d)B(d)f\left(\frac{mn}{d^2}\right)$$

Insbesondere gilt für jede beliebige natürliche Zahl k

$$\sum_{d \mid (m;n)} J_k(d)B(d)f\left(\frac{m}{d}\right) f\left(\frac{n}{d}\right) = \sum_{d \mid (m;n)} d^k B(d)f\left(\frac{mn}{d^2}\right)$$

sowie für eine natürliche Zahl $h \in \mathbb{N}_0$

$$\sum_{d \mid (m;n)} d^h J_k(d)\sigma_h\left(\frac{m}{d}\right) \sigma_h\left(\frac{n}{d}\right) = \sum_{d \mid (m;n)} d^{h+k}\sigma_h\left(\frac{mn}{d^2}\right)$$

Übung 1.80 Ein Teiler $d \mid n$ heißt **Blockfaktor** von n, wenn $\left(d; \frac{n}{d}\right) = 1$ ist (in Kap. 4 heißt ein solcher Teiler unitärer Teiler – aber hier soll aus historischen Gründen der Ausdruck Blockfaktor verwendet werden, vgl. die Anmerkungen nach diesen Übungen). Sei k im Folgenden eine natürliche Zahl. Haben m und n keinen gemeinsamen Blockfaktor (selbstverständlich außer der 1), dann gilt

$$J_k(n) = \sum_{d \mid (m;n)} d^k J_k\left(\frac{m}{d}\right) J_k\left(\frac{n}{d}\right)$$

Dies kann auch direkt nachgewiesen werden, da die Jordan-Funktion J_k multiplikativ ist.

Übung 1.81 Ist in der Identität aus Übung 1.67 $f := J_k$, und haben m und n keinen gemeinsamen Blockfaktor, dann ergibt sich ebenfalls die Aussage aus Übung 1.80.

Übung 1.82 Sei f eine arithmetische Funktion. Eine **eingeschränkte Busche-Ramanujan-Identität** gilt, wenn zu f eine multiplikative Funktion F existiert, so dass für alle m und n ohne gemeinsamen Blockfaktor folgende Identität besteht:

$$f(mn) = \sum_{d \mid (m;n)} f\left(\frac{m}{d}\right) f\left(\frac{n}{d}\right) F(d)$$

Eine Funktion f heißt **Totient**, wenn vollständig multiplikative Funktionen g und h existieren mit $f = g * h^{-1}$. Ist f eine solche Funktion, dann gilt eine eingeschränkte Busche-Ramanujan-Identität mit $F = gh$.

Übung 1.83 Für eine arithmetische Funktion f ist die k-**te Faltung** Ω_k definiert als

$$\Omega_k(f)(n) := \begin{cases} f\left(n^{\frac{1}{k}}\right) & \text{wenn } n = m^k \\ 0 & \text{sonst} \end{cases}$$

Zum Beispiel gilt für die in Übung 1.30 definierte Funktion $\mu_k = \Omega_k(\mu)$. Faltungen anderer Funktionen tauchen auch in den Übungen 1.5, 1.33, 1.35, 1.47, 1.63, 1.73, 1.89 und 1.91 auf.

Für zwei arithmetische Funktionen f und g gilt:

$$\Omega_k(f + g) = \Omega_k(f) + \Omega_k(g)$$
$$\Omega_k(fg) = \Omega_k(f)\,\Omega_k(g)$$
$$\Omega_k(f * g) = \Omega_k(f) * \Omega_k(g)$$

Besitzt f eine inverse Funktion, dann auch $\Omega_k(f)$ und es gilt $\Omega_k(f^{-1}) = \Omega_k(f)^{-1}$. Ist f ein Totient, dann gilt desweiteren eine eingeschränkte Busche-Ramanujan-Identität für $\Omega_2(f)$.

Übung 1.84 Eine multiplikative Funktion f heißt eine **Kreuzung** zwischen Funktionen aus einer Menge $\{f_i : i \in I\}$ arithmetischer Funktionen, wenn es für jede Primzahl p ein $i \in I$ gibt, mit $f(p^a) = f_i(p^a)$ für jede natürliche Zahl a. Ist f eine Kreuzung zwischen speziell multiplikativen Funktionen, Totienten oder 2. Faltungen von Totienten, dann gilt für f eine eingeschränkte Busche-Ramanujan-Identität.

Übung 1.85 Für eine arithmetische Funktion gelte eine eingeschränkte Busche-Ramanujan-Identität. Dann ist die Funktion eine Kreuzung zwischen speziell multiplikativen Funktionen, Totienten oder 2. Faltungen von Totienten.

Übung 1.86 Seien f und h arithmetische Funktionen und für f gelte eine eingeschränkte Busche-Ramanujan-Identität. Desweiteren sei $H = h * \mathbb{1}$. Haben m und n keinen gemeinsamen Blockfaktor, dann gilt

$$\sum_{d|(n;m)} H(d)\, F(d)\, f\left(\frac{m}{d}\right) f\left(\frac{n}{d}\right) = \sum_{d|(n;m)} h(d) F(d) f\left(\frac{mn}{d^2}\right)$$

Übung 1.87 Gilt für f eine eingeschränkte Busche-Ramanujan-Identität und haben m und n keinen gemeinsamen Blockfaktor, dann gilt

$$f(m) f(n) = \sum_{d|(m;n)} \mu(d) F(d) f\left(\frac{mn}{d^2}\right)$$

(Tipp: Man setze $h := \mu$ in Übung 1.86). Speziell gilt:

$$J_k(m)J_k(n) = \sum_{d|(m;n)} \mu(d)d^k J_k\left(\frac{mn}{d^2}\right)$$

Übung 1.88 Sei h vollständig multiplikativ, $f = h * \mathbb{1}$ und $g = h * \mu$. Dann gilt für alle natürlichen Zahlen n

$$\sum_{d|n} h\left(\frac{n}{d}\right) g\left(\frac{n}{d}\right) f(d)f(nd) = \sum_{d|n} h^2\left(\frac{n}{d}\right) f\left(nd^2\right)$$

sowie

$$\sum_{d|n} h\left(\frac{n}{d}\right) f\left(\frac{n}{d}\right) g(d)g(nd) = \sum_{d|n} h^2\left(\frac{n}{d}\right) g\left(nd^2\right)$$

(Tipp: Man setze $m = n^2$ in den Übungen 1.79 und 1.86). Speziell gilt

$$\sum_{d|n} \frac{J_k\left(\frac{n}{d}\right)}{d^k}\sigma_k(d)\sigma_k(nd) = n^k \sum_{d|n} \frac{\sigma_k\left(nd^2\right)}{d^{2k}}$$

sowie

$$\sum_{d|n} \frac{\sigma_k\left(\frac{n}{d}\right)}{d^k} J_k(d)J_k(nd) = n^k \sum_{d|n} \frac{J_k\left(nd^2\right)}{d^{2k}}$$

Übung 1.89 Für $k \in \mathbb{N}_0$ und $s \in \mathbb{N}$ wird die **Gegenbauer-Funktion**[18] $\rho_{k,s}$ durch

$$\rho_{k,s}(n) = \sum_{\substack{d|n \\ \exists m \in \mathbb{N}: \frac{n}{d}=m^s}} d^k$$

definiert. Also ist auch $\rho_{k,s} = \zeta_k * \nu_s$ mit

$$\nu_s(n) := \begin{cases} 1 & \exists m \in \mathbb{N} : n = m^s \\ 0 & \text{sonst} \end{cases}$$

Die Funktion ν_s ist die s-te Faltung von $\mathbb{1}$. Desweiteren gilt:

$$\sum_{d|n} d^h \rho_{k,s}\left(\frac{n}{d}\right) = \sum_{d|n} d^k \rho_{h,s}\left(\frac{n}{d}\right)$$

sowie

$$\sum_{d|n} d^k J_h(d) \rho_{k,s}\left(\frac{n}{d}\right) = \rho_{h+k,s}(n)$$

---

[18] Leopold Gegenbauer (1849–1903)

Übung 1.90 Sind h, k und s natürliche Zahlen mit $h \geq k$, dann gilt für beliebiges $n \in \mathbb{N}$

$$\sum_{d^s \mid n} J_{sk}(d) \, \rho_{h,s} \left(\frac{n}{d^s} \right) = n^k \, \rho_{h-k,s}(n)$$

sowie

$$\sum_{d \mid n} \rho_{h,s}(d) \, \rho_{k,s} \left(\frac{n}{d} \right) = n^k \sum_{d^s \mid n} \tau(d) \, \frac{\sigma_{h-k} \left(\frac{n}{d^s} \right)}{d^{ks}}$$

Übung 1.91 Für beliebiges $n \in \mathbb{N}$ gilt

$$\sum_{d \mid n} d^k \, \lambda(d) \, \rho_{k,2s} \left(\frac{n}{d} \right) = \sum_{d \mid n} \lambda(d) \, \rho_{k,s}(d) \, \rho_{k,s} \left(\frac{n}{d} \right)$$

sowie

$$\sum_{d^s \mid n} \lambda(d) \, \rho_{k,s} \left(\frac{n}{d^s} \right) = \rho_{k,2s}(n)$$

Übung 1.92 Gegeben seien natürliche Zahlen q und k mit $0 < q < k$ und $S_{k,q}$ sei die Menge aller natürlicher Zahlen $n = p_1^{a_1} \cdot \ldots \cdot p_t^{a_t}$, die für alle $1 \leq i \leq t$ eine der Bedingungen $a_i \equiv 0 \pmod{k}$, $a_i \equiv 1 \pmod{k}$, ..., oder $a_i \equiv q - 1 \pmod{k}$ erfüllen. Es gilt $n \in S_{k,q}$ genau dann, wenn $n = m^k r$ wobei r eine k- und q-freie Zahl ist. Die Zahl r heißt der k**-freie Teil** von n. Also gilt $n \in S_{k,q}$ genau dann, wenn der k-freie Teil von n auch q-frei ist. Die natürlichen Zahlen in $S_{k,q}$ heißen (k,q)**-Zahlen**. Bezeichnet $\lambda_{k,q}$ die multiplikative arithmetische Funktion, die auf Primzahlpotenzen folgendermaßen definiert ist

$$\lambda_{k,q}(p^a) := \begin{cases} 1 & \text{wenn } a \equiv 0 \pmod{k} \\ -1 & \text{wenn } a \equiv q \pmod{k} \\ 0 & \text{sonst} \end{cases}$$

dann ist $\lambda_{k,q} * \mathbb{1} = \zeta_{k,q}$ mit

$$\zeta_{k,q}(n) = \begin{cases} 1 & \text{wenn } n \in S_{k,q} \\ 0 & \text{sonst} \end{cases}$$

Desweiteren ist $\lambda_{2,1} = \lambda$, die Liouville-Funktion.

Übung 1.93 Anknüpfend an Übung 1.92, sei $\mu_{k,q}$ die multiplikative arithmetische Funktion, die auf Primzahlpotenzen folgendermaßen definiert ist.

Für $q \mid k$ durch

$$\mu_{k,q}(p^a) := \begin{cases} 1 & \text{wenn } 0 \leq a \leq k-q \\ 0 & \text{sonst} \end{cases}$$

Für $q \nmid k$ durch

$$\mu_{k,q}(p^a) := \begin{cases} 1 & \text{wenn } a \equiv 0 \pmod{q} \\ -1 & \text{wenn } a \geq k \text{ und } a \equiv k \pmod{q} \\ 0 & \text{sonst} \end{cases}$$

Dann gilt

$$\lambda_{k,q}^{-1} = \mu_{k,q}$$

Übung 1.94 Anknüpfend an Übung 1.93, sei eine arithmetische Funktion f mit $F = f * \mathbb{1}$ gegeben, dann gilt für alle $n \in \mathbb{N}$

$$g(n) = \sum_{\substack{d \mid n \\ d \in S_{k,q}}} f\left(\frac{n}{d}\right)$$

genau dann, wenn

$$g(n) = \sum_{d \mid n} \lambda_{k,q}(d) \, F\left(\frac{n}{d}\right)$$

gilt.

Übung 1.95 Anknüpfend an Übung 1.94, sei $\varphi_{k,q}$ durch

$$\varphi_{k,q}(n) := \#\left\{1 \leq x \leq n : (x,n) \in S_{k,q}\right\}$$

definiert. Dann ist

$$\varphi_{k,q}(n) = n \sum_{d \mid n} \frac{\lambda_{k,q}(d)}{n} = \sum_{\substack{d \mid n \\ d \in S_{k,q}}} \varphi\left(\frac{n}{d}\right)$$

Übung 1.96 Anknüpfend an Übung 1.95, sei $\theta_{k,q}$ die multiplikative arithmetische Funktion, die durch

$$\theta_{k,q}(n) := \#\left\{d : d \mid n \text{ und } d \in S_{k,q}\right\}$$

definiert ist. Dann gilt für alle $n \in \mathbb{N}$

$$\theta_{k,q}(n) = \sum_{d^k \mid n} \theta_q\left(\frac{n}{d^k}\right)$$

Übung 1.97 Einer Folge $(a_n)_{n \in \mathbb{N}}$ komplexer Zahlen kann die **formale Potenzreihe**

$$a(X) := \sum_{n=0}^{\infty} a_n X^n$$

zugeordnet werden. Gleichheit von formalen Potenzreihen bedeutet Gleichheit jedes einzelnen Terms. Die **Summe** und das **Produkt** von $a(X)$ und

$$b(X) := \sum_{n=0}^{\infty} b_n X^n$$

werden durch

$$a(X) + b(X) := \sum_{n=0}^{\infty} (a_n + b_n) X^n$$

und

$$a(X)b(X) := \sum_{n=0}^{\infty} \left(\sum_{k=0}^{n} a_k b_{n-k} \right) X^n$$

definiert. Die Menge der formalen Potenzreihen bildet mit diesen beiden binären Verknüpfungen einen kommutativen Ring mit Eins, der **Ring der formalen Potenzreihen** (über dem Körper der komplexen Zahlen) genannt wird. Mit $a \in \mathbb{C}$ ist die formale Potenzreihe

$$a(X) := 1 - aX$$

eine Einheit in diesem Ring, das heißt, sie besitzt bezüglich der Multiplikation ein inverses Element, nämlich

$$\sum_{n=0}^{\infty} a^n X^n$$

Also gilt

$$\sum_{n=0}^{\infty} a^n X^n = \frac{1}{1 - aX}$$

Übung 1.98 Sei eine arithmetische Funktion f und eine Primzahl p gegeben. Die formale Potenzreihe

$$f_p(X) := \sum_{n=0}^{\infty} f(p^n) X^n$$

heißt die **Bell-Reihe**[19] **von** f **in Bezug auf** p. Sind f und g multiplikative arithmetische Funktionen, dann ist $f = g$ genau dann, wenn $f_p(X) = g_p(X)$ für jede Primzahl p gilt. Für jede Primzahl p ist

$$\mu_p(X) = 1 - X$$

und für eine natürliche Zahl k

$$(J_k)_p(X) = \frac{1 - X}{1 - p^k X}$$

Übung 1.99 Für jede Primzahl p ist

$$(\zeta_k)_p(X) = \frac{1}{1 - p^k X}$$

$$(\mu^2)_p(X) = 1 + X$$

$$\lambda_p(X) = \frac{1}{1 + X}$$

$$(\sigma_k)_p(X) = \frac{1}{1 - (p^k + 1)X + p^k X^2}$$

$$\theta_p(X) = \frac{1 + X}{1 - X}$$

$$(\beta_k)_p(X) = \frac{1}{1 - (p^k - 1)X - p^k X^2}$$

$$(\rho_{k,s})_p(X) = \frac{1}{1 - p^k X - X^s + p^k X^{s+1}}$$

Übung 1.100 Sind f und g arithmetische Funktionen, dann gilt für jede Primzahl p

$$(f * g)_p(X) = f_p(X)\, g_p(X)$$

Viele der Identitäten, die in diesem Kapitel genannt sind, können direkt aus dieser Gleichung und den Identitäten aus Übung 1.99 abgeleitet werden.

Übung 1.101 Ist f eine vollständig multiplikative Funktion, dann gilt sogar

$$f_p(X) = \frac{1}{1 - f(p)X}$$

Ist g eine speziell multiplikative Funktion, dann gilt mit $B = B_g$

$$g_p(X) = \frac{1}{1 - g(p)X + B(p)X^2}$$

---

[19] Eric Temple Bell (1883–1960)

Übung 1.102 Ist g eine multiplikative Funktion, h eine vollständig multiplikative Funktion und gilt stets

$$g_p(X) = \frac{1}{1 - g(p)X + h(p)X^2}$$

für jede Primzahl p, dann ist g speziell multiplikativ mit $h = B_g$.

1.5 Anmerkungen zu Kap. 1

Die frühe Geschichte der Theorie arithmetischer Funktionen ist im ersten Band von Leonard Dicksons[20] monumentaler Abhandlung [140] enthalten. Drei Kapitel hieraus sind relevant: Kapitel V („Euler's ϕ-function, generalizations; Farey series"), Kapitel X („Sum and number of divisors") und Kapitel XIX („Inversion of functions; Möbius' function $\mu(n)$; numerical integrals and derivatives"). Das älteste Schriftstück, auf welches in den genannten drei Kapiteln referenziert wird, ist ein Brief von Leonhard Euler an Daniel Bernoulli[21] und stammt aus dem Jahr 1741. Dies bedeutet also, dass das Thema dieses Buchs ungefähr 245 Jahre alt ist.

Die Dirichlet-Faltung zweier arithmetischer Funktionen spielte von Anfang an eine bedeutende Rolle und viele der ersten Beweise benutzten die Faltung mehrerer arithmetischer Funktionen. Dies ist nirgendwo klarer ersichtlich als in der langen Liste arithmetischer Identitäten, welche von Joseph Liouville entdeckt und im Jahr 1857 veröffentlicht wurde (siehe beispielsweise [140, S. 285f]). Viele der Identitäten in den Übungen 1.48 bis 1.59 sind dieser Liste entnommen.

Zu Beginn des 20. Jahrhunderts wurden die Dirichlet-Faltung sowie die Addition und Multiplikation arithmetischer Funktion als binäre Verknüpfungen auf der Menge der arithmetischen Funktionen erkannt. In den Arbeiten von Michele Cipolla[22] und Eric Bell wurde gezeigt, dass die arithmetischen Funktionen mit der Addition und Dirichlet-Faltung einen kommutativen Ring mit Eins bilden. Eine Darstellung von Michele Cipollas Arbeiten durch Franco Pellegrino[23] findet sich in dessen Veröffentlichung [299]. Die früheren Ergebnisse von Eric Bell sind in seinem Artikel [18] zu finden. Eine Zusammenfassung seines Werks findet sich in seinem Brief [24] an Ramaswamy Vaidyanathaswamy[24], der an den gleichen Themen arbeitete.

Die Untersuchungen der Struktur des Rings der arithmetischen Funktionen wurden fortgesetzt und es soll auf die Arbeiten von Leonard Carlitz[25] [41], [42] und [43], Edmond Cashwell[26] und Cornelius Everett[27] [53] sowie Harold Shapi-

---

[20] Leonard Eugene Dickson (1874–1954)
[21] Daniel Bernoulli (1700–1782)
[22] Michele Cipolla (1880–1947)
[23] Franco Pellegrino (1908–1979)
[24] Ramaswamy S. Vaidyanathaswamy (1894–1960)
[25] Leonard Carlitz (1907–1999)
[26] Edmond Darrell Cashwell (1920–1981)
[27] Cornelius Joseph Everett (1914–1987)

ro[28] [368] hingewiesen werden. Neben der Dirichlet-Faltung gibt es noch andere Verknüpfungen, die auf der Menge der arithmetischen Funktionen zusammen mit der Addition einen Ring bilden. Einige von diesen werden in Kap. 4 besprochen. Das Cauchy-Produkt, welches im nächsten Kapitel eingeführt wird, ist eine multiplikative Verknüpfung, die von Eckford Cohen[29] [69], [71] betrachtet wurde. Eine Übersicht verschiedener binärer Verknüpfungen auf der Menge der arithmetischen Funktionen wurde von Mathukumalli Subbarao[30] [397] gegeben.

Die Möbius-Funktion tauchte zuerst im Jahr 1832 in einer Arbeit von August Möbius über die Umkehrung von Funktionenreihen auf. John Loxton[31] und Jeff Sanders[32] [246] erläutern die Entwicklung von Anwendungen der Möbius-Funktion auf die Umkehrung von Reihen sowie anderer Probleme, die keinen direkten zahlentheoretischen Hintergrund haben. Darauf wird in den Anmerkungen zu Kap. 5 nochmals eingegangen.

Satz 1.3 ist der erste von vielen Sätzen, die die Umkehrung von arithmetischen Funktionen behandeln. Die Aussagen in Übungen 1.15 und 1.25 sind Beispiele für solche. Die Erstgenannte wurde von Paul McCarthy [258] bewiesen; die Zweitgenannte ist eine natürliche Verallgemeinerung des Satzes 1.3, welche oft wieder entdeckt wird, sobald sie benötigt wird. Umkehrsätze werden ebenfalls bei David Daykin[33] [135], [137], Upadhyayula Satyanarayana[34] [355], [356], Tom Apostol[35] [5], Rodney Hansen[36] [186] sowie bei Rodney Hansen und Leonard Swanson[37] [187] besprochen.

Sowohl Satz 1.3 als auch das Inklusions-Exklusions-Prinzip sind Folgerungen eines allgemeinen Satzes aus der Theorie der Gitter, was wirklich bemerkenswert ist. Es ist dieser Teil der Gittertheorie, der in Kap. 7 behandelt wird. Das entsprechende Inklusions-Exklusions-Prinzip ist dann in Übung 7.44 dargestellt. S. Pankajam[38] [298] behandelt einige Anwendungen dieses Prinzips auf die Auswertung arithmetischer Funktionen.

Die Geschichte der Jordan-Funktion J_k wurde von Leonard Dickson [140, S. 147–155] zusammen gefasst und er betont, dass Robert von Sterneck $J_k = H_k$ bewiesen hat. Dessen Beweis ist in den Übungen 1.7, 1.42 und 1.43 enthalten. Die Funktion φ_k aus Übung 1.37 wurde durch Eckford Cohen [68] eingeführt. Die in den Übungen 1.36 bis 1.41 genannten Aussagen stammen aus dessen Artikel und werden in diesem sowie in den Veröffentlichungen [75], [76] und [84] bewiesen.

---

[28] Harold Nathaniel Shapiro (1922–2013)
[29] Eckford Cohen (1920–2005)
[30] Mathukumalli Venkata Subbarao (1921–2006)
[31] John Harold Loxton (geb. 1947)
[32] Jeffrey William Sanders
[33] David Edward Daykin (1932–2010)
[34] Upadhyayula Venkata Satyanarayana
[35] Tom Mike Apostol (1923–2016)
[36] Rodney Thor Hansen (geb. 1941)
[37] Leonard George Swanson
[38] S. Pankajam

Vollständig multiplikative Funktionen wurden von Ramaswamy Vaidyanathaswamy auf Grund der Form ihrer zugehörigen Bell-Reihen als **lineare Funktionen** bezeichnet, vgl. auch Übung 1.101. Die Folgerung 1.11 sowie die notwendige Bedingung in Lemma 1.10 wurden von Ramaswamy Vaidyanathaswamy [482] angegeben. Er stellt ebenfalls die Notwendigkeit der Bedingung in Folgerung 1.12 fest. Das vollständige Resultat, einschließlich des Beweis der Rückrichtung wurde von Joachim Lambek[39] [233] erbracht. Tom Apostol [7] hat einen Artikel zur Theorie der vollständig multiplikativen Funktionen, die die Beweise der Folgerungen 1.11 und 1.12, des Lemmas 1.10 sowie der Übungen 1.45 und 1.46 enthalten, geschrieben. Für Anmerkungen zur Übung 1.45 kann auch der Artikel [236] von Eric Langford[40] zu Rate gezogen werden. Der Spezialfall in Übung 1.45 ist von Ramakrishna Sivaramakrishnan[41][372], und das Ergebnis in Übung 1.44 von Leonard Carlitz [48].

Die Untersuchung von speziell multiplikativen Funktionen analog zu Satz 1.14 stammt von Ramaswamy Vaidyanathaswamy [483], [484]. Er nennt diese **quadratische Funktionen**, siehe auch Übung 1.101, und der Begriff „speziell multiplikative Funktion" wurde von Derrick Lehmer[42] [242] eingeführt. Aus dem Artikel [483] von Ramaswamy Vaidyanathaswamy aus dem Jahr 1930 stammt die Identität in Übung 1.67; er nennt diese die **identische Gleichung** der Funktion f. Wie er bemerkt, ist für eine speziell multiplikative Funktion die identische Gleichung die Gleichung aus Satz 1.14 (ii). Sie entspricht dem Spezialfall eines einzigen Arguments in einem allgemeineren Ergebnis von Ramaswamy Vaidyanathaswamy, das dieser im Artikel [484] aus dem Jahr 1931 für arithmetische Funktionen mit mehreren Argumenten anführt. Ein Beweis der identischen Gleichung analog zu Übung 1.68 wurde von Anthony Gioia[43] [160] angegeben.

Die Aussage in Übung 1.62 genauso wie die notwendige Bedingung in Übung 1.61 wurden ebenfalls von Ramaswamy Vaidyanathaswamy in seinem Artikel [483] bewiesen. Die vollständige Äquivalenz aus Übung 1.61 wurde von Timothy Carroll[44] und Anthony Gioia [52] erbracht, sowie unabhängig davon der Spezialfall $k = 2$ von Ramakrishna Sivaramakrishnan [375]. Die Gleichung in Übung 1.63 stammt von Ramaswamy Vaidyanathaswamy [484] und ein anderer Beweis hiervon wurde auch durch Joachim Lambek [233] erbracht.

In der Einleitung seines Artikels [484] schreibt Ramaswamy Vaidyanathaswamy, dass der Artikel aus seinem Interesse, die Gleichung

$$\sigma_k(mn) = \sum_{d \mid (m;n)} \sigma_k\left(\frac{m}{d}\right) \sigma_k\left(\frac{n}{d}\right) \mu(d)\, d^k \tag{1.16}$$

---

[39] Joachim Lambek (1922–2014)
[40] Eric Siddon Langford
[41] Ramakrishna Ayya Sivaramakrishnan (geb. 1936)
[42] Derrick Henry Lehmer (1905–1991)
[43] Anthony Alfred Gioia (1917–2008)
[44] Timothy B. Carroll

zu verstehen, entstanden sei; sowie auch, um das umgekehrte Problem zu lösen, nämlich eine möglichst allgemeine Klasse von Funktionen zu bestimmen, die eine Gleichung dieser Form erfüllt [484, S. 582]. Seine Bemühungen waren durch den Beweis von Satz 1.14 erfolgreich. Tatsächlich ist sein Theorem XXXV ein noch allgemeineres Ergebnis für arithmetische Funktionen mehrerer Argumente. Die Gleichung (1.16) im Fall $k = 0$ wurde von Srinivasa Ramanujan [322] angegeben und der allgemeine Fall wurde von Sarvadaman Chowla[45] [66] bewiesen. Der Beweis des Satzes 1.14 ist aus dem Artikel [251] von Paul McCarthy entnommen.

Das analoge Problem für die eingeschränkte Busche-Ramanujan-Identität wurde von Ramaswamy Vaidyanathaswamy [484] in einem Beweis, welcher für arithmetische Funktionen mehrerer Argumente gilt (vgl. Theorem XXXVIII in [484]), gelöst. Sein Ergebnis im eindimensionalen Fall bildet die Grundlage für die Übungen 1.80 bis 1.85. Er führt die k-te Faltung einer arithmetischen Funktion ein, welche von Harald Scheid[46] [360], [361] und von diesem zusammen mit Ramakrishna Sivaramakrishnan [364] untersucht wurde. Die Aussagen in den Übungen 1.79 sowie 1.86 bis 1.88 wurden von Paul McCarthy [251], [255], [256] bewiesen.

Speziell multiplikative Funktionen tauchen naturgemäß in der Theorie der Modulformen auf, die beispielsweise in Tom Apostols Buch [12] behandelt werden. Die Werte mancher speziell multiplikativer Funktionen treten nämlich als Fourier-Koeffizienten[47] von Modulformen auf. In Kapitel 6 des Buchs [12] wird ein Satz von Erich Hecke[48] bewiesen, der die Modulformen, die auf diese Weise mit speziell multiplikativen Funktionen verbunden sind, charakterisiert. Eine solche arithmetische Funktion ist beispielsweise **Ramanujans τ-Funktion**, die nicht mit der Teilersummen-Funktion τ verwechselt werden sollte (nur hier, in diesen Anmerkungen zu Kap. 1, steht τ für Ramanujans τ-Funktion). Srinivasa Ramanujan führte diese Funktion als Koeffizienten einer Potenzreihe über die Gleichung

$$\sum_{n=1}^{\infty} \tau(n)\, x^n = x \prod_{k=1}^{\infty} \left(1 - x^k\right)^{24}$$

ein. Sowohl die Reihe als auch das Produkt konvergieren für $|x| < 1$. Die Definition von τ über eine Modulform lässt sich in Tom Apostols Buch [12, S. 20] finden; darin [12, S. 92f] findet sich auch die Beweisidee dafür, dass τ speziell multiplikativ ist mit $B_\tau = \zeta_{11}$. Das bedeutet also, erstens,

$$\tau\left(p^{a+1}\right) = \tau(p)\,\tau\left(p^a\right) - p^{11}\,\tau\left(p^{a-1}\right)$$

für jede Primzahl p und alle natürlichen Zahlen a, zweitens, für alle natürlichen Zahlen m und n

$$\tau(mn) = \sum_{d \mid (m;n)} \tau\left(\frac{m}{d}\right) \tau\left(\frac{n}{d}\right) \mu(d)\, d^{11}$$

---

[45] Sarvadaman D. S. Chowla (1907–1995)
[46] Harald Scheid (geb. 1939)
[47] Jean Baptiste Joseph Fourier (1768–1830)
[48] Erich Hecke (1887–1947)

was auch von Kollagunta Ramanathan[49] [317] bemerkt wurde, sowie, drittens,

$$\tau(m)\tau(n) = \sum_{d\,|\,(m;n)} d^{11}\,\tau\left(\frac{mn}{d^2}\right)$$

Aus dem Beweis von Satz 1.14 ((iv) $\Rightarrow$ (i)) ergibt sich daher

$$\tau = g_1 * g_2$$

mit vollständig multiplikativen Funktionen g_1 und g_2, die auf Primzahlen p über

$$g_{1/2}(p) := \frac{1}{2}\left(\tau(p) \pm \sqrt{\tau(p)^2 - 4p^{11}}\right)$$

definiert sind. Srinivasa Ramanujan vermutete [321], dass der Ausdruck unter der Wurzel stets negativ ist. Diese Vermutung wurde von Pierre Deligne[50] bewiesen, siehe auch [12, S. 136].

Godfrey Hardy hat ein Kapitel seines Buchs [196] Ramanujans τ-Funktion gewidmet. Eine Übersicht der Aussagen über τ wurde von Frederick van der Blij[51] [36] erstellt, in welcher eine lange, wenn auch längst veraltete, Literaturübersicht enthalten ist. John Ewell[52] hat in seinem Artikel [151] eine Formel für $\tau(n)$ gefunden, in welche diese als die Anzahl der Darstellungen einer natürlichen Zahl als Summe von 16 Quadraten eingeht.

Die Norm $N(f)$ einer multiplikativen Funktion wurde durch Puliyakot Menon[53] in seinem Artikel [270], der Ramanujans τ-Funktion behandelt, eingeführt. Die Normen speziell multiplikativer Funktionen wurden von Ramakrishna Sivaramakrishnan [375] untersucht.

Die Auswertung der Summe in Übung 1.7 wird üblicherweise Puliyakot Menon [271] zugeschrieben. Sie ist auch in einem allgemeinen Ergebnis von Eckford Cohen [82] enthalten, worauf nochmals in den Anmerkungen zu Kap. 2 eingegangen wird. Dieses Ergebnis wurde oft bewiesen und verallgemeinert, beispielsweise in den Artikeln von K. Nageswara Rao[54] [331], [338], Ramakrishna Sivaramakrishnan [371], [374], S. Venkatramaiah[55] [503], T. Venkataraman[56] [502], V. Sita Ramaiah[57] [311] und I. M. Richards[58] [349].

Die Funktion φ_f aus Übung 1.21 wurde von Puliyakot Menon [272], sowie unabhängig von Harlan Stevens[59] [386] eingeführt. Diese Funktion, ebenso wie viele

[49] Kollagunta Gopalaiyer Ramanathan (1920–1992)
[50] Pierre Deligne (geb. 1944)
[51] Frederick van der Blij (geb. 1923)
[52] John Albert Ewell (1928–2007)
[53] Puliyakot Kesava Menon (1917–1979)
[54] K. Nageswara Rao
[55] S. Venkatramaiah
[56] T. Venkataraman
[57] V. Sita Ramaiah
[58] I. M. Richards
[59] Harlan Riley Stevens

andere Funktionen, die mit Hilfe eines Polynoms oder einer Menge von Polynomen definiert sind, wurden von Jayanthi Chidambaraswamy[60] untersucht [57], [59], [60], [63].

Die grundlegenden Eigenschaften der Klee-Funktion Ξ_k, die in Übung 1.29 definiert wurde, sind von Victor Klee [229] beschrieben worden; aus diesem Grund trägt sie seither seinen Namen, wenngleich jene auch bereits im Jahr 1900 durch Franz Rogel[61] untersucht wurde (vgl. hierzu [140, S. 134]). Wenige Jahre bevor Victor Klees Artikel erschien, wurde die Funktion Ξ_2 durch Edward Haviland[62] [198] untersucht. Andere Eigenschaften von Ξ_k wurden von Paul McCarthy [249], K. Nageswara Rao [325], Upadhyayula Satyanarayana und K. Pattabhiramasastry[63] [357] sowie von A. C. Vasu[64] [489] publiziert.

Die Funktionen τ_k und $\tau_{k,h}$ aus den Übungen 1.32 und 1.33 wurden von Martin Beumer[65] [35] und Ramakrishna Sivaramakrishnan [370] untersucht. Letztgenannter bewies die Aussage, die $\tau_{k,h}$ und die Klee-Funktion in Verbindung zueinander setzt. Die Funktion τ_k wurde sogar mehrere Male entdeckt, siehe [140, S. 135, S. 287 sowie S. 308].

Das Radikal aus Übung 1.14 wurde von Severin Wigert[66] [510] eingeführt und ebenfalls von anderen Mathematikern, einschließlich Eckford Cohen [85] und D. Suryanarayana[67] [431], betrachtet. Die Funktion δ_k aus Übung 1.20 wurde ebenfalls von D. Suryanarayana untersucht [419]. Zu den ersten Untersuchungen der Schemmel-Funktion aus Übung 1.23 wird auf Leonard Dicksons Buch [140, S. 147] verwiesen. Eine Verallgemeinerung von ihr wurde durch K. Nageswara Rao [329] vorgenommen. Die Verallgemeinerungen der Dedekind-Funktion aus den Übungen 1.34 und 1.35 wurden durch D. Suryanarayana [418] und J. Hanumanthachari[68] [190] eingeführt. Die (k, q)-Zahlen sowie die zugehörigen arithmetischen Funktionen aus den Übungen 1.92 bis 1.96 wurden durch Mathukumalli Subbarao und V. C. Harris[69] [399] definiert.

Die Bell-Reihen in den Übungen 1.97 bis 1.102 wurden von Eric Bell [18] eingeführt. Die Bell-Reihen für arithmetische Funktionen, die von mehreren Argumenten abhängen, waren eines der wichtigsten Hilfsmittel für Ramaswamy Vaidyanathaswamy [484].

---

[60] Jayanthi Swamy Chidambaraswamy (1928–2006)
[61] Franz Rogel (geb. 1852)
[62] Edward Kenneth Haviland
[63] K. Pattabhiramasastry
[64] A. C. Vasu
[65] Martin G. Beumer
[66] Carl Severin Wigert (1871–1941)
[67] D. Suryanarayana
[68] J. Hanumanthachari
[69] V. C. Harris

Ramanujan-Summen

2

2.1 Grundlegende Eigenschaften der Ramanujan-Summen

Zur Vereinfachung der Schreibweise setzt man

$$e\left(\alpha\right) := e^{2\pi i \alpha}$$

Für eine ganze Zahl n und eine natürliche Zahl q wird die Summe

$$c_q(n) := \sum_{\substack{a=1 \\ (a;q)=1}}^{q} e\left(\frac{an}{q}\right)$$

betrachtet. Üblicherweise wird über alle a mit $1 \leq a \leq q$ und $(a;q) = 1$ summiert. Ebenso könnte jedoch auch über ein beliebiges primes Restklassensystem modulo q summiert werden, da für $a \equiv b \pmod{q}$ die Identität $e\left(\frac{an}{q}\right) = e\left(\frac{bn}{q}\right)$ gilt.

Die Summe $c_q(n)$ heißt **Ramanujan-Summe**. Für festes q erhält man eine arithmetische Funktion $c_q : \mathbb{N} \to \mathbb{C}$. Andererseits erhält man auch für festes n eine arithmetische Funktion in q. Für $n = 0$ ergibt sich die Eulersche φ-Funktion, für $n = 1$ die Möbius-Funktion μ

$$c_q(0) = \varphi(q)$$
$$c_q(1) = \mu(q)$$

wie sich aus dem nachstehenden Lemma 2.1 ergibt.

Die Werte der Ramanujan-Summe lassen sich leicht bestimmen.

Lemma 2.1 *Es gilt*

$$c_q(n) = \sum_{d \mid (n;q)} d\, \mu\left(\frac{q}{d}\right)$$

© Springer-Verlag GmbH Deutschland 2017
P.J. McCarthy, *Arithmetische Funktionen*, DOI 10.1007/978-3-662-53732-9_2

Beweis Nach Übung 2.1 gilt

$$\sum_{h=1}^{q} e\left(\frac{nh}{q}\right) = \begin{cases} q & \text{wenn } q \mid n \\ 0 & \text{sonst} \end{cases} \tag{2.1}$$

und mit Hilfe von Lemma 1.4 ist

$$\sum_{h=1}^{q} e\left(\frac{nh}{q}\right) = \sum_{d \mid q} \sum_{(a;d)=1} e\left(\frac{na\,q/d}{q}\right) = \sum_{d \mid q} \sum_{(a;d)=1} e\left(\frac{na}{d}\right) = \sum_{d \mid q} c_d(n) \tag{2.2}$$

Eine Anwendung der Möbius-Umkehrformel aus Satz 1.3 liefert damit

$$c_q(n) = \sum_{d \mid q} \sum_{h=1}^{q} e\left(\frac{nh}{q}\right) \mu\left(\frac{q}{d}\right) = \sum_{d \mid (n;q)} d\,\mu\left(\frac{q}{d}\right) \qquad \square$$

Folgerung 2.2 *Die Ramanujan-Summe ist bei festem n als Funktion von q multiplikativ, das heißt, für alle n, q und r mit $(r;q) = 1$ gilt*

$$c_{qr}(n) = c_q(n)\,c_r(n)$$

Auf Primzahlpotenzen p^a sind die Werte nach Lemma 2.1

$$c_{p^a}(n) = \begin{cases} p^a - p^{a-1} = p^a\left(1 - \frac{1}{p}\right) & \text{wenn } p^a \mid n \\ -p^{a-1} & \text{wenn } p^a \nmid n \text{ und } p^{a-1} \mid n \\ 0 & \text{sonst} \end{cases} \tag{2.3}$$

Mit der Folgerung 2.2 sind die Werte der Ramanujan-Summe ganze Zahlen, also $c_q(n) \in \mathbb{Z}$ für alle $q \in \mathbb{N}$ und $n \in \mathbb{Z}$.

Sei g eine multiplikative und h eine vollständig multiplikative Funktion. Betrachtet man die Summe

$$f_q(n) := \sum_{d \mid (n;q)} h(d)\,g\left(\frac{q}{d}\right)\mu\left(\frac{q}{d}\right)$$

mit $n \in \mathbb{Z}$ und $q \in \mathbb{N}$, dann kann man eine zugehörige Funktion F durch

$$F(q) := f_q(0) \tag{2.4}$$

definieren. Beispielsweise ist mit $f := \zeta_1$ und $g := \mathbb{1}$

$$f_q(n) = c_q(n)$$

und $F = \varphi$. Eine so definierte Funktion F ist stets multiplikativ und auf Primzahl-potenzen p^a gilt

$$F(p^a) = \sum_{j=0}^{a} h\left(p^j\right) g\left(p^{a-j}\right) \mu\left(p^{a-j}\right) = h(p)^{a-1}(h(p) - g(p))$$

Insbesondere ist genau dann $F(q) \neq 0$, wenn für alle Primzahlen p die beiden Eigenschaften

$$\begin{aligned} h(p) &\neq 0 \\ h(p) &\neq g(p) \end{aligned} \qquad (2.5)$$

gelten.

Satz 2.3 *Gelten die Eigenschaften aus Gleichung (2.5) für alle n und q, dann ist*

$$f_q(n) = \frac{F(q) \, g\left(\frac{q}{(q;n)}\right) \mu\left(\frac{q}{(q;n)}\right)}{F\left(\frac{q}{(q;n)}\right)} \qquad (2.6)$$

Beweis Ist

$$(n_1; n_2) = (q_1; q_2) = (n_1; q_2) = (n_2; q_1) = 1$$

dann sind $(n_1; q_1)$ und $(n_2; q_2)$ teilerfremd und es gilt

$$(n_1 n_2; q_1 q_2) = (n_1; q_1)(n_2; q_2)$$

Damit ist auch

$$f_{q_1 q_2}(n_1 n_2) = f_{q_1}(n_1) \, f_{q_2}(n_2)$$

Sind $n = p_1^{a_1} \cdot \ldots \cdot p_t^{a_t}$ und $q = p_1^{b_1} \cdot \ldots \cdot p_t^{b_t}$ mit $a_l, b_l \in \mathbb{N}_0$ die Primfaktorzerle-gungen von n und q, dann ist

$$f_q(n) = \prod_{l=1}^{t} f_{p^{b_l}}\left(p^{a_l}\right)$$

Die rechte Seite der zu beweisenden Identität faktorisiert in derselben Weise. Also reicht es aus, die Gleichheit auf Primzahlpotenzen p^a nachzuweisen, das heißt

$$f_{p^b}\left(p^a\right) = F\left(p^b\right) \frac{g\left(\frac{p^b}{(p^a; p^b)}\right) \mu\left(\frac{p^b}{(p^a; p^b)}\right)}{F\left(\frac{p^b}{(p^a; p^b)}\right)}$$

Die drei Fälle $b \leq a$, $b - 1 = a$ und $b - 1 > a$ werden unterschieden.

(i) $b \leq a$: In diesem Fall ist $\frac{p^b}{(p^a;p^b)} = 1$ und damit

$$F\left(p^b\right) \frac{g\left(\frac{p^b}{(p^a;p^b)}\right) \mu\left(\frac{p^b}{(p^a;p^b)}\right)}{F\left(\frac{p^b}{(p^a;p^b)}\right)} = F\left(p^b\right) = f_{p^b}\left(p^a\right)$$

(ii) $b - 1 = a$: In diesem Fall ist $\frac{p^b}{(p^a;p^b)} = p$ und damit

$$F(p^b) \frac{g\left(\frac{p^b}{(p^a;p^b)}\right) \mu\left(\frac{p^b}{(p^a;p^b)}\right)}{F\left(\frac{p^b}{(p^a;p^b)}\right)} = -\frac{F(p^b)\,g(p)}{F(p)}$$

$$= \frac{h(p)^{b-1}\,(h(p) - g(p))\,g(p)\,\mu(p)}{h(p) - g(p)}$$

$$= h(p^{b-1})\,g(p)\,\mu(p)$$

$$= f_{p^b}\,(p^a)$$

(iii) $b - 1 > a$: In diesem Fall ist $\frac{p^b}{(p^a;p^b)} = p^l$ mit $l \geq 2$ und damit auch

$$F\left(p^b\right) \frac{g\left(\frac{p^b}{(p^a;p^b)}\right) \mu\left(\frac{p^b}{(p^a;p^b)}\right)}{F\left(\frac{p^b}{(p^a;p^b)}\right)} = 0$$

auf Grund der Eigenschaften der Möbius-Funktion. Genauso ist $f_{p^b}\,(p^a) = 0$.
$\qquad\qquad\qquad\qquad\qquad\qquad\qquad\qquad\qquad\qquad\qquad\qquad\qquad\qquad\qquad\qquad\square$

Folgerung 2.4 *Es gilt*

$$c_q(n) = \varphi(q) \frac{\mu\left(\frac{q}{(n;q)}\right)}{\varphi\left(\frac{q}{(n;q)}\right)} \qquad (2.7)$$

Satz 2.5 *Ist Gleichung (2.5) erfüllt, dann ist*

$$F(q) \sum_{\substack{d \mid q \\ (n;d)=1}} \frac{h(d)}{F(d)} \mu\left(\frac{q}{d}\right) = \mu(q)\,f_q(n) \qquad (2.8)$$

Beweis Es reicht aus, die Identität zu beweisen, wenn n und q Potenzen derselben Primzahl sind. Der übrige Teil des Beweises wird als Übung 2.16 gestellt. $\qquad\square$

Ein Spezialfall hiervon ist die **Brauer-Rademacher-Identität**[1,2]

$$\varphi(q) \sum_{\substack{d \mid q \\ (n;d)=1}} \frac{d}{\varphi(d)} \, \mu\left(\frac{q}{d}\right) = \mu(q) \, c_q(n) = \mu(q) \sum_{d \mid (n;q)} d \, \mu\left(\frac{q}{d}\right) \qquad (2.9)$$

2.2 Periodizität (mod q)

Eine arithmetische Funktion f heißt **periodisch (mod q)** (in der Literatur zum Teil auch als q-**periodisch** bezeichnet), wenn aus $a \equiv b \pmod{q}$ die Gleichheit $f(a) = f(b)$ folgt. Wenn f periodisch (mod d) ist und $d \mid q$, dann ist f automatisch auch periodisch (mod q). Nach Lemma 2.1 ist

$$c_q(n) = c_q((n;q))$$

für alle n und q. Ist $a \equiv b \pmod{q}$, dann auch $(a;q) = (b;q)$, weshalb die Ramanujan-Summe c_q bei festem q eine periodische Funktion (mod q) ist.

Für zwei arithmetische Funktionen f und g, die periodisch (mod q) sind, wird das **Cauchy-Produkt**[3] als die arithmetische Funktion h, gegeben durch

$$h(n) := \sum_{n \equiv a+b \, (q)} f(a) \, g(b)$$

definiert (zur Vereinfachung der Schreibweise wird oft $a \equiv b \ (q)$ anstelle von $a \equiv b \pmod{q}$ geschrieben). Die Summe erstreckt sich dabei über alle Lösungspaare (a, b) (mod q) der Kongruenz. Man beachte, dass das Cauchy-Produkt auch periodisch (mod q) ist.

Viele der nützlichen Eigenschaften der Ramanujan-Summen ergeben sich aus der Tatsache, dass diese **orthogonal** in Bezug auf das Cauchy-Produkt sind, wie der folgende Satz 2.6 verdeutlicht.

Satz 2.6 (Orthogonalitätsrelation der Ramanujan-Summen) *Für alle natürlichen Zahlen n und q sowie Teiler $d_1 \mid q$, $d_2 \mid q$ gilt*

$$\sum_{n \equiv a+b \, (q)} c_{d_1}(a) \, c_{d_2}(b) = \begin{cases} q \, c_{d_1}(n) & \text{wenn } d_1 = d_2 \\ 0 & \text{sonst} \end{cases}$$

Der Beweis beruht auf der nachstehenden Eigenschaft der Exponentialfunktion, die als Lemma 2.7 formuliert wird.

---

[1] Alfred Theodor Brauer (1894–1985)
[2] Hans Rademacher (1892–1969)
[3] Augustin-Louis Cauchy (1789–1857)

Lemma 2.7 *Seien* $d \mid q,\ r \mid q,\ 1 \le d_1 \le d,\ 1 \le r_1 \le r$ *und* $(d_1;d) = (r_1;r) = 1$.
Dann gilt

$$\sum_{n \equiv a+b\,(q)} e\left(\frac{ad_1}{d}\right) e\left(\frac{br_1}{r}\right) = \begin{cases} q\,e\left(\frac{nd_1}{d}\right) & \text{wenn } d = r \text{ und } d_1 = r_1 \\ 0 & \text{sonst} \end{cases}$$

Beweis Setze $d_2 := \frac{q}{d}$ und $r_2 := \frac{q}{r}$. Dann ist nach Übung 2.18

$$\sum_{n \equiv a+b\,(q)} e\left(\frac{ad_1 d_2}{q}\right) e\left(\frac{br_1 r_2}{q}\right) = \begin{cases} q\,e\left(\frac{nd_1 d_2}{q}\right) = q\,e\left(\frac{nd_1}{d}\right) & \text{wenn } d_1 d_2 = r_1 r_2 \\ 0 & \text{sonst} \end{cases}$$

Nun ist $d_1 d_2 = r_1 r_2$ genau dann der Fall, wenn $d_1 r = r_1 d$ gilt und, da $(d_1;d) = (r_1;r) = 1$, gilt dies genau dann, wenn $d_1 = r_1$ und $d = r$ ist.   □

Beweis (Satz 2.6) Es ist

$$\sum_{n \equiv a+b\,(q)} c_{d_1}(a)\,c_{d_2}(b) = \sum_{\substack{(x;d_1)=1 \\ 1 \le x \le d_1}} \sum_{\substack{(y;d_2)=1 \\ 1 \le y \le d_2}} \sum_{n \equiv a+b\,(q)} e\left(\frac{ax}{d_1}\right) e\left(\frac{by}{d_2}\right)$$

Für $d_1 \ne d_2$ ist die innere Summe gleich 0 für alle x und y. Ist $d_1 = d_2$, dann ist die Summe ebenfalls gleich 0, außer wenn $x = y$ ist. In diesem Fall ist die dreifache Summe gleich

$$\sum_{\substack{(x;d_1)=1 \\ 1 \le x \le d_1}} q\,e\left(\frac{nx}{d_1}\right) = q\,c_{d_1}(n)$$ □

Die Orthogonalitätsrelation kann auch in einer anderen, ebenfalls nützlichen Form angegeben werden.

Satz 2.8 *Für alle Teiler* $q_1 \mid q,\ q_2 \mid q$ *gilt*

$$\sum_{d \mid q} c_{q_1}\left(\frac{q}{d}\right) c_d\left(\frac{q}{q_2}\right) = \begin{cases} q & \text{wenn } q_1 = q_2 \\ 0 & \text{sonst} \end{cases}$$

Beweis Setze

$$S := \sum_{a+b \equiv 0\,(q)} c_{q_1}(a)\,c_{q_2}(b)$$

$$= \sum_{a=1}^{q} c_{q_1}(a)\,c_{q_2}(-a)$$

$$= \sum_{d \mid q} \sum_{\substack{1 \le x \le d \\ (x;d)=1}} c_{q_1}\left(\frac{xq}{d}\right) c_{q_2}\left(\frac{-xq}{d}\right)$$

Der letzte Umformungsschritt gilt nach Lemma 1.4. Für jedes x ist

$$c_{q_1}\left(\frac{xq}{d}\right) = \sum_{(y;q_1)=1} e\left(\frac{\frac{yxq}{d}}{q_1}\right)$$

und $e\left(\frac{\frac{yxq}{d}}{q_1}\right) = e\left(\frac{\frac{yxq}{q_1}}{d}\right)$. Also ist auch $c_{q_1}\left(\frac{xq}{d}\right) = c_{q_1}\left(\frac{x'q}{d}\right)$, für alle $x \equiv x' \pmod{d}$. Die gleiche Aussage gilt für $c_{q_2}\left(\frac{-xq}{d}\right)$. Damit ergibt sich

$$S = \sum_{d|q}\sum_{x} c_{q_1}\left(\frac{xq}{d}\right) c_{q_2}\left(-\frac{xq}{d}\right)$$

wobei sich x über ein beliebiges primes Restklassensystem (mod d) erstreckt. Nach Übung 1.39 darf angenommen werden, dass dieses prime Restklassensystem (mod d) in einem primen Restklassensystem (mod q) enthalten ist, das heißt, $(x;q) = 1$ für jedes x. Damit ist für $j = 1, 2$

$$c_{q_j}\left(\pm\frac{xq}{d}\right) = c_{q_j}\left(\frac{q}{d}\right)$$

da $c_q(n) = c_q((n;q))$, und somit nach Übung 2.20

$$S = \sum_{d|q} c_{q_1}\left(\frac{q}{d}\right) c_{q_2}\left(\frac{q}{d}\right) \varphi(d) = \varphi(q_2) \sum_{d|q} c_{q_1}\left(\frac{q}{d}\right) c_d\left(\frac{q}{q_2}\right)$$

Andererseits ist nach Satz 2.6 mit $n = 0$

$$S = \begin{cases} q\,\varphi(q_1) & \text{wenn } q_1 = q_2 \\ 0 & \text{sonst} \end{cases}$$

was den Beweis abschließt.   □

Wählt man $q_1 = 1$ in Satz 2.8, ergibt sich für $n \mid q$

$$\sum_{d|q} c_d(n) = \begin{cases} q & \text{wenn } n = q \\ 0 & \text{sonst} \end{cases}$$

Weitere Spezialfälle von Satz 2.8 sind in den Übungen 2.22 bis 2.24 aufgeführt.

2.3   Gerade arithmetische Funktionen

Eine arithmetische Funktion f heißt eine **gerade Funktion (mod** q**)** (in der Literatur zum Teil auch als q-**gerade** bezeichnet), wenn

$$f((n;q)) = f(n)$$

für alle n gilt. Jede Funktion, die diese Eigenschaft besitzt, ist ebenfalls periodisch (mod q). Wie bereits festgestellt, ist die Funktion c_q eine gerade Funktion (mod q). Tatsächlich gilt dies sogar für jede Funktion c_d mit $d \mid q$, denn

$$c_d((n;q)) = c_d((n;q;d)) = c_d((n;d)) = c_d(n)$$

Satz 2.9 *Ist f eine gerade Funktion (mod q), dann kann f eindeutig in der Form*

$$f(n) = \sum_{d \mid q} a_d \, c_d(n)$$

geschrieben werden. Die Koeffizienten a_d sind durch

$$a_d = \frac{1}{q} \sum_{l \mid q} f\left(\frac{q}{l}\right) c_l\left(\frac{q}{d}\right) = \frac{1}{q \, \varphi(d)} \sum_{m=1}^{q} f(m) \, c_d(m) \qquad (2.10)$$

*gegeben. Sie werden **Fourier-Koeffizienten** von f genannt.*

Beweis Gilt für jedes $n \in \mathbb{N}$

$$\sum_{d \mid q} a_d \, c_d(n) = 0$$

dann ist nach Satz 2.6

$$0 = \sum_{a+b \equiv 0 \, (q)} \sum_{d \mid q} a_d \, c_d(a) \, c_l(b) = \sum_{d \mid q} a_d \sum_{a+b \equiv 0 \, (q)} c_d(a) \, c_l(b) = a_l \, q \, \varphi(l)$$

was $a_l = 0$ für jeden Teiler $l \mid q$ zur Folge hat. Hiermit ist die Eindeutigkeit der Darstellung bewiesen. Sei a_d durch die erste Gleichung gegeben. Dann ist

$$\sum_{d \mid q} a_d \, c_d(n) = \frac{1}{q} \sum_{d \mid q} \sum_{l \mid q} f\left(\frac{q}{l}\right) c_l\left(\frac{q}{d}\right) c_d(n)$$

$$= \frac{1}{q} \sum_{l \mid q} f\left(\frac{q}{l}\right) \sum_{d \mid q} c_l\left(\frac{q}{d}\right) c_d\left(\frac{q}{\frac{q}{(q;n)}}\right)$$

Nach Satz 2.8 ist die innere Summe gleich 0, außer es ist $l = \frac{q}{(q;n)}$ wo sie gleich q ist. Damit gilt

$$\sum_{d \mid q} a_d \, c_d(n) = f\left(\frac{q}{\frac{q}{(q;n)}}\right) = f((n;q)) = f(n)$$

Setze nun

$$S := \sum_{m=1}^{q} f(m) \, c_d(m) = \sum_{l \mid q} \sum_{\substack{1 \le k \le l \\ (k;l)=1}} f\left(\frac{kq}{l}\right) c_d\left(\frac{kq}{l}\right)$$

Ist $k \equiv k'\,(q)$, dann auch $\frac{kq}{l} \equiv \frac{k'q}{l}\,(q)$ und somit

$$f\left(\frac{kq}{l}\right) c_d\left(\frac{kq}{l}\right) = f\left(\frac{k'q}{l}\right) c_d\left(\frac{k'q}{l}\right)$$

Also ist

$$S = \sum_{l|q}\sum_{k} f\left(\frac{kq}{l}\right) c_d\left(\frac{kq}{l}\right)$$

wobei sich k über ein beliebiges primes Restklassensystem (mod l) erstreckt. Nach Übung 1.39 können wir annehmen, dass jedes k teilerfremd zu q ist. Für jedes k ist damit $\left(\frac{kq}{l};q\right) = \frac{q}{l}$, woraus $f\left(\frac{kq}{l}\right) = f\left(\frac{q}{l}\right)$ folgt. In derselben Weise ergibt sich $c_d\left(\frac{kq}{l}\right) = c_d\left(\frac{q}{l}\right)$, da $\left(\frac{kq}{l};d\right) = \left(\frac{q}{l};d\right)$. Dies führt schließlich auf

$$S = \sum_{l|q} f\left(\frac{q}{l}\right) c_d\left(\frac{q}{l}\right) \varphi(l) = \varphi(d) \sum_{l|q} f\left(\frac{q}{l}\right) c_l\left(\frac{q}{d}\right) = q\,\varphi(d)\,a_d \qquad \square$$

Ist eine beliebige Funktion $a_d : \mathbb{N} \to \mathbb{C}$ gegeben, dann ist die arithmetische Funktion f, definiert durch

$$f(n) := \sum_{d|q} a_d\,c_d(n)$$

stets eine gerade Funktion (mod q).

Satz 2.10 *Eine arithmetische Funktion f ist genau dann eine gerade Funktion (mod q), wenn es eine Funktion $g : \mathbb{N} \times \mathbb{N} \to \mathbb{C}$ so gibt, dass*

$$f(n) = \sum_{d|(n;q)} g\left(d, \frac{q}{d}\right) \tag{2.11}$$

für alle natürlichen Zahlen n gilt. Desweiteren gilt in einem solchen Fall für jeden Teiler $d \mid q$

$$a_d = \frac{1}{q} \sum_{l|\frac{q}{d}} l\,g\left(\frac{q}{l}, l\right)$$

Beweis Ist eine Funktion f durch die Gleichung (2.11) definiert, dann ist sie trivialerweise eine gerade Funktion (mod q). Sei umgekehrt angenommen, dass f eine gerade Funktion (mod q) ist. Dann ist

$$f(n) = \sum_{d|q} a_d \, c_d(n) = \sum_{d|q} a_d \sum_{l|(n;d)} l\mu\left(\frac{d}{l}\right)$$

$$= \sum_{l|(n;q)} l \sum_{\substack{d|q \\ l|d}} a_d \, \mu\left(\frac{d}{l}\right) = \sum_{l|(n;q)} l \sum_{d'|\frac{q}{l}} a_{d'l} \, \mu(d')$$

Also hat f die gewünschte Form mit

$$g(m_1, m_2) := m_1 \sum_{d'|m_2} a_{d'm_1} \, \mu(d')$$

Die Darstellung für a_d folgt aus

$$\sum_{d|q} \frac{1}{q} \sum_{l|\frac{q}{d}} l \, g\left(\frac{q}{l}, l\right) c_d(n) = \sum_{l|q} \frac{1}{q} g\left(\frac{q}{l}, l\right) \sum_{d|\frac{q}{l}} c_d(n)$$

$$= \sum_{\substack{l|q \\ \frac{q}{l}|n}} g\left(\frac{q}{l}, l\right) = \sum_{d|(q;n)} g\left(d, \frac{q}{d}\right) = f(n) \qquad \square$$

Da jede gerade Funktion (mod q) auch eine periodische Funktion (mod q) ist, kann das Cauchy-Produkt zweier gerade Funktionen (mod q) betrachtet werden.

Lemma 2.11 *Seien f und g jeweils gerade Funktionen (mod q) mit entsprechenden Fourier-Koeffizienten a_d und b_d. Dann ist deren Cauchy-Produkt h ebenfalls eine gerade Funktion (mod q) mit Fourier-Koeffizienten $q \, a_d \, b_d$.*

Beweis Nach Satz 2.6 ist

$$h(n) = \sum_{n \equiv k+j \, (q)} \sum_{d|q} a_d \, c_d(k) \sum_{l|q} b_d \, c_l(j)$$

$$= \sum_{d|q} \sum_{l|q} a_d \, b_l \sum_{n \equiv k+j \, (q)} c_d(k) \, c_l(j) = \sum_{d|q} q \, a_d \, b_d \, c_d(n) \qquad \square$$

2.4   Anwendungen und Beispiele

Nachstehend werden einige Anwendungen und Beispiele der Ergebnisse der vorherigen Abschnitte betrachtet.

Man definiert für natürliche Zahlen n und q die Funktion δ_q durch

$$\delta_q(n) := \begin{cases} 1 & \text{wenn } (n;q) = 1 \\ 0 & \text{sonst} \end{cases}$$

Für festes q ist die Funktion δ_q eine gerade Funktion (mod q). Nach Satz 2.9 und Folgerung 2.4 sind ihre Fourier-Koeffizienten gegeben durch

$$a_d = \frac{1}{q} \sum_{l|q} \delta_q\left(\frac{q}{l}\right) c_l\left(\frac{q}{d}\right) = \frac{1}{q} \sum_{\substack{l|q \\ \left(\frac{q}{l};q\right)=1}} c_l\left(\frac{q}{d}\right) = \frac{1}{q} c_q\left(\frac{q}{d}\right) = \frac{1}{q} \frac{\varphi(q)\,\mu(d)}{\varphi(d)}$$

$$(2.12)$$

Ist f eine gerade Funktion (mod q) mit Fourier-Koeffizienten a_d, dann ist nach Lemma 2.11

$$\sum_{(b;q)=1} f(n-b) = \sum_{n \equiv k+j\,(q)} f(k)\,\delta_q(j) = \varphi(q) \sum_{d|q} \frac{a_d\,\mu(d)}{\varphi(d)} c_d(n)$$

Speziell für $f = c_q$ ergibt sich

$$\sum_{(b;q)=1} c_q(n-b) = \mu(q)\,c_q(n)$$

In Übung 2.25 wird dieses Ergebnis weiter verallgemeinert. Andererseits ist auch

$$\sum_{(b;q)=1} c_q(n-b) = \sum_{(b;q)=1} \sum_{d|(n-b;q)} d\,\mu\left(\frac{q}{d}\right)$$

$$= \sum_{(b;q)=1} \sum_{\substack{d|q \\ n \equiv b\,(q)}} d\,\mu\left(\frac{q}{d}\right) = \sum_{d|q} d\,\mu\left(\frac{q}{d}\right) \sum_{\substack{(b;q)=1 \\ b \equiv n\,(d)}} 1$$

Für jedes d erstreckt sich die innere Summe über alle Elemente b eines primes Restklassensystem so, dass $b \equiv n \pmod{q}$ ist. Wenn $(n;d) > 1$ ist, dann gibt es keine solchen Elemente. Im Fall $(n;d) = 1$ existieren nach Übung 1.39 genau $\frac{\varphi(q)}{\varphi(d)}$ solcher Elemente. Hiermit ergibt sich

$$\sum_{(b;q)=1} c_q(n-b) = \varphi(q) \sum_{\substack{d|q \\ (n;d)=1}} \frac{d}{\varphi(d)} \mu\left(\frac{q}{d}\right)$$

Damit erhält man erneut die Brauer-Rademacher-Identität

$$\mu(q)\,c_q(n) = \varphi(q) \sum_{\substack{d|q \\ (n;d)=1}} \frac{d}{\varphi(d)} \mu\left(\frac{q}{d}\right)$$

die zuvor schon als Spezialfall von Satz 2.5 angegeben wurde.

Noch allgemeiner ist für eine beliebige Funktion f

$$\sum_{(b;q)=1} f(n-b) = \varphi(q) \sum_{d|q} \frac{a_d}{\varphi(d)} \left(\varphi(d) \sum_{\substack{l|d \\ (n;l)=1}} \frac{l}{\varphi(l)} \mu\left(\frac{d}{l}\right) \right)$$

$$= \varphi(q) \sum_{d|q} a_d \sum_{\substack{l|d \\ (n;l)=1}} \frac{l}{\varphi(l)} \mu\left(\frac{d}{l}\right)$$

$$= \varphi(q) \sum_{\substack{l|q \\ (n;l)=1}} \frac{l}{\varphi(l)} \sum_{d'|\frac{q}{l}} a_{d'l}\, \mu(d')$$

Da eine gerade Funktion (mod q) beliebig durch Angabe ihrer Fourier-Koeffizienten definiert werden kann, erhält man das folgende Resultat.

Lemma 2.12 *Sei eine natürliche Zahl q und eine Funktion $a : \{1,\ldots,q\} \to \mathbb{C}$ gegeben. Dann gilt für jedes n*

$$\sum_{d|q} \frac{a_d\, \mu(d)}{\varphi(d)} c_d(n) = \sum_{\substack{d|q \\ (n;d)=1}} \frac{d}{\varphi(d)} \sum_{d'|\frac{q}{d}} a_{d'd}\, \mu(d') \tag{2.13}$$

Ist

$$f(n) = \sum_{d|q} a_d\, c_d(n)$$

dann ist die rechte Seite der Gleichung (2.13) gleich

$$\sum_{\substack{d|q \\ (n;d)=1}} \frac{g\left(d, \frac{q}{d}\right)}{\varphi(d)}$$

wobei g die Funktion aus Satz 2.10 ist.

Die Identität in Gleichung (2.13) kann als verallgemeinerte Brauer-Rademacher-Identität betrachtet werden. Für geeignete Wahl von a_d können bekannte Identitäten arithmetischer Funktionen erhalten werden. Sei h eine beliebige arithmetische Funktion und setzt man $a_d := h\left(\frac{q}{d}\right)$ für jeden Teiler $d \mid q$, dann ist

$$\sum_{d'|\frac{q}{d}} a_{d'd}\, \mu(d') = \sum_{d'|\frac{q}{d}} h\left(\frac{\frac{q}{d}}{d'}\right) \mu(d') = (h * \mu)\left(\frac{q}{d'}\right)$$

Damit

$$\sum_{d|q} \frac{h\left(\frac{q}{d}\right)\mu(d)}{\varphi(d)} c_d(n) = \sum_{\substack{d|q \\ (n;d)=1}} \frac{d}{\varphi(d)} (h * \mu)\left(\frac{q}{d}\right)$$

Für $h := \zeta_k$ ist beispielsweise $h * \mu = J_k$ und somit

$$r^k \sum_{d|q} \frac{\mu(d)}{d^k \varphi(d)} c_d(n) = \sum_{\substack{d|q \\ (n;d)=1}} \frac{d\, J_k\left(\frac{q}{d}\right)}{\varphi(d)}$$

Oder für $h := 1$ ist $h * \mu = \delta$ und daher

$$\sum_{d|q} \frac{\mu(d)}{\varphi(d)} c_d(n) = \begin{cases} \frac{q}{\varphi(q)} & \text{wenn } (n;q) = 1 \\ 0 & \text{sonst} \end{cases}$$

was im Spezialfall $n = 1$ die Identität

$$\sum_{d|q} \frac{|\mu(d)|}{\varphi(d)} = \frac{q}{\varphi(q)} \tag{2.14}$$

ergibt.

2.5 Übungen zu Kap. 2

Übung 2.1 Für eine natürliche Zahl q und ganze Zahl n gilt:

$$\sum_{k=1}^{q} e\left(\frac{nk}{q}\right) = \begin{cases} q & \text{wenn } q \mid n \\ 0 & \text{sonst} \end{cases}$$

Übung 2.2 Gilt $(mq; ns) = 1$, dann auch

$$c_{qs}(mn) = c_q(m)\, c_s(n)$$

Übung 2.3 Gilt $(q; s) = 1$, dann gilt für alle $k \in \mathbb{N}$

$$c_{qk}(n)\, c_{sk}(n) = c_k(n)\, c_{qsk}(n)$$

Übung 2.4 Gilt $(m; n) = 1$, dann gilt für alle $j \in \mathbb{N}$

$$c_q(mj)\, c_q(nj) = c_q(j)\, c_q(mnj)$$

Im Spezialfall $j = 1$ ergibt sich

$$c_q(m)\, c_q(n) = \mu(q)\, c_q(mn)$$

Übung 2.5 Für beliebige $n, q \in \mathbb{N}$ gilt

$$c_q(n)\, c_n(q) = \varphi((n;q))\, c_{[n;q]}((n;q))$$

Übung 2.6 Gilt $(n;q) = 1$, dann ist

$$c_q(mn) = c_q(m)$$

und

$$c_{qs}(n) = \mu(q)\, c_s(n)$$

Übung 2.7 Für jedes $n \in \mathbb{N}$ und jede gerade Zahl $q \in \mathbb{N}$ gilt

$$\sum_{d \mid q} (-1)^d \, c_{\frac{q}{d}}(n) = \begin{cases} q & \text{wenn } n = \frac{q}{2} \\ 0 & \text{sonst} \end{cases}$$

Übung 2.8 Für alle $n, q \in \mathbb{N}$ gilt (vgl. auch mit den Übungen 1.1 und 1.2)

$$\sum_{j=1}^{q} c_j(n) \left\lfloor \frac{q}{j} \right\rfloor = \sum_{\substack{1 \le d \le q \\ d \mid n}} d$$

Wählt man $n := q!$ ergibt sich

$$\sum_{j=1}^{q} \varphi(j) \left\lfloor \frac{q}{j} \right\rfloor = \frac{1}{2} q(q+1)$$

Wählt man $n := q! + 1$ ergibt sich

$$\sum_{j=1}^{q} \mu(j) \left\lfloor \frac{q}{j} \right\rfloor = 1$$

Übung 2.9 Für $q \in \mathbb{N}, q \ge 2$ gilt

$$\sum_{d \mid q} c_q(d) = \phi_1(q)$$

mit der Schemmel-Funktion ϕ_1, die in Übung 1.23 eingeführt wurde.

Übung 2.10 Es gilt

$$\sum_{d \mid q} c_{\frac{q}{d}}(d) = \begin{cases} q^{\frac{1}{2}} & \text{wenn } q \text{ eine Quadratzahl ist} \\ 0 & \text{sonst} \end{cases}$$

Übung 2.11 Es gilt

$$\sum_{d\mid n} c_q(d) = \sum_{d\mid (n;q)} \mu\left(\frac{q}{d}\right) \tau\left(\frac{n}{d}\right) d$$

Übung 2.12 Es gilt

$$\sum_{d\mid q}\sum_{l\mid n} c_d(l) = \begin{cases} \tau\left(\frac{n}{q}\right) q & \text{wenn } q\mid n \\ 0 & \text{sonst} \end{cases}$$

Übung 2.13 Es gilt

$$\sum_{d\mid (n;q)} c_{\frac{q}{d}}\left(\frac{n}{d}\right) = \sum_{d\mid (n;q)} \sigma(d)\,\mu\left(\frac{q}{d}\right)$$

Übung 2.14 Es gilt für alle $n,q \in \mathbb{N}$

$$\sum_{(m;q)=1} c_q(mn) = \varphi(q)\,c_q(n)$$

Übung 2.15 Es gilt für alle $n \in \mathbb{N}$

$$\sum_{\substack{d\mid n \\ (d;\frac{n}{d})=1}} c_d\left(\frac{n}{d}\right) = \begin{cases} 1 & \text{wenn } n = 1 \text{ oder } \forall p \in \mathbb{P} : p\mid n \Rightarrow p^2\mid n \\ 0 & \text{sonst} \end{cases}$$

Übung 2.16 Man beweise Satz 2.5 (Tipp: Man zeige für Primzahlpotenzen p^a, dass der Ausdruck $\frac{h(p^a)}{F(p^a)}$ unabhängig von a ist).

Übung 2.17 Für eine natürliche Zahl k gilt

$$J_k(q) \sum_{\substack{d\mid q \\ (n;d)=1}} \frac{d^k}{J_k(d)}\mu\left(\frac{q}{d}\right) = \mu(q) \sum_{d\mid (n;q)} d^k\,\mu\left(\frac{q}{d}\right)$$

Übung 2.18 Für $1 \le j,k \le q$ und alle $n \in \mathbb{N}$ gilt

$$\sum_{n\equiv a+b\,(q)} e\left(\frac{aj}{q}\right) e\left(\frac{bk}{q}\right) = \begin{cases} q\,e\left(\frac{nk}{q}\right) & \text{wenn } j = k \\ 0 & \text{sonst} \end{cases}$$

Übung 2.19 Ist eine arithmetische Funktion f periodisch (mod q), dann existieren q komplexe Zahlen $w_0, \ldots, w_{q-1}$, die eindeutig durch f bestimmt sind, so dass

$$f(n) = \sum_{j=0}^{q-1} w_j \, e\left(\frac{nj}{q}\right)$$

und

$$w_j = \frac{1}{q} \sum_{k=1}^{q} f(k) \, e\left(\frac{-kj}{q}\right)$$

gilt. Ist g ebenfalls periodisch (mod q) mit

$$g(n) = \sum_{j=0}^{q-1} w_j' \, e\left(\frac{nj}{q}\right)$$

und ist h das Cauchy-Produkt von f und g, dann ist

$$h(n) = q \sum_{j=0}^{q-1} w_j w_j' \, e\left(\frac{nj}{q}\right)$$

Übung 2.20 Seien Teiler $d \mid q$, $l \mid q$ gegeben, dann gilt mit der Notation aus Satz 2.3

$$F(d) \, f_l\left(\frac{nq}{d}\right) = F(l) \, f_d\left(\frac{nq}{l}\right)$$

und speziell

$$\varphi(d) \, c_l\left(\frac{nq}{d}\right) = \varphi(l) \, c_d\left(\frac{nq}{l}\right)$$

Übung 2.21 Man beweise Satz 2.8 direkt, ohne Zuhilfenahme von Satz 2.6 (Tipp: Man benutze die Übungen 2.2 und 2.20 und weise die Identität für Primzahlpotenzen nach).

Übung 2.22 Seien q und k natürliche Zahlen. Für $q \neq k$ gilt

$$\sum_{n=1}^{qk} c_q(n) \, c_k(n) = 0$$

und für $q = k$

$$\sum_{n=1}^{q} c_q(n)^2 = q \, \varphi(q)$$

Übung 2.23 Für alle $q, n \in \mathbb{N}$ gilt

$$\sum_{d|q} c_q\left(\frac{q}{d}\right) c_d(n) = \begin{cases} q & \text{wenn } (n; q) = 1 \\ 0 & \text{sonst} \end{cases}$$

Übung 2.24 Für alle $q \in \mathbb{N}$ und $l \mid q$ gilt

$$\sum_{d|q} c_l\left(\frac{q}{d}\right) \varphi(d) = \begin{cases} q & \text{wenn } l = 1 \\ 0 & \text{sonst} \end{cases}$$

sowie

$$\sum_{d|q} c_l\left(\frac{q}{d}\right) \mu(d) = \begin{cases} q & \text{wenn } l = q \\ 0 & \text{sonst} \end{cases}$$

Übung 2.25 Sei eine arithmetische Funktion h gegeben und sei die Funktion g, die von zwei Argumenten abhängt, durch

$$g_q(n) := \sum_{d|(n;q)} h(d)$$

definiert. Für jede natürliche Zahl q ist g_q eine gerade Funktion (mod q) und

$$\sum_{n \equiv a+b\,(q)} g_q(a) c_q(b) = h(q) c_q(n)$$

Übung 2.26 Sei g eine arithmetische Funktion, die von zwei Argumenten abhängt. Es existiert genau dann eine arithmetische Funktion G mit $g_q(n) = G((n; q))$, wenn eine weitere arithmetische Funktion h existiert mit

$$g_q(n) = \sum_{d|(n;q)} h(d)$$

Übung 2.27 Für jeden Teiler $d \mid q$ und alle $n \in \mathbb{N}$ gilt

$$\sum_{\substack{a=1 \\ (a;q)=d}}^{q} c_q(n-a) = \mu\left(\frac{q}{d}\right) c_q(n)$$

(diese Übung 2.27 sowie die Übungen 2.28 und 2.29 sind Spezialfälle von Übung 2.25).

Übung 2.28 Es gilt für alle $n \in \mathbb{N}$

$$\sum_{\substack{a=1 \\ \exists k \in \mathbb{N}:\, (a;q)=k^2}}^{q} c_q(n-a) = \lambda(q)\, c_q(n)$$

Übung 2.29 Es gilt für alle $n \in \mathbb{N}$

$$\sum_{\substack{a=1 \\ \forall p \in \mathbb{P}:\, p^2 \nmid (a;q)}}^{q} c_q(n-a) = \begin{cases} \mu(q^{\frac{1}{2}})\, c_q(n) & \text{wenn } q \text{ eine Quadratzahl ist} \\ 0 & \text{sonst} \end{cases}$$

Übung 2.30 Sei eine beliebige reelle Zahl s und eine Funktion $h : \mathbb{N} \times \mathbb{N} \to \mathbb{C}$ gegeben. Setzt man

$$f_s(n,q) := \sum_{d \,|\, (n;q)} h\left(d, \frac{q}{d}\right) d^{-s}$$

$$f_s'(n,q) := \sum_{d \,|\, (n;q)} h\left(\frac{q}{d}, d\right) \left(\frac{q}{d}\right)^{-s}$$

dann gilt bei festem q für alle natürlichen Zahlen n

$$f_s(n,q) = \sum_{d \,|\, q} f_{s+1}'\left(\frac{q}{d}, q\right) c_d(n)$$

Übung 2.31 Sei eine beliebige reelle Zahl s gegeben und definiert man die arithmetische Funktion β_s durch

$$\beta_s(q) := \sum_{d \,|\, q} d^s\, \lambda\left(\frac{q}{d}\right)$$

dann gilt

$$\sum_{d \,|\, (n;q)} d^s\, \lambda\left(\frac{q}{d}\right) = \sum_{d \,|\, q} d^{s-1}\, \beta_{s-1}\left(\frac{q}{d}\right) c_d(n)$$

Übung 2.32 Es gilt

$$\sum_{d \,|\, (n;q)} d\, \lambda\left(\frac{q}{d}\right) = \sum_{\substack{d \,|\, q \\ \exists k \in \mathbb{N}:\, \frac{q}{d}=k^2}} c_d(n)$$

Insbesondere folgen die beiden Identitäten der Gleichungen (1.15) und (1.13) aus Kap. 1

$$\lambda(q) = \sum_{d^2 | q} \mu \left(\frac{q}{d^2} \right)$$

$$\beta(q) = \sum_{d^2 | q} \varphi \left(\frac{q}{d^2} \right)$$

Übung 2.33 Sei eine beliebige arithmetische Funktion g gegeben und man wähle für die Funktion h aus Übung 2.30 $h(a,b) := g(b)$ für alle $a, b \in \mathbb{N}$. Definiert man für $k \in \mathbb{Z}$

$$G_s(n, q) := \sum_{d | (n:q)} d^s \, g \left(\frac{q}{d} \right)$$

und $G'_s(q) := G_s(0, q)$, dann gilt bei festem q für alle natürlichen Zahlen n

$$G_s(n, q) = \sum_{d | q} d^{s-1} \, G'_{s-1} \left(\frac{q}{d} \right) c_d(n)$$

und speziell für $n = 0$

$$G'_s(q) = \sum_{d | q} d^{s-1} \, G'_{s-1} \left(\frac{q}{d} \right) \varphi(d)$$

Diese Gleichung ist die Identität

$$\zeta_{s-1}(\zeta_1 * \mu) * G'_{s-1} = \zeta_s * \zeta_{s-1}\mu * \zeta_{s-1} * g = \zeta_s * g = G'_s$$

unter Ausnutzung von Lemma 1.10 und Folgerung 1.12.

Übung 2.34 Für jede natürliche Zahl k gilt

$$\frac{\sigma_k((n;q))}{(n;q)^k} = \frac{1}{q^{k+1}} \sum_{d | q} \sigma_{k+1} \left(\frac{q}{d} \right) c_d(n)$$

(Tipp: Man setze $g := \mathbb{1}$ in Übung 2.33). Speziell für $n = q$ ergibt sich

$$\sum_{d | q} \sigma_{k+1} \left(\frac{q}{d} \right) \varphi(d) = q \, \sigma_k(q)$$

Übung 2.35 Für jede natürliche Zahl k gilt

$$\sum_{d | q} d^k \, J_k \left(\frac{q}{d} \right) \varphi(d) = J_{k+1}(q)$$

(Tipp: Man setze $g := \mu$ in Übung 2.33).

Übung 2.36 Für $k, j \in \mathbb{N}$ gilt

$$\sum_{d \mid q} d^s \, \rho_{k,j} \left(\frac{q}{d} \right) \varphi(d) = \rho_{k+1,j}(q)$$

mit der Gegenbauer-Funktion $\rho_{k,j}$ aus Übung 1.89 (Tipp: Man setze $g := v_k$ in Übung 2.33).

Übung 2.37 Definiert man für $k \in \mathbb{N}_0$, $q \in \mathbb{N}$ die arithmetische Funktion $\tau_k(\cdot, q)$ durch

$$\tau_k(n, q) := q^k \sum_{d \mid (n:q)} d \, J_{k+1} \left(\frac{q}{d} \right)$$

dann gilt

$$\tau_k(n, q) = q^{2k+1} \sum_{d \mid q} \frac{c_d(n)}{d^{k+1}}$$

(Tipp: Man setze $g := \zeta_k \, J_{k+1}$ in Übung 2.33).

Übung 2.38 Seien $k, j \in \mathbb{N}_0$ und $q, r \in \mathbb{N}$ mit $(q;r) = 1$. Dann gilt für alle natürlichen Zahlen n

$$\tau_k(n, qr) = \tau_k(n, q) \, \tau_k(n, r)$$

sowie

$$\sum_{n \equiv a+b \, (q)} \tau_k(a, q) \, \tau_j(b, q) = \tau_{k+j+1}(n, q)$$

Übung 2.39 Für alle $q \in \mathbb{N}$ gilt

$$\frac{1}{q} \sum_{d \mid q} \frac{\tau_0 \left(\frac{q}{d}, q \right) |\mu(d)|}{\varphi(d)} = \tau(q)$$

Übung 2.40 Sei $k, q \in \mathbb{N}$. Definiert man die arithmetische Funktion f durch

$$f(n) := (n;q)^k$$

dann ist f eine gerade Funktion (mod q) mit Fourier-Koeffizienten

$$a_d = \frac{1}{q^k} \, \tau_{k-1} \left(\frac{q}{d}, q \right)$$

Aus diesem Grund gilt

$$\sum_{(b;q)=1} (n - b; q)^k = \frac{\varphi(q)}{q^k} \sum_{d|q} \frac{\tau_{k-1}\left(\frac{q}{d}, q\right) \mu(d)}{\varphi(d)} c_d(n)$$

und speziell für $k = 1$

$$\sum_{(b;q)=1} (n - b; q) = \frac{\varphi(q)}{q} \sum_{d|q} \frac{\tau_0\left(\frac{q}{d}, q\right) |\mu(d)|}{\varphi(d)}$$

Nimmt man dieses Ergebnis zusammen mit dem aus Übung 2.39 erhält man erneut die Aussage aus Übung 1.7.

Übung 2.41 Sei $q \in \mathbb{N}$. Dann ist

$$\sum_{d|q} \frac{d^k \sigma_k\left(\frac{q}{d}\right) \mu(d)}{\varphi(d)} c_d(n) = \sum_{\substack{d|q \\ (n;q)=1}} \frac{d^{k+1}}{\varphi(d)}$$

und insbesondere für $n = 1$

$$\sum_{d|q} \frac{d^k \sigma_k\left(\frac{q}{d}\right) |\mu(d)|}{\varphi(d)} = \sum_{d|q} \frac{d^{k+1}}{\varphi(d)}$$

sowie $n = 1$ und $k = -1$

$$\sum_{d|q} \frac{\sigma\left(\frac{q}{d}\right) |\mu(d)|}{\varphi(d)} = q \sum_{d|q} \frac{1}{\varphi(d)}$$

Übung 2.42 Sei $q \in \mathbb{N}$. Dann ist

$$\sum_{d|q} \frac{d^k J_k\left(\frac{q}{d}\right) \mu(d)}{\varphi(d)} c_d(n) = \sum_{\substack{d|q \\ (n;q)=1}} \frac{d^{k+1} \mu\left(\frac{q}{d}\right)}{\varphi(d)}$$

und insbesondere für $n = 1$

$$\sum_{d|q} \frac{d^k J_k\left(\frac{q}{d}\right) |\mu(d)|}{\varphi(d)} = \sum_{d|q} \frac{d^{k+1} \mu\left(\frac{q}{d}\right)}{\varphi(d)}$$

Übung 2.43 Sei eine multiplikative arithmetische Funktion g und eine natürliche Zahl k gegeben. Setze

$$f_k(n,q) := \sum_{d \,|\, (n;q)} \frac{g(d)\,\mu(d)}{d^k}$$

und $F_k(q) := f_k(0,q)$. Ist $g(p) \neq p^{k+1}$ für jede Primzahl p, dann gilt

$$f_k(n,q) = F_{k+1}(q) \sum_{d \,|\, q} \frac{g(d)\,\mu(d)}{d^{k+1}\,F_{k+1}(d)}\,c_d(n)$$

(Tipp: Man nutze Satz 2.3).

Übung 2.44 Sei $k \in \mathbb{N}$. Dann gilt für alle natürlichen Zahlen n und q

$$\frac{J_k((n;q))}{(n;q)^k} = \frac{J_{k+1}(q)}{q^{k+1}} \sum_{d \,|\, q} \frac{\mu(d)}{J_{k+1}(d)}\,c_d(n)$$

Übung 2.45 Sei $k \in \mathbb{N}$. Dann gilt für alle natürlichen Zahlen n und q

$$\sum_{d \,|\, (n;q)} \frac{|\mu(d)|\,d}{J_k(d)} = \frac{q^k}{J_k(q)} \sum_{d \,|\, q} \frac{|\mu(d)|}{d^k}\,c_d(n)$$

Übung 2.46 Sei eine natürliche Zahl $k \geq 2$ gegeben. Dann gilt für alle $n, q \in \mathbb{N}$

$$\sum_{d \,|\, (n;q)} \frac{\mu(d)\,\varphi(d)\,d}{J_k(d)} = \frac{q\,J_{k-1}(q)}{J_k(q)} \sum_{d \,|\, q} \frac{\mu(d)\,\varphi(d)}{J_{k-1}(d)\,d}\,c_d(n)$$

Übung 2.47 Sei $k \in \mathbb{N}$. Dann gilt für alle $n, q \in \mathbb{N}$

$$\sum_{d \,|\, (n;q)} \frac{|\mu(d)|\,\varphi(d)}{J_k(d)} = \frac{J_{k+1}(q)}{q\,J_k(q)} \sum_{d \,|\, q} \frac{|\mu(d)|\,\varphi(d)}{J_{k+1}(d)}\,c_d(n)$$

Übung 2.48 Seien f und g gerade arithmetische Funktionen (mod q) mit Fourier-Koeffizienten a_d und b_d. Dann gilt für alle $q \in \mathbb{N}$

$$q \sum_{d \,|\, q} a_d\,b_d\,\varphi(d) = \sum_{d \,|\, q} f\left(\frac{q}{d}\right) g\left(\frac{q}{d}\right) \varphi(d)$$

Übung 2.49 Sind $j, k \in \mathbb{N}$, dann gilt für alle $q \in \mathbb{N}$

$$q \sum_{d \,|\, q} d^{k+j} \sigma_k\left(\frac{q}{d}\right) \sigma_j\left(\frac{q}{d}\right) \varphi(d) = \sum_{d \,|\, q} \sigma_{k+1}\left(\frac{q}{d}\right) \sigma_{j+1}\left(\frac{q}{d}\right) \varphi(d)$$

(Tipp: Man verwende Übung 2.48).

Übung 2.50 Seien f, B und g wie in Übung 1.79 und $q \in \mathbb{N}$. Setzt man

$$G_q(n) := \sum_{d \,|\, (n;q)} g(d)\, \mu\left(\frac{q}{d}\right)$$

dann gilt für alle $m, n, r \in \mathbb{N}$

$$\sum_{d \,|\, (m;n)} B(d)\, f\left(\frac{m}{d}\right) f\left(\frac{n}{d}\right) G_d(r) = \sum_{d \,|\, (m;n;r)} g(d)\, B(d)\, f\left(\frac{mn}{d^2}\right) \tag{2.15}$$

Insbesondere gilt mit $g(d) := d$

$$\sum_{d \,|\, (m;n)} B(d)\, f\left(\frac{m}{d}\right) f\left(\frac{n}{d}\right) c_d(r) = \sum_{d \,|\, (m;n;r)} d\, B(d)\, f\left(\frac{mn}{d^2}\right)$$

sowie für $k \in \mathbb{N}_0$ mit $f := \sigma_k$

$$\sum_{d \,|\, (m;n)} d\, \sigma_k\left(\frac{m}{d}\right) \sigma_k\left(\frac{n}{d}\right) c_d(r) = \sum_{d \,|\, (m;n;r)} d^{k+1}\, \sigma_k\left(\frac{mn}{d^2}\right) \tag{2.16}$$

Übung 2.51 Man definiert die **verallgemeinerte Ramanujan-Summe** $c_{q,k}(n)$ zu gegebenen $k, q \in \mathbb{N}$ durch

$$c_{q,k}(n) := \sum_{(a;q^k)_k = 1} e\left(\frac{an}{q^k}\right)$$

wobei sich die Summe über a über ein beliebiges primes (q, k)-Restklassensystem erstreckt (zur Definition des größten gemeinsamen k-Teilers, siehe Übung 1.27; zu der eines primen (q, k)-Restklassensystems, siehe Übung 1.36). Es gilt

$$c_{q,k}(n) = \sum_{d^k \,|\, (n;q^k)} d^k\, \mu\left(\frac{q}{d}\right)$$

Insbesondere ist $c_{q,k}(0) = J_k(q)$ und $c_{q,k}(1) = \mu(q)$.

Übung 2.52 Für alle $q_1, q_2 \in \mathbb{N}$ mit $(q_1; q_2) = 1$ gilt

$$c_{q_1 q_2, k}(n) = c_{q_1, k}(n)\, c_{q_2, k}(n)$$

Auf Primzahlpotenzen sind die Werte der verallgemeinerten Ramanujan-Summe gleich

$$c_{p^a, k}(n) = \begin{cases} p^{ak} - p^{(a-1)k} & \text{wenn } p^{ak} \mid n \\ -p^{(a-1)k} & \text{wenn } p^{ak} \nmid n \text{ und } p^{(a-1)k} \mid n \\ 0 & \text{sonst} \end{cases}$$

Übung 2.53 Für alle $n, q \in \mathbb{N}$ und Teiler $d \mid q, l \mid q$ gilt

$$J_k(d) \, c_{l,k} \left(n \left(\frac{q}{d} \right)^k \right) = J_k(l) \, c_{d,k} \left(n \left(\frac{q}{l} \right)^k \right)$$

Übung 2.54 Es gilt

$$c_{q,k}(n) = \sum_{\substack{d \mid q^k \\ (d:q^k)_k = 1}} c_{\frac{q^k}{d}}(n)$$

Übung 2.55 Es gilt

$$c_{q,k}(n) = \frac{J_k(q) \, \mu \left(\left(\frac{q^k}{(n:q^k)_k} \right)^{\frac{1}{k}} \right)}{J_k \left(\left(\frac{q^k}{(n:q^k)_k} \right)^{\frac{1}{k}} \right)}$$

Übung 2.56 Für alle $n, q \in \mathbb{N}$ und Teiler $d \mid q, l \mid q$ gilt

$$\sum_{n \equiv a+b \, (q^k)} c_{d,k}(a) \, c_{l,k}(b) = \begin{cases} q^k \, c_{d,k}(n) & \text{wenn } d = l \\ 0 & \text{sonst} \end{cases}$$

(Tipp: Man formuliere und beweise ein Ergebnis analog zu Übung 2.18).

Übung 2.57 Für alle natürlichen Zahlen q und Teiler $q_1 \mid q, q_2 \mid q$ gilt

$$\sum_{d \mid q} c_{q_1,k} \left(\left(\frac{q}{d} \right)^k \right) c_{d,k} \left(\left(\frac{q}{q_2} \right)^k \right) = \begin{cases} q^k & \text{wenn } q_1 = q_2 \\ 0 & \text{sonst} \end{cases}$$

Übung 2.58 Man beweise die zu den Übungen 2.22 bis 2.24 analogen Ergebnisse für $c_{q,k}$.

Übung 2.59 Sei $q \in \mathbb{N}$. Eine arithmetische Funktion f heißt (q, k)-**gerade Funktion**, wenn

$$f \left((n; q^k)_k \right) = f(n)$$

für alle natürlichen Zahlen n gilt. Die Funktion $c_{q,k}$ ist ein Beispiel einer solchen Funktion. Eine (q, k)-gerade Funktion kann eindeutig in der Form

$$f(n) = \sum_{d \mid q} a_d \, c_{d,k}(n)$$

mit

$$a_d = \frac{1}{q^k} \sum_{l|q} f\left(\left(\frac{q}{l}\right)^k\right) c_{l,k}\left(\left(\frac{q}{d}\right)^k\right) = \frac{1}{q^k J_k(d)} \sum_{m=1}^{q^k} f(m)\, c_{d,k}(m)$$

geschrieben werden.

Übung 2.60 Eine arithmetische Funktion ist genau dann eine (q,k)-gerade Funktion, wenn eine Funktion $g : \mathbb{N} \times \mathbb{N} \to \mathbb{C}$ existiert mit

$$f(n) = \sum_{d^k|(n;q^k)} g\left(d, \frac{q}{d}\right)$$

In diesem Fall gilt

$$a_d = \frac{1}{q^k} \sum_{l|\frac{q}{d}} g\left(\frac{q}{l}, l\right) l^k$$

Übung 2.61 Ist

$$f(n) := \sum_{d|q} a_d\, c_{d,k}(n)$$

$$g(n) := \sum_{d|q} b_d\, c_{d,k}(n)$$

dann gilt

$$\sum_{n \equiv a+b\,(q^k)} f(a)g(b) = q^k \sum_{d|q} a_d\, b_d\, c_{d,k}(n)$$

Übung 2.62 Definiert man für $q, k \in \mathbb{N}$

$$c_q^{(k)}(n) := \sum_{(x_1;\dots;x_k;q)=1} e\left(\frac{n\,(x_1 + \dots + x_k)}{q}\right)$$

wobei sich die Summe über alle geordneten k-Tupel $(x_1, \dots, x_k) \pmod{q}$ erstreckt, dann gilt

$$\sum_{d|q} c_d^{(k)}(n) = \begin{cases} q^k & \text{wenn } q \mid n \\ 0 & \text{sonst} \end{cases}$$

und

$$c_q^{(k)}(n) = \sum_{d|(n;q)} d^k\, \mu\left(\frac{q}{d}\right)$$

Übung 2.63 Es gilt

$$c_q^{(k)}(n) = J_k(q) \, \frac{\mu\left(\frac{q}{(n;q)}\right)}{J_k\left(\frac{q}{(n;q)}\right)}$$

Übung 2.64 Definiert man

$$B(n,q) := \sum_{\substack{1 \le m \le q \\ \exists k \in \mathbb{N}:\, (m;q)=k^2}} e\left(\frac{nm}{q}\right)$$

dann gilt

$$\sum_{\substack{d\mid q \\ \mu(d)^2=1}} B\left(n, \frac{q}{d}\right) = \begin{cases} q & \text{wenn } q \mid n \\ 0 & \text{sonst} \end{cases}$$

sowie (vgl. mit Übung 2.32)

$$B(n,q) = \sum_{d\mid(n;q)} d\,\lambda\left(\frac{q}{d}\right) = \sum_{d^2\mid q} c_{\frac{q}{d^2}}(n)$$

Übung 2.65 Anknüpfend an Übung 2.64 zeige man $B(1,q) = \lambda(q)$, $B(0,q) = \beta(q)$ und

$$B(n,q) = \lambda\left(\frac{q}{(n;q)}\right) \beta\left((n;q)\right)$$

mit der Funktion β, die in Gleichung (1.12) in Kap. 1 eingeführt wurde.

Übung 2.66 Ist F die in Gleichung (2.4) eingeführte Funktion und gilt Gleichung (2.5), dann ist

$$\sum_{\substack{d\mid q \\ (n;d)=1}} \frac{g(d)\,|\mu(d)|}{F(d)} = \frac{h(q)\,F((n;q))}{F(q)\,h((n;q))} \tag{2.17}$$

und insbesondere gilt

$$\sum_{\substack{d\mid q \\ (n;d)=1}} \frac{|\mu(d)|}{J_k(d)} = \frac{q^k\,J_k((n;q))}{J_k(q)\,(n;q)^k}$$

Für $n = k = 1$ ergibt sich erneut die Identität aus Gleichung (2.14).

Übung 2.67 Seien g und h multiplikative Funktionen. Desweiteren sei

$$f_q(n) := \sum_{d \mid (n;q)} h(d)\, g\left(\frac{q}{d}\right) \mu\left(\frac{q}{d}\right)$$

und $F(q) := f_q(0)$. Ist $F(q) \neq 0$ für alle $q \in \mathbb{N}$, $g(p) \neq 0$ für alle $p \in \mathbb{P}$ und ist Gleichung (2.6) in Satz 2.3 für $f_q(n)$ erfüllt, dann ist h vollständig multiplikativ.

Übung 2.68 Seien $f_q(n)$ und $F(q)$ wie in Übung 2.67 und desweiteren sei $h(p) \neq 0$, $g(p) \neq 0$ für alle $p \in \mathbb{P}$. Gilt die Gleichung (2.8) in Satz 2.5 für $f_q(n)$ und F, dann ist die Funktion h vollständig multiplikativ. Die Voraussetzung $h(p) \neq 0$ für jede Primzahl p kann durch die Bedingung ($h(p) = 0 \Rightarrow h(p^a) = 0$ für alle $a \in \mathbb{N}$) ersetzt werden.

Übung 2.69 Sei F wie in Übung 2.67 definiert und es sei $g(p) \neq 0$ für jede Primzahl p. Gilt die Gleichung (2.17) aus Übung 2.66 für F, dann ist F vollständig multiplikativ.

Übung 2.70 Ist A die $n \times n$-Matrix mit Einträgen $\big(c_j(i)\big)_{1 \leq i,j \leq n}$, dann ist $\det A = n!$. Zum Beweis schreibe man die Gleichung

$$\sum_{d \mid q} c_d(m) = \begin{cases} q & \text{wenn } q \mid m \\ 0 & \text{sonst} \end{cases}$$

in Matrixform.

Übung 2.71 Sei $f : \mathbb{N} \times \mathbb{N} \to \mathbb{C}$ so, dass $f(\cdot, q)$ eine gerade Funktion (mod q) ist mit Fourier-Koeffizienten $a(d,q)$. Ist A die $n \times n$-Matrix mit Einträgen $(f(i,j))_{1 \leq i,j \leq n}$, dann ist

$$\det A = n! \cdot a(1,1) \cdot \ldots \cdot a(n,n)$$

Übung 2.72 Sei f wie in Übung 2.71 und sei $g : \mathbb{N} \times \mathbb{N} \to \mathbb{C}$ eine Funktion dergestalt, dass

$$f(m,q) = \sum_{d \mid q} g\left(d, \frac{q}{d}\right)$$

gilt (die Existenz wird durch Satz 2.10 sicher gestellt). Ist A die Matrix aus Übung 2.71, dann ist

$$\det A = n! \cdot g(1,1) \cdot \ldots \cdot g(n,1)$$

Übung 2.73 Für $k \in \mathbb{N}$ sei A die $n \times n$-Matrix mit Einträgen $\left((i\,;j)^k \right)_{1 \leq i,j \leq n}$.
Dann ist

$$\det A = J_k(1) \cdot \ldots \cdot J_k(n)$$

Für den Fall $k = 1$, siehe Übung 1.19 (Tipp: Man nutze Übung 2.40).

Übung 2.74 Für $k \in \mathbb{N}$ sei A die $n \times n$-Matrix mit Einträgen $\left(c_{j,k}(i) \right)_{1 \leq i,j \leq n}$. Dann
ist für $n \geq 2$ und $k \geq 2$ die Determinante $\det A = 0$.

2.6 Anmerkungen zu Kap. 2

Die Summe $c_q(n)$ wurde von Srinivasa Ramanujan [323] eingeführt und sie trägt
seither seinen Namen. Die Zahl auf der rechten Seite der Gleichung (2.7) in Folgerung 2.4 wurde von Charles Nicol[4] und Harry Vandiver[5] [291], [292] als **von
Sterneck-Zahl** $\phi(n,q)$ bezeichnet. Nach einschlägigen Quellen untersuchten sie
die Arbeiten von Robert von Sterneck und fanden neue Beweise für dessen Ergebnisse. Die Gleichheit von $c_q(n)$ und $\phi(n,q)$ wurde von Otto Hölder[6] [203]
bewiesen. Er bewies auch Lemma 2.1 und gab die Werte der Ramanujan-Summe
auf Primzahlpotenzen an, siehe Gleichung (2.3). Ein weiterer Beweis von $c_q(n) =
\phi(n,q)$ wurde von Emilio Gagliardo[7] [158] angegeben.

Satz 2.3 wurde von Douglas Anderson[8] und Tom Apostol [4] bewiesen. Deren
verallgemeinerte Ramanujan-Summen, die in diesem Satz betrachtet werden, wurden von Tom Apostol [8] weiter untersucht. Die Brauer-Rademacher-Identität in
Gleichung (2.9) wurde als Aufgabe von Hans Rademacher [307] aufgeworfen und
deren Lösung wurde von Alfred Brauer [37] erbracht. Satz 2.5 wurde von Eckford
Cohen in einem Artikel [87] bewiesen, der ebenfalls einen Beweis von Satz 2.3
sowie von Übung 2.66 enthält. Für weitere Hintergründe zur Brauer-Rademacher-
Identität sei auf die Artikel von Eckford Cohen [89], [94], Mathukumalli Subbarao [389], A. Vasu [486] und Peter Szüsz[9] [480] hingewiesen.

Die Brauer-Rademacher-Identität ist ein Spezialfall der allgemeinen Identität,
die in Gleichung (2.13) angegeben ist. Dieser allgemeinere Fall wurde von Eckford
Cohen [82] bewiesen und enthält das Ergebnis von Puliyakot Menon [271], welches
in Übung 1.7 angegeben ist. Der Nachweis dieses Zusammenhangs ist die Aufgabe
in Übung 2.40.

Satz 2.6 wurde von Eckford Cohen [69] bewiesen. Er wies auch darauf hin,
dass aus diesem die Orthogonalitätseigenschaft für Ramanujan-Summen folgt, die

---

[4] Charles Albert Nicol
[5] Harry Schultz Vandiver (1882–1973)
[6] Otto Ludwig Hölder (1859–1937)
[7] Emilio Gagliardo (1930–2008)
[8] Douglas R. Anderson
[9] Peter Szüsz (1924–2008)

von Robert Carmichael[10] [50] entdeckt wurde und in Übung 2.22 behandelt wird. Satz 2.8 wurde ebenfalls von Eckford Cohen [72] bewiesen. Er führte in dieser Abhandlung auch die geraden Funktionen (mod q) ein und zeigte die Gültigkeit der Sätze 2.9 und 2.10. In einem späteren Artikel [77] wies er darauf hin, dass die zweite Gleichung (2.10) für a_d in Satz 2.9 bereits zuvor von Kollagunta Ramanathan [319] aufgezeigt wurde. Eckford Cohen setzt die Untersuchungen über gerade Funktionen (mod q) beispielsweise auch in den Artikeln [77], [82], [83] sowie in einem Übersichtsartikel [91] zu diesem Thema fort. Viele der im Text sowie in den Übungen aufgezeigten Ergebnisse sind aus Eckford Cohens Artikeln entnommen.

Die Identität in Gleichung (2.15) aus Übung 2.50 wurde von Paul McCarthy [256] entdeckt, nachdem der genannte Spezialfall in Gleichung (2.16) von Eckford Cohen [82] gegeben wurde.

Die Ramanujan-Summen wurden in unterschiedliche Richtungen verallgemeinert. Die Verallgemeinerung aus Übung 2.51 stammt von Eckford Cohen [68] und die Aussagen in den Übungen 2.51 bis 2.58 wurden von ihm in den Artikeln [73], [74] dargestellt. Weitere Eigenschaften von $c_{q,k}(n)$ wurden von Paul McCarthy [254] bestätigt. Die (q,k)-geraden Funktionen wurden von Paul McCarthy [252], [255] eingeführt und untersucht. Die Ergebnisse der Übungen 2.59 bis 2.61 sind diesen Artikeln entnommen.

Die Summe $c_q^{(k)}(n)$ aus den Übungen 2.62 und 2.63 wurde von Eckford Cohen [84] definiert und er erwähnt diese in einem anderen Artikel [90], der die Ergebnisse von M. Suganamma[11] [415] verallgemeinert. Eine Recherche in der Literatur führt zu weiteren Verallgemeinerungen der Ramanujan-Summen, von denen zwei spezielle genannt werden sollen, da diese von unserer Darstellung abweichen. Die erste ist eine Verallgemeinerung auf algebraische Zahlkörper, was Hans Rademacher [308] gelang, weshalb die dort definierten Summen **Rademacher-Summen** heißen. Sie wurden Jahre später von Georg Rieger[12] [350] erneut entdeckt. Die zweite ist eine Verallgemeinerung auf Matrizen von Kollagunta Ramanathan und Mathukumalli Subbarao [320].

Die Aussagen aus den Übungen 2.67 und 2.68 wurden von Ramakrishna Sivaramakrishnan [378] gefunden. Diejenigen aus Übungen 2.67 bis 2.69 sind neu, wurden jedoch bereits in einem Artikel von D. Suryanarayana [444] vermutet.

Die Smith-Determinante aus Übung 1.19 wurde zuerst von Henry Smith ausgewertet, siehe im Buch von Leonard Dickson [140, Kapitel 5], und er gab auch die Verallgemeinerung aus Übung 2.73 an. Die Determinante aus Übung 2.70 wurde von Tom Apostol [8], die in den Übungen 2.71, 2.72 und 2.74 von Paul McCarthy [263] ausgewertet. Ähnliche Ergebnisse sind auch in den Übungen 3.30, 3.31, 4.33 und 4.34 aufgeführt.

Eine Übersicht über Eigenschaften der Ramanujan-Summen sowie verwandter Summen und Funktionen wurde von K. Nageswara Rao und Ramakrishna Sivaramakrishnan [339] publiziert.

---

[10] Robert Daniel Carmichael (1879–1967)
[11] M. Suganamma
[12] Georg Johann Rieger (geb. 1931)

Lösungsanzahl von Kongruenzen

3

3.1 Lineare Kongruenzen

In diesem Kapitel werden die Ergebnisse der letzten beiden Kapitel genutzt, um die Lösungen von Kongruenzen in k Unbekannten zu zählen. Wenn von einer **Lösung einer Kongruenz** zum Modul q gesprochen wird, heißt dies, dass die Lösung modulo q betrachtet wird. Präziser formuliert: Eine Lösung ist ein geordnetes k-Tupel $(x_1, \ldots, x_k) \pmod q$. Hierbei werden zwei Lösungen $(x_1, \ldots, x_k)$ und $(y_1, \ldots, y_k)$ genau dann als gleich angesehen, wenn $x_j \equiv y_j \pmod q$ für alle $1 \leq j \leq k$ gilt.

Es werden alle Lösungen einer Kongruenz gezählt oder auch Lösungen, die noch zusätzlichen Bedingungen genügen müssen. Beispielsweise werden in diesem Kapitel auch Lösungen $(x_1, \ldots, x_k)$ betrachtet mit $(x_j; q) = 1$ für alle $1 \leq j \leq k$.

Begonnen wird mit dem Zählen der Lösungen von linearen Kongruenzen.

Lemma 3.1 *Die Kongruenz*

$$n \equiv a_1 x_1 + \ldots + a_k x_k \pmod q$$

hat genau dann eine Lösung, wenn $d \mid n$ mit $d := (a_1; \ldots; a_k; q)$. Existiert eine Lösung, dann gibt es genau $d\, q^{k-1}$ verschiedene Lösungen modulo q.

Beweis Die Bedingung $d \mid n$ ist sicherlich notwendig, damit überhaupt eine Lösung der Kongruenz existiert. Umgekehrt unter der Annahme $d \mid n$, wird per Induktion nach der Anzahl der Variablen gezeigt, dass genau $d q^{k-1}$ verschiedene Lösungen existieren. Ist $k = 1$, dann hat die Kongruenz

$$\frac{n}{d} \equiv \frac{a_1}{d} x_1 \left(\bmod \frac{q}{d} \right)$$

eine eindeutige Lösung x_1. Daher hat $n \equiv a_1 x_1 \pmod q$ genau d Lösungen, nämlich

$$x_1, \ x_1 + \frac{q}{d}, \ x_1 + 2\frac{q}{d}, \ x_1 + 3\frac{q}{d}, \ldots, \ x_1 + (d-1)\frac{q}{d}$$

© Springer-Verlag GmbH Deutschland 2017
P.J. McCarthy, *Arithmetische Funktionen*, DOI 10.1007/978-3-662-53732-9_3

Angenommen es ist $k > 1$ und die Behauptung gilt für lineare Kongruenzen in $k - 1$ Unbekannten. Man setze $e := (a_2; \ldots; a_k; q)$. Da $d = (a_1; e) \mid n$ nach Voraussetzung gilt, hat die Kongruenz

$$n \equiv a_1 x_1 \pmod{e} \tag{3.1}$$

genau d Lösungen. Daher gibt es in jedem vollständigen Restklassensystem $\pmod{q}$ genau $\frac{q}{e} d$ Lösungen. Sei x_1 eine Lösung der Kongruenz (3.1). Betrachtet man die Kongruenz

$$n - a_1 x_1 \equiv a_2 x_2 + \ldots + a_k x_k \pmod{q}$$

dann hat diese nach Induktionsvoraussetzung genau eq^{k-2} Lösungen, da $e \mid (n - a_1 x_1)$. Die Kongruenz in k Unbekannten hat daher $\frac{q}{e} d \cdot eq^{k-2} = dq^{k-1}$ Lösungen. $\square$

Nun wird die Kongruenz

$$n \equiv x_1 + x_2 + \ldots + x_k \pmod{q} \tag{3.2}$$

betrachtet, wobei die größten gemeinsamen Teiler $(x_j; q)$ für $1 \leq j \leq k$ verschiedenen Zusatzbedingungen genügen sollen, siehe auch Übung 3.1.

Lemma 3.2 *Es bezeichne $N(n, q, k)$ die Lösungsanzahl der Kongruenz (3.2) mit $(x_j; q) = 1$ für alle j. Dann ist $n \mapsto N(n, q, k)$ eine q-gerade Funktion.*

Beweis Sei $n = n_1 n_2$ mit $(n_2; q) = 1$. Dann ist $N(n, q, k) = N(n_1, q, k)$ denn zu jeder Lösung $(y_1, \ldots, y_k)$ von

$$n_1 \equiv y_1 + \ldots + y_k \pmod{q}$$

existiert genau eine Lösung der Kongruenz (3.2), nämlich $(n_2 y_1, \ldots, n_2 y_k)$. Desweiteren ist genau dann $(y_j, q) = 1$ für alle j, wenn $(n_2 y_j; q) = 1$ für alle j gilt. Zusammen mit der Aussage aus Übung 3.2 reicht es deshalb aus die Behauptung

$$N(n, q, k) = N((n; q), q, k)$$

für den Fall zu zeigen, dass n und q Potenzen derselben Primzahl p sind. Es wird auch ausgenutzt, dass $N(\cdot, q, k)$ trivialerweise periodisch $\pmod{q}$ ist. Sei also $n = p^a$ und $q = p^b$. Gilt $a \leq b$, dann ist $(n; q) = p^a = n$ und es gibt nichts zu beweisen. Angenommen $a > b$, dann ist $p^a + p^b = p^b(p^{a-b} + 1)$ und insbesondere gilt $p \nmid (p^{a-b} + 1)$ sowie

$$N(p^a, p^b, k) = N(p^a + p^b, p^b, k) = N(p^b(p^{a-b} + 1), p^b, k) = N(p^b, p^b, k)$$

was zu beweisen war. $\square$

Damit lässt sich $N(\cdot, q, k)$ als Fourier-Reihe darstellen

$$N(n, q, k) = \sum_{d \mid q} a_d \, c_d(n)$$

und es bleibt die Fourier-Koeffizienten a_d zu bestimmen.

Satz 3.3 *Es gilt*

$$N(n, q, k) = \frac{1}{q} \sum_{d \mid q} c_q \left(\frac{q}{d}\right)^k c_d(n)$$

Beweis Der Beweis wird per Induktion nach k geführt. Die Kongruenz $n \equiv x_1 \ (q)$ hat genau dann eine Lösung x_1 mit $(x_1; q) = 1$, wenn $(n; q) = 1$ gilt. Ansonsten besitzt sie keine Lösung, also

$$N(n, q, 1) = \delta((n; q)) = \delta_q(n) = \begin{cases} 1 & \text{wenn } (n; q) = 1 \\ 0 & \text{sonst} \end{cases}$$

Die Fourier-Koeffizienten von δ_q sind gleich $\frac{1}{q} c_q \left(\frac{q}{d}\right)$, wie in Gleichung (2.12) gezeigt wurde, was den Fall $k = 1$ beweist. Sei nun $k > 1$ und es gelte

$$N(n, q, k - 1) = \frac{1}{q} \sum_{d \mid q} c_q \left(\frac{q}{d}\right)^{k-1} c_d(n)$$

Zusammen mit der Identität

$$N(n, q, k) = \sum_{n \equiv a + b \ (q)} N(a, q, 1) \, N(b, q, k - 1)$$

folgt die Behauptung dann aus Lemma 2.11. $\qquad\qquad\square$

Für jeden Teiler $d \mid q$ gilt

$$c_q \left(\frac{q}{d}\right) = \frac{\varphi(q) \, \mu(d)}{\varphi(d)}$$

und damit ist

$$N(n, q, k) = \frac{\varphi(q)^k}{q} \sum_{d \mid q} \frac{\mu(d)^k}{\varphi(d)^k} c_d(n)$$

Sei $q = \prod_{j=1}^{s} p_j^{t_j}$ die Primfaktorzerlegung von q, dann ist

$$N(n, q, k) = \prod_{1 \le j \le s} N\left(n, p_j^{t_j}, k\right)$$

und auf Primzahlpotenzen gilt

$$N(n, p^a, k) = \frac{\varphi(p^a)^k}{p^a} \sum_{j=0}^{a} \frac{\mu\left(p^j\right)^k}{\varphi\left(p^j\right)^k} c_{p^j}(n)$$

$$= p^{a(k-1)-k}(p-1)^k \left(1 + \frac{(-1)^k}{(p-1)^k} c_p(n)\right)$$

$$= p^{a(k-1)} \left(\frac{(p-1)^k + (-1)^k c_p(n)}{p^k}\right)$$

Die Ramanujan-Summe $c_p(n)$ ist

$$c_p(n) = \begin{cases} \varphi(p) = p - 1 & \text{wenn } p \mid n \\ \mu(p) = -1 & \text{sonst} \end{cases}$$

Also gilt

$$N(n, p^a, k) = \begin{cases} p^{a(k-1)} \left(\frac{(p-1)\left((p-1)^{k-1}-(-1)^{k-1}\right)}{p^k}\right) & \text{wenn } p \mid n \\ p^{a(k-1)} \left(\frac{(p-1)^k - (-1)^k}{p^k}\right) & \text{sonst} \end{cases}$$

Zusammengefasst gilt für alle n

$$N(n, q, k) = q^{k-1} \prod_{p \mid (n;q)} \frac{(p-1)\left((p-1)^{k-1} - (-1)^{k-1}\right)}{p^k} \prod_{\substack{p \mid q \\ p \nmid n}} \frac{(p-1)^k - (-1)^k}{p^k}$$

$$(3.3)$$

Die **Nagell-Funktion**[1] $\theta(\cdot, q)$ ist durch

$$\theta(n, q) := N(n, q, 2)$$

definiert. Sie gibt also die Anzahl der natürlichen Zahlen $m \leq q$ mit $(m; q) = (n - m; q) = 1$ an. Ist q eine Primzahlpotenz, dann hat sie die Werte

$$\theta(n, p^a) = \begin{cases} p^{a-1}(p-1) & \text{wenn } p \mid n \\ p^{a-1}(p-2) & \text{sonst} \end{cases}$$

Lemma 3.4 *Es gilt*

$$\theta(n, q) = \varphi(q) \sum_{\substack{d \mid q \\ (n;d)=1}} \frac{\mu(d)}{\varphi(d)}$$

---

[1] Trygve Nagell (1895–1988)

Beweis Mit $d \mid q$ ist $\mu(d) = 0$ außer im Fall $d \mid \gamma(q)$ mit dem Radikal γ, wie in Übung 1.14 definiert. Damit ist

$$\theta(n,q) = \frac{\varphi(q)^2}{q} \sum_{d \mid \gamma(q)} \frac{\mu(d)^2}{\varphi(d)^2} c_d(n)$$

Setzt man in Lemma 2.12 für jeden Teiler $d \mid \gamma(q)$ $a_d := \frac{\mu(d)}{\varphi(d)}$, dann ergibt sich

$$\sum_{d \mid \gamma(q)} \frac{\mu(d)^2}{\varphi(d)^2} c_d(n) = \sum_{\substack{d \mid \gamma(q) \\ (n;d)=1}} \frac{d}{\varphi(d)} \sum_{d' \mid \frac{\gamma(q)}{d}} \frac{\mu(d'd)}{\varphi(d'd)} \mu(d')$$

Teilt $d' \mid \frac{\gamma(q)}{d}$, dann ist $(d;d') = 1$ und deshalb ist die innere Summe

$$\sum_{d' \mid \frac{\gamma(q)}{d}} \frac{\mu(d'd)}{\varphi(d'd)} \mu(d') = \frac{\mu(d)}{\varphi(d)} \sum_{d' \mid \frac{\gamma(q)}{d}} \frac{|\mu(d)|}{\varphi(d)} = \frac{\mu(d)}{\varphi(d)} \frac{\gamma(q)}{d} \frac{1}{\varphi\left(\frac{\gamma(q)}{d}\right)}$$

wobei im letzten Schritt die Gleichung (2.14) ausgenutzt wurde. Beachtet man

$$\varphi(d)\varphi\left(\frac{\gamma(q)}{d}\right) = \varphi(\gamma(q))$$

ergibt sich

$$\theta(n,q) = \frac{\varphi(q)^2}{q} \frac{\gamma(q)}{\varphi(\gamma(q))} \sum_{\substack{d \mid \gamma(q) \\ (n;d)=1}} \frac{\mu(d)}{\varphi(d)}$$

Auf Grund der Eigenschaften der Möbius-Funktion kann in der Summenbedingung $\gamma(q)$ durch q ersetzt werden ohne den Wert der Summe zu verändern. Die zu beweisende Identität folgt dann aus der Tatsache, dass q und $\gamma(q)$ dieselben Primfaktoren besitzen, was die Gültigkeit von

$$\frac{\gamma(q)}{\varphi(\gamma(q))} = \frac{q}{\varphi(q)}$$

bestätigt. $\qquad\qquad\qquad\qquad\qquad\qquad\qquad\qquad\qquad\qquad\qquad\qquad\square$

Das allgemeinere Problem in Analogie zu Satz 3.3 ist das Folgende: Sei $q \in \mathbb{N}$ und für jedes $j \in \{1,\ldots,q\}$ sei $T_j(q)$ eine nichtleere Teilmenge von $\{1,\ldots,q\}$. Die Aufgabe ist nun, die Anzahl $M(n,q,k)$ der Lösungen $(x_1,\ldots,x_k)$ der Kongruenz (3.2) mit $x_j \in T_j(q)$ für alle j zu bestimmen. Nachstehend wird gezeigt, dass das Problem eine elegante Lösung besitzt, wenn die Teilmengen $T_j(q)$ einer gewissen Bedingung genügen. Desweiteren wird aufgezeigt, wie solche Mengen $T_j(q)$ erzeugt werden können.

Satz 3.5 *Setze*

$$g_j(n,q) := \sum_{y \in T_j(q)} e\left(\frac{ny}{q}\right)$$

Ist $g_j(\cdot, q)$ für alle j eine q-gerade Funktion, dann gilt

$$M(n,q,k) = \frac{1}{q} \sum_{d|q} \left(\prod_{j=1}^{k} g_j\left(\frac{q}{d}, q\right) \right) c_d(n)$$

Beweis Es gilt

$$M(n,q,k) = \sum_{\substack{1 \le x_1,\dots,x_k \le q \\ n \equiv x_1 + \dots + x_k \,(q) \\ \forall j : x_j \in T_j(q)}} \prod_{j=1}^{k} h_j(x_j)$$

mit

$$h_j(x) := \begin{cases} 1 & \text{wenn } x \in T_j(q) \\ 0 & \text{sonst} \end{cases}$$

wobei über alle Lösungen $(x_1, \dots, x_k)$ der Kongruenz (3.2) mit $x_j \in T_j(q)$ für alle j summiert wird. Da

$$h_j(x_j) = \frac{1}{q} \sum_{y \in T_j(q)} \sum_{q_j=1}^{q} e\left(\frac{(x_j - y)q_j}{q}\right)$$

gilt, ist

$$M(n,q,k) = \frac{1}{q^k} \sum_{\substack{1 \le x_1,\dots,x_k \le q \\ n \equiv x_1 + \dots + x_k \,(q) \\ \forall j : x_j \in T_j(q)}} \prod_{j=1}^{k} \sum_{y \in T_j(q)} \sum_{q_j=1}^{q} e\left(\frac{(x_j - y)q_j}{q}\right)$$

$$= \frac{1}{q^k} \sum_{1 \le q_1,\dots,q_k \le q} \sum_{\substack{1 \le x_1,\dots,x_k \le q \\ n \equiv x_1 + \dots + x_k \,(q) \\ \forall j : x_j \in T_j(q)}} \prod_{j=1}^{k} \sum_{y \in T_j(q)} e\left(\frac{x_j q_j}{q}\right) e\left(\frac{-y q_j}{q}\right)$$

$$= \frac{1}{q^k} \sum_{1 \le q_1,\dots,q_k \le q} \sum_{\substack{1 \le x_1,\dots,x_k \le q \\ n \equiv x_1 + \dots + x_k \,(q) \\ \forall j : x_j \in T_j(q)}} \prod_{j=1}^{k} e\left(\frac{x_j q_j}{q}\right) \left(\sum_{y \in T_j(q)} e\left(\frac{-y q_j}{q}\right) \right)$$

$$= \frac{1}{q^k} \sum_{\substack{1 \le q_1, \ldots, q_k \le q}} \sum_{\substack{1 \le x_1, \ldots, x_k \le q \\ n \equiv x_1 + \ldots + x_k \,(q) \\ \forall j : x_j \in T_j(q)}} \prod_{j=1}^{k} e\left(\frac{x_j q_j}{q}\right) g_j(q_j, q)$$

$$= \frac{1}{q^k} \sum_{1 \le q_1, \ldots, q_k \le q} \left(\prod_{j=1}^{k} g_j(q_j, q)\right) \left(\sum_{\substack{1 \le x_1, \ldots, x_k \le q \\ n \equiv x_1 + \ldots + x_k \,(q) \\ \forall j : x_j \in T_j(q)}} \prod_{j=1}^{k} e\left(\frac{x_j q_j}{q}\right) \right)$$

Wie in Übung 3.7 bewiesen werden soll, ist

$$\sum_{\substack{1 \le x_1, \ldots, x_k \le q \\ n \equiv x_1 + \ldots + x_k \,(q) \\ \forall j : x_j \in T_j(q)}} \prod_{j=1}^{k} e\left(\frac{x_j q_j}{q}\right) = \begin{cases} q^{k-1} e\left(\frac{nm}{q}\right) & \text{wenn } q_1 = \ldots = q_k = m \\ 0 & \text{sonst} \end{cases}$$

Daher ergibt sich

$$M(n, q, k) = \frac{1}{q} \sum_{m=1}^{q} \left(\prod_{j=1}^{k} g_j(m, q)\right) e\left(\frac{nm}{q}\right)$$

$$= \frac{1}{q} \sum_{d | q} \sum_{\substack{1 \le l \le \frac{q}{d} \\ (l; \frac{q}{d}=1)}} \left(\prod_{j=1}^{k} g_j(ld, q)\right) e\left(\frac{nl}{\frac{q}{d}}\right)$$

Nun ist $g_j(ld, q) = g_j(d, q)$, da $(ld; q) = d = (d; q)$ und $g_j(\cdot, q)$ nach Voraussetzung eine q-gerade Funktion ist. Also ist

$$M(n, q, k) = \frac{1}{q} \sum_{d | q} \left(\prod_{j=1}^{k} g_j(d, q)\right) c_{\frac{q}{d}}(n) = \frac{1}{q} \sum_{d | q} \left(\prod_{j=1}^{k} g_j(\frac{q}{d}, q)\right) c_d(n) \quad \square$$

Nachfolgend sollen einige Beispiele für Mengen $T_j(q)$, die den Bedingungen aus Satz 3.5 genügen, aufgezeigt werden. Weitere Beispiele lassen sich auch in den Übungen finden.

Lemma 3.6 *Sei $D(q)$ eine nichtleere Teilmenge der Menge aller Teiler von q und*

$$T(q) := \{1 \le m \le q : (m; q) \in D(q)\}$$

Dann ist die Funktion $g(\cdot, q)$ mit

$$g(n, q) := \sum_{m \in T(q)} e\left(\frac{nm}{q}\right)$$

eine q-gerade Funktion und es gilt

$$g(n,q) = \sum_{d \in D(q)} c_{\frac{q}{d}}(n)$$

Beweis In Übung 3.6 soll die Identität

$$g(n,q) = \sum_{d \in D(q)} \sum_{\substack{1 \le m \le \frac{q}{d} \\ (m;\frac{q}{d})=1}} e\left(\frac{nm}{\frac{q}{d}}\right)$$

bewiesen werden. Die innere Summe ist gleich $c_{\frac{q}{d}}(n)$, was den Beweis abschließt.

□

Beispiel 3.7

(i)   Sei $D(q) := \{1\}$, dann ist $m \in T(q)$ genau dann, wenn $1 \le m \le q$ und $(m;q) = 1$ ist. Damit ist aber auch $M(n,q,k) = N(n,q,k)$ sowie $g(n,q) = c_q(n)$ und Satz 3.5 liefert dann die Aussage für den Spezialfall, der in Satz 3.3 bewiesen wurde.

(ii) Sei $r \in \mathbb{N}$ und $D(q) := \{d \in \mathbb{N} : d^r \mid q\}$, dann ist

$$T(q) = \{1 \le m \le q : (m;q) \text{ ist eine } r\text{-te Potenz}\}$$

und

$$g_r(n,q) := g(n,q) = \sum_{d^r \mid q} c_{\frac{q}{d^r}}(n)$$

(es gilt auch $g_2(n,q) = B(n,q)$ mit der Funktion $B(n,q)$, die in Übung 2.64 definiert wurde). Sei $P_r(n,q,k)$ die Anzahl der Lösungen $(x_1,\ldots,x_k)$ der Kongruenz (3.2) unter der Bedingung, dass $(x_j;q)$ für alle j eine r-te Potenz ist, dann ist

$$P_r(n,q,k) = \frac{1}{q} \sum_{d \mid q} g_r\left(\frac{q}{d},q\right)^k c_d(n)$$

(iii) Sei $D(q)$ die Menge aller Teiler von q, die r-**frei** sind, das heißt, sie sind durch keine r-te Potenz > 1 teilbar. Dann ist

$$T(q) = \{1 \le m \le q : (m;q) \text{ ist } r\text{-frei}\}$$

und

$$h_r(n,q) := g(n,q) = \sum_{\substack{d \mid q \\ \forall p \in \mathbb{P}: \, p^r \nmid d}} c_{\frac{q}{d}}(n)$$

Sei $Q_r(n,q,k)$ die Anzahl der Lösungen $(x_1,\ldots,x_k)$ der Kongruenz (3.2) unter der Bedingung, dass $(x_j;q)$ für alle j r-frei ist, dann ist

$$Q_r(n,q,k) = \frac{1}{q} \sum_{d \mid q} h_r \left(\frac{q}{d},q \right)^k c_d(n)$$

(iv) Sei $N_r(n,q,k)$ die Anzahl der Lösungen $(x_1,\ldots,x_k)$ der Kongruenz

$$n \equiv x_1 + \ldots + x_k \pmod{q^r}$$

mit $(x_j;q^r)_r = 1$ für alle j (siehe Übung 1.27 zur Definition des größten gemeinsamen r-Teilers). Diese Einschränkung ist gleichbedeutend damit, dass $(x_j;q^r)$ für alle j r-frei ist, weshalb $N_r(n,q,k) = Q_r(n,q^r,k)$ gilt. Daher ergibt sich mit Lemma 3.6

$$h_r(n,q^r) = \sum_{\substack{d \mid q^r \\ (d;q^r)_r=1}} c_{\frac{q^r}{d}}(n) = c_{q,r}(n)$$

(siehe Übungen 2.51 und 2.54 zur Definition von $c_{q,r}(n)$). Damit ist

$$N_r(n,q,k) = \frac{1}{q^r} \sum_{d \mid q^r} c_{q,r} \left(\frac{q^r}{d} \right)^k c_d(n)$$

Eine weitere Auswertung von $N_r(n,q,k)$ wird in Übung 3.13 angegeben.

Die Lösungen der Kongruenz (3.2) können noch anderen Einschränkungen unterworfen werden. Beispielsweise könnten nur Lösungen $(x_1,\ldots,x_k)$ gezählt werden, die $(x_1;\ldots;x_k;q) = 1$ erfüllen. Tatsächlich kann eine noch allgemeinere Frage beantwortet werden, wie folgender Satz zeigt.

Satz 3.8 *Seien* $a_1,\ldots,a_k \in \mathbb{N}$ *mit* $(a_1;\ldots;a_k;q) = 1$ *und sei* $N'(n,q,k)$ *die Anzahl der Lösungen* $(x_1,\ldots,x_k)$ *der Kongruenz*

$$n \equiv a_1 x_1 + \ldots + a_k x_k \pmod{q} \qquad (3.4)$$

mit $(x_1;\ldots;x_k;q) = 1$, *dann gilt*

$$N'(n,q,k) = \sum_{d \mid (n;q)} \mu(d) \left(\frac{q}{d} \right)^{k-1}$$

Beweis Sei $(n;q) = \prod_{j=1}^{s} p_j^{t_j}$ die Primfaktorzerlegung von $(n;q)$ und sei A_j die

Menge der Lösungen $(x_1, \ldots, x_k)$ der Kongruenz (3.4) unter der Nebenbedingung $p_j \mid (x_1; \ldots; x_k; q)$. Dann ist $N'(n, q, k)$ die Anzahl der Lösungen der Kongruenz, die nicht in der Vereinigung $A_1 \cup \ldots \cup A_s$ enthalten sind. Ist $1 \le j_1 < \ldots < j_i \le s$, dann ist $\#\left(A_{j_1} \cap \ldots \cap A_{j_i}\right)$ die Anzahl der Lösungen der Kongruenz

$$\frac{n}{p_{j_1} \cdot \ldots \cdot p_{j_i}} \equiv a_1 x_1 + \ldots + a_k x_k \left(\text{mod } \frac{q}{p_{j_1} \cdot \ldots \cdot p_{j_i}}\right)$$

die keinerlei Einschränkungen unterliegen. Nach Lemma 3.1 ist diese Anzahl gleich

$$\left(\frac{q}{p_{j_1} \cdot \ldots \cdot p_{j_i}}\right)^{k-1}$$

da $\left(a_1; \ldots; a_k; \frac{q}{p_{j_1} \cdot \ldots \cdot p_{j_i}}\right) = 1$. Nach dem Inklusions-Exklusions-Prinzip (Satz 1.7) gilt

$$N'(n, q, k) = q^{k-1} + \sum_{i=1}^{s} (-1)^i \sum_{1 \le j_1 < \ldots < j_i \le s} \left(\frac{q}{p_{j_1} \cdot \ldots \cdot p_{j_i}}\right)^{k-1}$$

$$= \sum_{d \mid (n;q)} \mu(d) \left(\frac{q}{d}\right)^{k-1} \qquad\qquad \square$$

Bemerkung 3.9 Man beachte, dass $N'(n, q, k)$ unabhängig von der Wahl der Koeffizienten $a_1, \ldots, a_k$ ist. Die einzige Eigenschaft, die mit in die Voraussetzung eingeht, ist die Bedingung $(a_1; \ldots; a_k; q) = 1$. Setzt man $a := (a_1; \ldots; a_k)$ und ist $(a; q) = 1$, dann gibt $N'(n, q, k)$ auch die Anzahl der Lösungen $(x_1, \ldots, x_k)$ der Kongruenz

$$n \equiv a(x_1 + \ldots + x_k) \pmod{q}$$

mit $(x_1; \ldots; x_k; q) = 1$ an.

3.2 Semi-lineare Kongruenzen

Eine Kongruenz der Form

$$n \equiv a_1 x_1 y_1 + \ldots + a_k x_k y_k \pmod{q} \tag{3.5}$$

wird **semi-lineare Kongruenz** genannt. Es wird $(a_j; q) = 1$ für jedes j vorausgesetzt. Eine Lösung der Kongruenz (3.5) ist ein $2k$-Tupel $(x_1, \ldots, x_k, y_1, \ldots, y_k)$ mit $x_j, y_j \in \mathbb{N}$.

Satz 3.10 *Es bezeichne $S(n, q, k)$ die Anzahl der Lösungen der Kongruenz (3.5). Für diese gilt*

$$S(n, q, k) = q^{2k-1} \sum_{d \mid q} \frac{1}{d^k} c_d(n)$$

Damit ist nach Übung 2.37

$$S(n, q, k) = \tau_{k-1}(n, q) = q^{k-1} \sum_{d \mid (n; q)} d \, J_k \left(\frac{q}{d} \right)$$

und speziell für $(n; q) = 1$

$$S(n, q, k) = q^{k-1} J_k(q)$$

Beweis Der Beweis wird per Induktion nach k geführt. Für $k = 1$ ist die zu beweisende Aussage

$$S(n, q, 1) = \sum_{d \mid (n; q)} d \, \varphi \left(\frac{q}{d} \right)$$

Nach Übung 3.2 reicht es aus, dies für eine Primzahlpotenz $q = p^t$ zu zeigen. Es sollen also Lösungen der Kongruenz

$$n \equiv a x y \pmod{p^t}$$

im Fall $p \nmid a$ gezählt werden. Sei $(n; p^t) = p^v$. Man wähle j und b mit $0 \le j \le v$, $1 \le b \le p^{t-j}$ und $p \nmid b$. Zu jeder Wahl von j gibt es $\varphi\left(p^{t-j}\right)$ Möglichkeiten für b. Die Kongruenz

$$n \equiv a p^j b y \pmod{p^t}$$

hat p^j Lösungen. Ist y eine dieser Lösungen, dann ist $(p^j b, y)$ eine Lösung der semi-linearen Kongruenz. Für jede Wahl von j gibt es also mindestens $\varphi\left(p^{t-j}\right) p^j$ Lösungen der semi-linearen Kongruenz. Es ist sogar so, dass jede Lösung der semi-linearen Kongruenz auf diese Weise erzeugt wird. Denn ist (x, y) eine Lösung und ist $x = p^j b$ mit $1 \le x \le p^t$ sowie $p \nmid b$, dann ist $0 \le j \le v$ und $1 \le b \le p^{t-j}$. Damit ist

$$S(n, p^t, 1) = \sum_{j=0}^{v} \varphi\left(p^{t-j}\right) p^j$$

was zu zeigen war. Angenommen die Aussage des Satzes gilt, wenn k durch $k - 1$ ersetzt wird. Dann ist nach Übung 2.38

$$
\begin{aligned}
S(n, q, k) &= \sum_{n \equiv \alpha + \beta \, (q)} S(\alpha, q, 1) \, S(\beta, q, k - 1) \\
&= \sum_{n \equiv \alpha + \beta \, (q)} \tau_0(\alpha, q) \, \tau_{k-2}(\beta, q) \\
&= \tau_{k-1}(n, q) \\
&= q^{k-1} \sum_{d \mid (n;q)} d \, J_k\left(\frac{q}{d}\right) \qquad \qquad \square
\end{aligned}
$$

3.3 Simultane Kongruenzen

Um Lösungen simultaner Kongruenzen zu untersuchen, benötigt man eine weitere Verallgemeinerung der Ramanujan-Summe: Für $q, n_1, \ldots, n_s \in \mathbb{N}$ definiert man

$$
c_q(n_1, \ldots, n_s) := \sum_{(x_1; \ldots; x_s; q) = 1} e\left(\frac{n_1 x_1 + \ldots + n_s x_s}{q}\right)
$$

wobei die Summe über ein primes s-Restklassensystem (mod q) läuft, siehe Übung 1.41. Es sei $n := (n_1; \ldots; n_s)$ und für $d := (n; q)$ sei $m_i := \frac{n_i}{d}$ für jedes i und $m := (m_1; \ldots; m_s) = \frac{n}{d}$. Nach Übung 1.41 und mit Bemerkung 3.9 ist

$$
\begin{aligned}
c_q(n_1, \ldots, n_s) &= \frac{J_s(q)}{J_s\left(\frac{q}{d}\right)} \sum_{(y_1; \ldots; y_s; \frac{q}{d}) = 1} e\left(\frac{m_1 y_1 + \ldots + m_s y_s}{\frac{q}{d}}\right) \\
&= \frac{J_s(q)}{J_s\left(\frac{q}{d}\right)} \sum_{(y_1; \ldots; y_s; \frac{q}{d}) = 1} e\left(\frac{m(y_1 + \ldots + y_s)}{\frac{q}{d}}\right) \\
&= \sum_{(x_1; \ldots; x_s; q) = 1} e\left(\frac{n(x_1 + \ldots + x_s)}{q}\right) \\
&= c_q^{(s)}(n)
\end{aligned}
$$

wobei $c_q^{(s)}(n)$ in Übung 2.62 eingeführt wurde. Nach der Aussage in dieser Übung folgt damit auch die Identität

$$
c_q(n_1, \ldots, n_s) = \sum_{d \mid (n_1; \ldots; n_s; q)} d^s \, \mu\left(\frac{q}{d}\right)
$$

Eine Funktion f, die von s Argumenten abhängt, heißt **total-gerade (mod q)** (in der Literatur zum Teil auch als q-**total-gerade** bezeichnet), wenn eine q-gerade

Funktion F mit

$$f(n_1, \ldots, n_s) = F((n_1; \ldots; n_s))$$

existiert. Die Funktion F heißt dann **assoziiert gerade** Funktion zu f. Beispielsweise ist $c_q(\cdot, \ldots, \cdot)$ eine total-gerade Funktion (mod q) mit assoziiert gerader Funktion $c_q^{(s)}$. Dies ist genauso der Fall für jede beliebige Funktion f mit

$$f(n_1, \ldots, n_s) = \sum_{d \mid q} a_d \, c_q(n_1, \ldots, n_s)$$

Sei $T_j(q)$ für $1 \leq j \leq k$ eine nichtleere Teilmenge der Menge aller geordneten s-Tupel natürlicher Zahlen aus der Menge $\{1, \ldots, q\}$. Es bezeichne $M(n_1, \ldots, n_s, q, k)$ die Anzahl der Lösungen

$$(x_{11}, \ldots, x_{1k}, x_{21}, \ldots, x_{2k}, \ldots, x_{s1}, \ldots, x_{sk})$$

des Systems der linearen Kongruenzen

$$n_i \equiv x_{i1} + \ldots + x_{is} \pmod{q} \quad \text{(für } 1 \leq i \leq s) \tag{3.6}$$

mit $(x_{1j}, \ldots, x_{sj}) \in T_j(q)$ für $1 \leq j \leq k$. Desweiteren sei für $1 \leq j \leq k$ die Funktion g_j durch

$$g_j(n_1, \ldots, n_s) := \sum_{(x_1, \ldots, x_s) \in T_j(q)} e\left(\frac{n_1 x_1 + \ldots + n_s x_s}{q}\right)$$

definiert. Dann gilt die folgende Verallgemeinerung von Satz 3.5.

Satz 3.11 *Ist für jedes j die Funktion g_j total-gerade (mod q) mit assoziiert gerader Funktion G_j, dann gilt*

$$M(n_1, \ldots, n_s, q, k) = \frac{1}{q^s} \sum_{d \mid q} \left(\prod_{j=1}^{s} G_j\left(\frac{q}{d}\right)\right) c_q(n_1, \ldots, n_s)$$

Beweis Der Beweis kann ähnlich wie der von Satz 3.5 geführt werden, weshalb hier nur eine Beweisskizze angegeben werden soll (die Ausführung der einzelnen Details wird als Übungsaufgabe empfohlen). Es ist

$$M(n_1, \ldots, n_s, q, k) = \sum_1 \cdots \sum_s \left(\prod_{j=1}^{k} h_j(x_{1j}, \ldots, x_{sj})\right)$$

wobei in der Summe $\sum_i$ über alle Lösungen der i-ten Kongruenz summiert wird und

$$h_j(x_{1j}, \ldots, x_{sj}) = \begin{cases} 1 & \text{wenn } (x_{1j}, \ldots, x_{sj}) \in T_j(q) \\ 0 & \text{sonst} \end{cases}$$

$$= \frac{1}{q^k} \sum_{(j)} \prod_{j=1}^{s} \sum_{q_{ij}=1}^{q} e\left(\frac{(x_{ij} - y_i)q_{ij}}{q}\right)$$

wobei in der Summe $\sum_{(j)}$ über alle $(y_1, \ldots, y_s) \in T_j(q)$ summiert wird. Nach weiteren Umformungen erhält man

$$M(n_1, \ldots, n_s, q, k) = \frac{1}{q^{sk}} \sum{}' \left(\prod_{j=1}^{k} g_j(q_{1j}, \ldots, g_{sj}, q)\right) \prod_{i=1}^{s} \sum_i \sum_{j=1}^{k} e\left(\frac{x_{ij}q_{ij}}{q}\right)$$

wobei in der Summe $\sum'$ über alle geordneten sk-Tupel aus der Menge $\{1, \ldots, q\}$ summiert wird. Nach Übung 3.7 ist dies gleich

$$M(n_1, \ldots, n_s, q, k) = \frac{1}{q^s} \sum{}'' \left(\prod_{j=1}^{k} g_j(q_1, \ldots, g_s, q)\right) \prod_{i=1}^{s} e\left(\frac{n_i q_i}{q}\right)$$

wobei in der Summe $\sum''$ über alle geordneten s-Tupel $(q_1, \ldots, q_s)$ aus der Menge $\{1, \ldots, q\}$ summiert wird. Mit Übung 3.22 ergibt sich

$$M(n_1, \ldots, n_s, q, k)$$

$$= \frac{1}{q^s} \sum_{d|q} \sum_{(u_1; \ldots; u_s; \frac{q}{d}) = 1} \left(\prod_{j=1}^{k} g_j(u_1 d, \ldots, u_s d, q)\right) e\left(\frac{n_1 u_1 + \ldots + n_s u_s}{\frac{q}{d}}\right)$$

Nun ist $g_j(u_1 d, \ldots, u_s d, \frac{q}{d}) = g_j(d, \ldots, d, q) = G_j(d)$, und nach Definition von $c_q(n_1, \ldots, n_s)$ ergibt sich

$$M(n_1, \ldots, n_s, q, k) = \frac{1}{q^s} \sum_{d|q} \left(\prod_{j=1}^{k} G_j(d)\right) c_{\frac{q}{d}}(n_1, \ldots, n_s)$$

was die Beweisskizze abschließt.   □

Sei $D(q)$ eine nichtleere Teilmenge aller Teiler von q und

$$T(q) := \{(x_1, \ldots, x_s) : 1 \leq x_i \leq q, \ (x_1; \ldots; x_s; q) \in D(q)\}$$

Nach Übung 3.22 gilt dann

$$g(n_1, \ldots, n_s, q) = \sum_{(x_1, \ldots, x_s) \in T(q)} e\left(\frac{n_1 x_1 + \ldots + n_s x_s}{q}\right) = \sum_{d \in D(q)} c_{\frac{q}{d}}(n_1, \ldots, n_s)$$

Daher ist eine so definierte Funktion g eine total-gerade Funktion (mod q), und wenn mit G die assoziiert gerade Funktion bezeichnet wird, dann ist

$$G(n) = \sum_{d \in D(q)} c_{\frac{q}{d}}^{(s)}(n)$$

Beispiel 3.12 Es bezeichne $N(n_1, \ldots, n_s, q, k)$ die Anzahl der Lösungen (x_{ij}) des Kongruenzensystems (3.6) mit $(x_{1j}; \ldots; x_{sj}; q) = 1$ für $1 \le j \le k$. Dann gilt

$$N(n_1, \ldots, n_s, q, k) = \frac{1}{q^s} \sum_{d \mid q} \left(c_q^{(s)}\left(\frac{q}{d}\right)\right)^k c_d(n_1, \ldots, n_s)$$

Speziell für $s = 2$ wird durch $N(n, m, q, k)$ die Anzahl der Lösungen $(x_1, \ldots, x_k, y_1, \ldots, y_k)$ des Systems bestehend aus den beiden Kongruenzen

$$\begin{aligned} m &\equiv x_1 + \ldots + x_k \quad (\text{mod } q) \\ n &\equiv y_1 + \ldots + y_k \quad (\text{mod } q) \end{aligned} \tag{3.7}$$

mit $(x_i; y_i; q) = 1$ für alle $1 \le i \le k$ angegeben. Hierfür gilt

$$N(n, m, q, k) = \frac{1}{q^2} \sum_{d \mid q} \left(c_q^{(2)}\left(\frac{q}{d}\right)\right)^k c_d(m, n) = \frac{J_2(q)^k}{q^2} \sum_{d \mid q} \frac{\mu(d)^k}{J_2(d)^k} c_d(m, n)$$

Eine Verallgemeinerung der Nagell-Funktion kann daher durch

$$\theta(m, n, q) := N(m, n, q, 2) = \frac{J_2(q)^2}{q^2} \sum_{d \mid q} \frac{|\mu(d)|}{J_2(d)^2} c_d(m, n)$$

definiert werden. Auf Primzahlpotenzen gilt für diese

$$\theta(m, n, p^a) = \frac{J_2(p^a)^2}{p^{2a}} \left(1 + \frac{c_p(m, n)}{J_2(p)^2}\right)$$

und aus

$$c_p(m, n) = \begin{cases} p^2 - 1 & \text{wenn } p \mid (m; n) \\ -1 & \text{sonst} \end{cases}$$

folgt

$$\theta(m, n, p^a) = \begin{cases} p^{2(a-1)}(p^2 - 1) & \text{wenn } p \mid (m; n) \\ p^{2(a-1)}(p^2 - 2) & \text{sonst} \end{cases}$$

Insbesondere gilt damit $\theta(m, n, q) \ne 0$ für alle $m, n \in \mathbb{N}$.

3.4 Übungen zu Kap. 3

Übung 3.1 Die Lösungen der Kongruenz (3.2) lassen sich in eineindeutiger Weise zu den Lösungen der Kongruenz

$$n \equiv a_1 x_1 + \ldots + a_k x_k \pmod{q} \tag{3.8}$$

unter der Einschränkung $(a_1; \ldots; a_k; q) = 1$ zuordnen. Wenn eine Lösung $(x_1, \ldots, x_k)$ der Kongruenz (3.2) und eine Lösung $(x_1', \ldots, x_k')$ der Kongruenz (3.8) zueinander gehören, dann gilt darüber hinaus $(x_i; q) = (x_i'; q)$ für alle i. Insbesondere ist die Lösungsanzahl der Kongruenz (3.2), an welche noch zusätzliche Bedingungen für den größten gemeinsamen Teiler gestellt werden, gleich der Lösungsanzahl der Kongruenz (3.8) mit denselben Bedingungen.

Übung 3.2 Sei $M(n, q, k)$ die Anzahl der Lösungen (mod q) der Kongruenz

$$n \equiv P(x_1, \ldots, x_s) \pmod{q}$$

wobei P ein Polynom mit ganzzahligen Koeffizienten ist. Gilt $(q_1; q_2) = 1$, dann ist

$$M(n, q_1 q_2, k) = M(n, q_1, k) \, M(n, q_2, k)$$

Tipp: Man wende den Chinesischen Restsatz an.

Übung 3.3 Es gilt

$$N(n, q, k + 1) = \sum_{(m; q) = 1} N(n + m, q, k)$$

sowie

$$N(n, q, k) = d^{k-1} N\left(n, \frac{q}{d}, k\right)$$

wobei d der größte **Quadratteiler** von q ist, das heißt, $d := \max\{l \in \mathbb{N} : l^2 \mid q\}$.

Übung 3.4 Sei $n \in \mathbb{Z}$ und $q \in \mathbb{N}$ gegeben. Die Kongruenz $n \equiv x + y \pmod{q}$ hat genau dann eine Lösung (x, y) mit $(x; q) = (y; q) = 1$, wenn entweder q ungerade ist oder sowohl q als auch n gerade sind.

Übung 3.5 Ist q eine gerade und n eine ungerade natürliche Zahl, dann ist $N(n, q, 3) > 0$.

Übung 3.6 Sei $D(q)$ und $T(q)$ wie in Lemma 3.6. Für $d \in D(q)$ definiere

$$S_d := \left\{ md : 1 \leq m \leq \frac{q}{d}, \ \left(m; \frac{q}{d}\right) = 1 \right\}$$

Dann bilden die Mengen S_d eine Partition von $T(q)$, das heißt, für $d_1 \neq d_2$ gilt $S_{d_1} \cap S_{d_2} = \emptyset$ und

$$\bigcup_{d \in D(q)} S_d = T(q)$$

Übung 3.7 Sei $q, m_i \in \mathbb{N}$ und $1 \leq m_i \leq q$ für $1 \leq i \leq k$. Dann gilt

$$\sum_{n \equiv x_1 + \ldots + x_k \, (q)} e\left(\frac{x_1 m_1}{q}\right) \cdot \ldots \cdot e\left(\frac{x_k m_k}{q}\right)$$

$$= \begin{cases} q^{k-1} e\left(\frac{nm}{q}\right) & \text{wenn } m_1 = \ldots = m_k = m \\ 0 & \text{sonst} \end{cases}$$

Dies verallgemeinert Übung 2.18, die den Fall $k = 2$ darstellt.

Übung 3.8 Seien $d_1, \ldots, d_k$ Teiler von q. Die Anzahl der Lösungen $(x_1, \ldots, x_k)$ der Kongruenz (3.2) mit $(x_i; q) = d_i$ für jedes i ist gleich

$$\frac{1}{q} \sum_{d|q} c_{\frac{q}{d_1}}\left(\frac{q}{d}\right) \cdot \ldots \cdot c_{\frac{q}{d_k}}\left(\frac{q}{d}\right) c_d(n)$$

Übung 3.9 Seien $r, v \in \mathbb{N}$ mit $0 < v < r$ und sei $S_{r,v}$ die in Übung 1.92 definierte Menge der (r, v)-Zahlen. Ist

$$D_{r,v}(n, q) := \sum_{(x;q) \in S_{r,v}} e\left(\frac{nx}{q}\right)$$

dann gilt

$$D_{r,v}(n, q) = \sum_{d|(n;q)} d \, \lambda_{r,v}\left(\frac{q}{d}\right) = \sum_{\substack{d|q \\ d \in S_{r,v}}} c_{\frac{q}{d}}(n)$$

mit der ebenfalls in Übung 1.92 definierten Funktion $\lambda_{r,v}$. Ist $P_{r,v}(n, q, k)$ die Anzahl der Lösungen $(x_1, \ldots, x_k)$ der Kongruenz (3.2) mit $(x_i; q) \in S_{r,v}$ für jedes i, dann gilt

$$P_{r,v}(n, q, k) = \frac{1}{q} \sum_{d|q} \left(D_{r,v}\left(\frac{q}{d}, q\right)\right)^k c_d(n)$$

Es ist $P_{r,1}(n, q, k) = P_r(n, q, k)$ mit der in Beispiel 3.7 (ii) eingeführten Funktion $P_r(n, q, k)$.

Übung 3.10 Die Anzahl der Lösungen $(x_1, \ldots, x_k, y_1, \ldots, y_s)$ der Kongruenz

$$n \equiv x_1 + \ldots + x_k + y_1 + \ldots + y_s \pmod{q}$$

unter den Bedingungen $(x_i; q) = 1$ für jedes i und $(y_i; q)$ ist eine r-te Potenz für jedes i, ist gleich

$$\frac{1}{q} \sum_{d \mid q} \left(c_q \left(\frac{q}{d} \right) \right)^k \left(g_r \left(\frac{q}{d}, q \right) \right)^s c_d(n)$$

Übung 3.11 Die in Übung 1.89 definierte Funktion v_2

$$v_2(n) = \begin{cases} 1 & \text{wenn } \exists\, m \in \mathbb{N} : n = m^2 \\ 0 & \text{sonst} \end{cases}$$

ist für festes $q \in \mathbb{N}$ eine q-gerade Funktion mit

$$v_2((n; q)) = \frac{1}{q} \sum_{d \mid q} \lambda(d)\, \beta\left(\frac{q}{d} \right) c_d(n)$$

Speziell gilt für jedes $q \in \mathbb{N}$

$$v_2(q) = \frac{1}{q} \sum_{d \mid q} \lambda(d)\, \beta\left(\frac{q}{d} \right) \varphi(d)$$

Übung 3.12 Es gilt

$$P_2(n, q, k) = \frac{1}{q} \sum_{d \mid q} \left(\lambda(d)\, \beta\left(\frac{q}{d} \right) \right)^k c_d(n)$$

Tipp: Man benutze Lemma 2.11.

Übung 3.13 Es gilt mit der in Beispiel 3.7 (iv) eingeführten Funktion $N_r(n, q, k)$

$$N_r(n, q, k) = \frac{1}{q^r} \sum_{d \mid q} \left(c_{q,k} \left(\frac{q^r}{d^r} \right) \right)^k c_{d,k}(n)$$

Übung 3.14 Sei $\theta_r(n, q) := N_r(n, q, 2)$. Dann gilt auf Primzahlpotenzen

$$\theta_r(n, p^a) = \begin{cases} p^{r(a-1)}\, (p^r - 1) & \text{wenn } p^r \mid n \\ p^{r(a-1)}\, (p^r - 2) & \text{sonst} \end{cases}$$

Insbesondere ist genau dann $\theta_r(n, q) = 0$, wenn $r = 1$, q gerade und n ungerade ist.

Übung 3.15 Definiere für $q \in \mathbb{N}$

$$Q(n,q) := \#\{1 \leq m \leq q : (m;q) = 1 \text{ und } (n-m;q) \text{ ist eine Quadratzahl}\}$$

Dann gilt

$$Q(n,q) = \frac{\varphi(q)}{q} \sum_{d\,|\,q} \frac{\mu(d)\,\lambda(d)}{\varphi(d)}\, \beta\left(\frac{q}{d}\right) c_d(n)$$

und

$$Q(n,q) = \varphi(q) \sum_{\substack{d\,|\,q \\ (n;d)=1}} \frac{\lambda(d)}{\varphi(d)}$$

Übung 3.16 Die Funktion $N'(\cdot,q,k)$ ist eine q-gerade Funktion und es gilt

$$N'(n,q,k) = \frac{1}{q} \sum_{d\,|\,q} c_{q,k}\left(\frac{q^k}{d^k}\right) c_d(n)$$

mit der verallgemeinerten Ramanujan-Summe $c_{q,k}$ aus Übung 2.51.

Übung 3.17 Für $k > 1$ gilt

$$N'(n,q,k) = \left(\frac{q}{(n;q)}\right)^{k-1} J_{k-1}((n;q))$$

Übung 3.18 Definiert man für $q \in \mathbb{N}$ die arithmetische Funktion $\theta'(\cdot,q)$ durch

$$\theta'(n,q) := \#\{1 \leq m \leq q : (m;n-m;q) = 1\}$$

dann gilt

$$\theta'(n,q) = \varphi(q) \sum_{\substack{d\,|\,q \\ (n;q)=1}} \frac{|\mu(d)|}{\varphi(d)}$$

Übung 3.19 Für festes $q \in \mathbb{N}$ ist $\theta'(n,q) \neq 0$ für alle $n \in \mathbb{N}$.

Übung 3.20 Für $q,k \in \mathbb{N}$ gilt

$$c_q(n)^k = \sum_{d\,|\,q} N\left(\frac{q}{d},q,k\right) c_d(n)$$

Speziell gilt für $k = 2$ mit der Nagell-Funktion $\theta(\cdot, q)$

$$c_q(n)^2 = \sum_{d \mid q} \theta\left(\frac{q}{d}, q\right) c_d(n)$$

sowie für $n = q$

$$\varphi(q)^k = \sum_{d \mid q} N\left(\frac{q}{d}, q, k\right) \varphi(d)$$

und für $n = 1$

$$\mu(q)^k = \sum_{d \mid q} N\left(\frac{q}{d}, q, k\right) \mu(d)$$

Übung 3.21 Diese Übung liefert einen alternativen Beweis von Satz 3.10: Für jeden Teiler $d \mid (n; q)$ existieren $q^{k-1} d J_k\left(\frac{q}{d}\right)$ Lösungen der Kongruenz (3.5) der Form $(b_1 d, \ldots, b_k d, y_1, \ldots, y_k)$ mit $1 \leq b_i \leq \frac{q}{d}$ für alle i und $(b_1; \ldots; b_k; q) = 1$. Jede Lösung der Kongruenz (3.5) wird auf diese Art erzeugt.

Übung 3.22 Sei $D(q)$ eine nichtleere Teilmenge der Menge aller Teiler von q. Definiere

$$T(q) := \{(x_1, \ldots, x_s) : 1 \leq x_i \leq q, \ (x_1; \ldots; x_s; q) \in D(q)\}$$

und für $d \in D(q)$

$$S_d := \left\{(u_1 d, \ldots, u_s d) : 1 \leq u_i \leq \frac{q}{d}, \ \left(u_1; \ldots; u_s; \frac{q}{d}\right) = 1\right\}$$

Die Mengen S_d bilden eine Partition von $T(q)$, das heißt, für $d_1 \neq d_2$ ist $S_{d_1} \cap S_{d_2} = \emptyset$ und

$$\bigcup_{d \in D(q)} S_d = T(q)$$

Mit $D(q) = \{1\}$ kann dies verwendet werden, um

$$J_s(q) = \sum_{d \mid q} d^s \mu\left(\frac{q}{d}\right)$$

zu zeigen.

Übung 3.23 Es gilt

$$c_q(m, n) = \sum_{\substack{d_1 \mid m \\ d_2 \mid n \\ [d_1; d_2] = q}} c_{d_1}(m) c_{d_2}(n)$$

Übung 3.24 Für $d_1 \mid q, d_2 \mid q$ gilt

$$\sum_{\substack{m \equiv a+b \,(q) \\ n \equiv a'+b' \,(q)}} c_{d_1}(a, a') \, c_{d_2}(b, b') = \begin{cases} q^2 \, c_{d_1}(m, n) & \text{wenn } d_1 = d_2 \\ 0 & \text{sonst} \end{cases}$$

Übung 3.25 Die Anzahl der Lösungen des Kongruenzensystems (3.6) ist gleich $q^{s(k-1)}$. Bezeichnet $N'(n_1, \ldots, n_s, q, k)$ die Anzahl der Lösungen (x_{ij}) mit

$$(x_{11}; \ldots; x_{1k}; x_{21}; \ldots; x_{2k}; \ldots; x_{s1}; \ldots; x_{sk}; q) = 1$$

dann gilt

$$N'(n_1, \ldots, n_s, q, k) = \sum_{d \mid (n_1; \ldots; n_s; q)} \mu(d) \left(\frac{q}{d}\right)^{s(k-1)}$$

Übung 3.26 Es gilt

$$N'(m, n, q, k) = \frac{1}{q^2} \sum_{d \mid q} c_q^{(2k)} \left(\frac{q}{d}\right) c_d(m, n) = \frac{J_{2k}(q)}{q^2} \sum_{d \mid q} \frac{\mu(d)}{J_{2k}(d)} c_d(m, n)$$

Übung 3.27 Die Anzahl der Lösungen

$$(x_1, \ldots, x_k, x'_1, \ldots, x'_s, y_1, \ldots, y_k, y'_1, \ldots, y'_s)$$

der Kongruenzen

$$m \equiv x_1 + \ldots + x_k + x'_1 + \ldots + x'_s \ (\mathrm{mod}\, q)$$
$$n \equiv y_1 + \ldots + y_k + y'_1 + \ldots + y'_s \ (\mathrm{mod}\, q)$$

mit $(x_i; y_i; q) = 1$ für alle i und

$$(x'_1; \ldots; x'_s; y'_1; \ldots; y'_s; q) = 1$$

ist gleich

$$\frac{J_2(q)^k \, J_{2s}(q)}{q^2} \sum_{d \mid q} \frac{\mu(d)^{k+1}}{J_2(d)^k \, J_{2s}(d)} c_d(m, n)$$

Übung 3.28 Es gilt

$$\theta(m, n, q) = J_2(q) \sum_{\substack{d \mid q \\ (m;n;d)=1}} \frac{\mu(d)}{J_2(d)}$$

Übung 3.29 Sei A die $n \times n$-Matrix mit Einträgen $(N(i, j, k))_{1 \le i, j \le n}$ (siehe Lemma 3.2 zur Definition von $N(i, j, k)$). Dann ist

$$
\det A = \begin{cases}
1 & \text{wenn } n = 1, \text{ oder } n = 2 \text{ und } 2 \mid s, \text{ oder } n = 3 \\
-1 & \text{wenn } n = 2 \text{ und } 2 \nmid s \\
0 & \text{wenn } n \ge 4
\end{cases}
$$

Übung 3.30 Sei B die $n \times n$-Matrix mit Einträgen $(N'(i, j, k))_{1 \le i, j \le n}$ (siehe Satz 3.8 zur Definition von $N'(i, j, k)$). Dann ist

$$
\det B = \det A
$$

wobei A die Matrix aus Übung 3.29 ist.

Übung 3.31 Sei A die $n \times n$-Matrix mit Einträgen $(S(i, j, k))_{1 \le i, j \le n}$ (siehe Satz 3.10 zur Definition von $S(i, j, k)$). Dann ist

$$
\det A = (n!)^k
$$

3.5 Anmerkungen zu Kap. 3

Die Formel für $N(n, q, k)$ aus Gleichung (3.3) wurde als Aufgabe von Hans Rademacher [307] gestellt und von Alfred Brauer [37] über ein Induktionsargument ähnlich zu Übung 3.3 gelöst. Die Identität für $N(n, q, k)$ aus Satz 3.3 auf Basis von Ramanujan-Summen wurde von Kollagunta Ramanathan [319] entdeckt. Er stellte auch die Aussagen, die in Übungen 3.4 und 3.5 genannt sind, auf.

Der Satz 3.3 wurde danach desöfteren wieder entdeckt und bewiesen, beispielsweise durch Charles Nicol und Harry Vandiver [291], David Rearick[2] [342], der die erste in Übung 3.3 genannte Aussage verwendete, oder John Dixon[3] [141], der die zweite in Übung 3.3 genannte Aussage verwendete. Eckford Cohen [72] stellte fest, dass $N(\cdot, q, k)$ eine gerade Funktion (mod q) ist und bewies Satz 3.3 gestützt auf diese Tatsache.

Die Nagell-Funktion wurde von Trygve Nagell [285] untersucht. Das Lemma 3.4 wurde ebenfalls von Eckford Cohen [92] bewiesen. Er [74] erzielte auch die Verallgemeinerung von Satz 3.3, die in Übung 3.13 dargestellt ist, und es ist seine Argumentsweise, die im Beweis von Satz 3.3 angewendet wurde. Die Gleichung für $N_r(n, q, k)$, in Analogie zur Identität für $N(n, q, k)$ von Hans Rademacher, und die Aussage von Übung 3.14 wurden von Leopold Vietoris[4] [504] gefunden.

---

[2] David Francis Rearick
[3] John Douglas Dixon
[4] Leopold Vietoris (1891–2002)

Die Gleichungen für $P_r(n,q,k)$ und $Q_r(n,q,k)$ aus Beispiele 3.7 (ii) und (iii) wurden von Eckford Cohen [81] entdeckt, genauso wie die Identität für $P_2(n,q,k)$ aus Übung 3.12 und die Aussage in Übung 3.10 [82].

Das in Übung 3.8 aufgeführte Ergebnis wurde von Kollagunta Ramanathan [319] gezeigt, das k-Analogon von K. Nageswara Rao [333] und die entsprechende Gleichung des Rademacher-Typus von Leopold Vietoris [505]. Die Verallgemeinerung $D_{r,v}(n,q)$ von $c_q(n)$, die in Übung 3.9 eingeführt wurde, stammt, ebenso wie die Identität für $P_{r,v}(n,q,k)$, von Mathukumalli Subbarao und V. C. Harris [399].

Eckford Cohen zählte die Lösungen linearer Kongruenzensysteme, die zusätzlichen Einschränkungen unterliegen. Die Definition von $c_q(n_1,\ldots,n_s)$ und die Auswertungen von $N(m,n,q,k)$ und $\theta(m,n,q)$ in Beispiel 3.12 sowie die Ergebnisse der Übungen 3.23 bis 3.28 sind von ihm veröffentlicht worden [90].

Das vereinheitlichte Vorgehen zur Auffindung der Anzahl von Lösungen linearer Kongruenzen unter zusätzlichen Bedingungen, das in den Sätzen 3.5 und 3.11 beschrieben ist, wurde von Paul McCarthy [261], [262] gegeben. Die Identität für $N_r(n,q,k)$ in Beispiel 3.7 (iv) kann ebenfalls in seiner Veröffentlichung [262] gefunden werden.

Der Wert für $N'(n,q,k)$ aus Satz 3.8 wurde von Eckford Cohen bestimmt [84] und er fand ebenfalls die Identitäten aus den Übungen 3.16 und 3.17. Der Beweis von Satz 3.8 mit Hilfe des Inklusions-Exklusions-Prinzips wurde von Paul McCarthy [256] angegeben, der eigentlich das k-Analogon des Satzes bewies, siehe hierzu auch die Veröffentlichung von M. Suganamma [415]. Das Lemma 3.1, welches im Beweis von Satz 3.8 verwendet wird, ist von Derrick Lehmer[5] [243].

Eckford Cohen [73] bewies das k-Analogon von Satz 3.10 und er gab zwei weitere Beweise desselben Resultats in seiner Veröffentlichung [75] sowie einen weiteren unter Zuhilfenahme der Eigenschaft, dass $S(\cdot,q,k)$ eine q-gerade Funktion (mod q) ist, an [84].

---

[5] Derrick Norman Lehmer (1867–1938)

Verallgemeinerungen der Dirichlet-Faltung 4

4.1 Reguläre arithmetische Faltungen

Sei K eine komplexwertige Funktion, die auf der Menge der geordneten Paare (n, d) natürlicher Zahlen mit $d \mid n$ definiert ist. Sind f und g arithmetische Funktionen, dann wird deren K-**Faltung**, symbolisch $f *_K g$, durch

$$(f *_K g)(n) := \sum_{d \mid n} K(n, d) \, f(d) \, g\left(\frac{n}{d}\right)$$

erklärt. Beispielsweise ergibt sich mit $K(n, d) := 1$ für jedes n, die Dirichlet-Faltung $f * g$.

Zu Beginn dieses Kapitels soll die binäre Verknüpfung $*_K$ auf der Menge der arithmetischen Funktionen untersucht und die Frage beantwortet werden, unter welchen Voraussetzungen die Menge der arithmetischen Funktionen mit der Addition und K-Faltung einen kommutativen Ring mit Einselement δ bildet. Man beachte, dass für jede arithmetische Funktion f nachstehende Gleichungen gelten:

$$(f *_K \delta)(n) = K(n, n) \, f(n)$$

und

$$(\delta *_K f)(n) = K(n, 1) \, f(n)$$

Wenn nun $f := 1$ gewählt wird, dann ist damit $1 *_K \delta = 1$ und $\delta *_K 1 = 1$, was

$$K(n, n) = K(n, 1) = 1 \tag{4.1}$$

zur Folge hat. Gilt andererseits diese Gleichung (4.1), dann ist $f *_K \delta = f$ und $\delta *_K f = f$ für jede arithmetische Funktion f.

© Springer-Verlag GmbH Deutschland 2017
P.J. McCarthy, *Arithmetische Funktionen*, DOI 10.1007/978-3-662-53732-9_4

Lemma 4.1 *Die K-Faltung multiplikativer Funktionen ist genau dann wieder multiplikativ, wenn für alle $n_1, n_2, d_1, d_2 \in \mathbb{N}$ mit $d_1 \mid n_1$, $d_2 \mid n_2$ und $(n_1; n_2) = 1$ die Identität*

$$K(n_1 n_2, d_1 d_2) = K(n_1, d_1)\, K(n_2, d_2) \tag{4.2}$$

gilt.

Beweis Sei $d_1 \mid n_1$, $d_2 \mid n_2$ und $(n_1; n_2) = 1$. Man definiere f und g durch

$$f(n) := \begin{cases} 1 & \text{wenn } n \mid d_1 d_2 \\ 0 & \text{sonst} \end{cases}$$

und

$$g(n) := \begin{cases} 1 & \text{wenn } n \mid \frac{n_1 n_2}{d_1 d_2} \\ 0 & \text{sonst} \end{cases}$$

Damit sind f und g multiplikative Funktionen. Ist $f *_K g$ multiplikativ, dann sind

$$(f *_K g)(n_1)\, (f *_K g)(n_2) = K(n_1, d_1)\, K(n_2, d_2)$$

und

$$(f *_K g)(n_1 n_2) = K(n_1 n_2, d_1 d_2)$$

identisch, weshalb Gleichung (4.2) gilt. Gilt umgekehrt die Gleichung (4.2) und sind f und g multiplikative Funktionen, dann ist für alle n_1 und n_2:

$$\begin{aligned}
(f *_K g)(n_1 n_2) &= \sum_{d \mid n_1 n_2} K(n_1 n_2, d)\, f(d)\, g\left(\frac{n_1 n_2}{d}\right) \\
&= \sum_{\substack{d_1 \mid n_1 \\ d_2 \mid n_2}} K(n_1 n_2, d_1 d_2)\, f(d_1)\, f(d_2)\, g\left(\frac{n_1}{d_1}\right) g\left(\frac{n_2}{d_2}\right) \\
&= \left(\sum_{d_1 \mid n_1} K(n_1, d_1) f(d_1) g\left(\frac{n_1}{d_1}\right) \right) \left(\sum_{d_2 \mid n_2} K(n_2, d_2) f(d_2) g\left(\frac{n_2}{d_2}\right) \right) \\
&= (f *_K g)(n_1)\, (f *_K g)(n_2)
\end{aligned}$$

Also ist $f *_K g$ multiplikativ. $\square$

Lemma 4.2 *Die K-Faltung ist genau dann assoziativ, wenn die Gleichung*

$$K(n, d)\, K(d, l) = K(n, l)\, K\left(\frac{n}{l}, \frac{d}{l}\right) \tag{4.3}$$

für alle natürlichen Zahlen d, l und n mit $l \mid d$ und $d \mid n$ gilt.

Beweis Seien $n, d, l \in \mathbb{N}$ mit $l \mid d$ und $d \mid n$. Man definiere arithmetische Funktionen f, g und h durch

$$f(m) := \begin{cases} 1 & \text{wenn } m = d \\ 0 & \text{sonst} \end{cases}$$

$$g(m) := \begin{cases} 1 & \text{wenn } m = \frac{d}{l} \\ 0 & \text{sonst} \end{cases}$$

und

$$h(m) := \begin{cases} 1 & \text{wenn } m = \frac{n}{d} \\ 0 & \text{sonst} \end{cases}$$

Wie leicht einzusehen ist, gilt dann

$$((f *_K g) *_K h)(n) = K(n, d)\, K(d, l)$$

und

$$(f *_K (g *_K h))(n) = K(n, l)\, K\left(\frac{n}{l}, \frac{d}{l}\right)$$

was die Notwendigkeit der Aussage beweist. Gilt umgekehrt die Gleichung (4.3), dann ist

$$((f *_K g) *_K h)(n) = \sum_{d \mid n} \sum_{l \mid d} K(d, l)\, K(n, d)\, f(l)\, g\left(\frac{d}{l}\right) h\left(\frac{n}{d}\right)$$

$$= \sum_{l \mid n} \sum_{\frac{d}{l} \mid \frac{n}{l}} K(n, l)\, K\left(\frac{n}{l}, \frac{d}{l}\right) f(l)\, g\left(\frac{d}{l}\right) h\left(\frac{\frac{n}{l}}{\frac{d}{l}}\right)$$

$$= (f *_K (g *_K h))(n)$$

und damit ist die K-Faltung assoziativ.   □

Lemma 4.3 *Die K-Faltung ist genau dann kommutativ, wenn die Gleichung*

$$K(n, d) = K\left(n, \frac{n}{d}\right) \tag{4.4}$$

für alle natürlichen Zahlen d und n mit $d \mid n$ gilt.

Beweis Der Beweis ist ähnlich wie der zu Lemma 4.2 und wird als Übung 4.1 gestellt.   □

Es ist trivial zu zeigen, dass für alle arithmetischen Funktionen f, g und h

$$f *_K (g + h) = f *_K g + f *_K h$$

sowie

$$(g + h) *_K f = g *_K f + h *_K f$$

gilt. Damit wurde nachfolgender Satz gezeigt.

Satz 4.4 *Die Menge der arithmetischen Funktionen ist genau dann ein kommutativer Ring bezüglich der Addition und K-Faltung mit Einselement δ, in welchem das Produkt, das heißt die K-Faltung, multiplikativer Funktionen wieder multiplikativ ist, wenn die Gleichungen (4.1), (4.2), (4.3) und (4.4) gelten.*

Für die Existenz von Inversen in einem solchen Ring gilt die folgende Aussage.

Satz 4.5 *Für die Funktion K gelten die Gleichungen (4.1), (4.2), (4.3) und (4.4). Dann besitzt eine arithmetische Funktion genau dann in diesem Ring ein inverses Element in Bezug auf die K-Faltung, symbolisch f^{-1}, wenn $f(1) \neq 0$ ist. Ist f multiplikativ, dann auch f^{-1}.*

Beweis Es existiere ein inverses Element f^{-1}. Dann ist

$$1 = (f *_K f^{-1})(1) = K(1,1) f(1) f^{-1}(1) = f(1) f^{-1}(1)$$

weshalb $f(1) \neq 0$ und $f^{-1}(1) = \frac{1}{f(1)}$ gilt. Ist umgekehrt $f(1) \neq 0$, so definiert man $f^{-1}(1) := \frac{1}{f(1)}$ sowie rekursiv für $n > 1$

$$f^{-1}(n) := -\sum_{\substack{d \mid n \\ d > 1}} K(n,d)\, f(d)\, f^{-1}\left(\frac{n}{d}\right)$$

Dann ergibt sich $f *_K f^{-1} = \delta$ und $f^{-1} *_K f = \delta$ auf Grund der Kommutativität der K-Faltung. Der Beweis der letzten Aussage des Satzes wird als Übung 4.4 gestellt.   □

Nun soll ein Beispiel einer speziellen K-Faltung besprochen werden. Man setze

$$K(n,d) := \begin{cases} 1 & \text{wenn } \left(d; \frac{n}{d}\right) = 1 \\ 0 & \text{sonst} \end{cases} \tag{4.5}$$

was bedeutet, dass der Teiler $d \mid n$ zum **Komplementärteiler** $\frac{n}{d}$ teilerfremd ist. Einen solchen Teiler nennt man auch **unitär**, symbolisch $d \parallel n$. Mit der so definierten Funktion K gilt

$$(f *_K g)(n) = \sum_{d \parallel n} f(d)\, g\left(\frac{n}{d}\right)$$

Die Gleichungen (4.1), (4.2) und (4.4) gelten trivialerweise. Um die Gültigkeit der Gleichung (4.3) nachzuweisen, muss die Äquivalenz von

$$\left(d; \frac{n}{d}\right) = 1, \ \left(l; \frac{d}{l}\right) = 1, \ \left(l; \frac{n}{l}\right) = 1 \quad \Longleftrightarrow \quad \left(\frac{d}{l}; \frac{\frac{n}{l}}{\frac{d}{l}}\right) = 1$$

für alle natürlichen Zahlen d, l und n mit $l \mid d$ und $d \mid n$ gezeigt werden. Da diese K-Faltung multiplikativ ist, das heißt, Gleichung (4.2) ist gültig, muss dies nur auf Primzahlpotenzen $n = p^a$, $d = p^b$ und $l = p^c$ mit $0 \le c \le b \le a$ nachgewiesen werden. In diesem Fall nimmt die zu zeigende Äquivalenz die folgende Form an.

$$[(a = b \text{ oder } b = 0) \text{ und } (b = c \text{ oder } c = 0)]$$

$$\Longleftrightarrow$$

$$[(a = c \text{ oder } c = 0) \text{ und } (a = b \text{ oder } b = c)]$$

Wie durch eine fallweise Überprüfung gezeigt werden kann, gilt diese Äquivalenz. Mit der so definierten K-Faltung setzt man $\mu_K := (\mathbb{1})^{-1}$, also

$$\sum_{d \parallel n} \mu_K(d) = \begin{cases} 1 & \text{wenn } n = 1 \\ 0 & \text{sonst} \end{cases}$$

Auf Primzahlpotenzen p^a gilt $\mu_K(1) + \mu_K(p^a) = 0$, also $\mu_K(p^a) = -1$. Die K-Faltung mit der in Gleichung (4.5) definierten Funktion nennt man die **unitäre Faltung**.

Definition 4.6 Eine K-Faltung nennt man **regulär**, wenn die folgenden drei Bedingungen (R1) bis (R3) gelten.

(R1) Die Gleichungen (4.1), (4.2), (4.3) und (4.4) werden von der Funktion K erfüllt.

(R2) Es ist $K(n, d) \in \{0, 1\}$ für alle $d, n \in \mathbb{N}$ mit $d \mid n$.

(R3) Bezeichnet μ_K das inverse Element der Funktion $\mathbb{1}$ mit $\mathbb{1}(n) = 1$ für alle n, dann ist $\mu_K(p^a) \in \{0, -1\}$ für jede Primzahlpotenz p^a.

Die Dirichlet-Faltung sowie die unitäre Faltung sind regulär in diesem Sinne.

Ist eine K-Faltung regulär, dann definiert man die Menge $A(n)$ bezüglich K durch

$$A(n) := \{d \in \mathbb{N} : d \mid n, \ K(n, d) = 1\}$$

und man spricht von der **regulären arithmetischen Faltung** A. Man schreibt dann auch $*_A$ bzw. μ_A an Stelle von $*_K$ bzw. μ_K und für arithmetische Funktionen f und g schreibt man vereinfachend

$$(f *_A g)(n) = \sum_{d \in A(n)} f(d) g\left(\frac{n}{d}\right)$$

Wählt man umgekehrt für jede natürliche Zahl n eine nichtleere Teilmenge $A(n)$ der Menge aller Teiler von n und definiert man

$$K(n, d) := \begin{cases} 1 & \text{wenn } d \in A(n) \\ 0 & \text{sonst} \end{cases}$$

dann ist die so erzeugte K-Faltung jedoch nicht notwendigerweise regulär.

Die Gültigkeit der Gleichungen (4.1), (4.2), (4.3) und (4.4) sind zu nachstehenden vier Bedingungen (B1) bis (B4) äquivalent.

(B1) $1, n \in A(n)$ für alle n.
(B2) Für $(n; m) = 1$ gilt

$$A(mn) = \{d_1 d_2 : d_1 \in A(n_1), d_2 \in A(n_2)\}$$

(B3) Es gilt die Äquivalenz zwischen den Aussagen

$$d \in A(n) \text{ und } l \in A(d)$$

und

$$l \in A(n) \text{ und } \frac{d}{l} \in A\left(\frac{n}{l}\right)$$

(B4) Aus $d \in A(n)$ folgt $\frac{n}{d} \in A(n)$

Satz 4.7 *Erfüllt eine K-Faltung die Bedingungen (R1) und (R2) aus Definition 4.6, dann ist die Bedingung (R3) genau dann erfüllt, wenn für alle $p \in \mathbb{P}$ und $a \in \mathbb{N}$ ein Teiler $l \mid a$ existiert mit*

$$A(p^a) = \{1, p^l, p^{2l}, \ldots, p^a\}$$

und

$$A(p^{vl}) = \{1, p^l, p^{2l}, \ldots, p^{vl}\} \text{ für } v = 1, \ldots, \frac{a}{l}$$

Beweis Die K-Faltung erfülle die Bedingungen (R1), (R2) und (R3) aus Definition 4.6. Sei

$$A(p^a) := \{1, p^{a_1}, p^{a_2}, \ldots, p^{a_k}\}$$

mit $a_k := a$ und $0 < a_1 < a_2 < \ldots < a_k$. Ist nun $p^j \in A(p^{a_1})$ für ein $0 < j < a_1$, dann würde nach Bedingung (B1) $p^j \in A(p^a)$ gelten, was falsch ist. Damit ist also $A(p^{a_1}) = \{1, p^{a_1}\}$. Bezeichnet $\mu_A := (\mathbb{1})^{-1}$ das inverse Element zur Funktion $\mathbb{1}$ in Bezug auf die Verknüpfung $*_A$, dann gilt $\mu_A(1) = 1$ und $0 = 1 + \mu_A(p^{a_1})$, also $\mu_A(p^{a_1}) = -1$. Hieraus folgt aber auch

$$0 = 1 + \mu_A(p^{a_1}) + \mu_A(p^{a_2}) + \ldots + \mu_A(p^{a_k}) = \mu_A(p^{a_2}) + \ldots + \mu_A(p^{a_k})$$

was nach Bedingung (R3) $\mu_A(p^{a_i}) = 0$ für $i = 2, \ldots, k$ impliziert. Es sei $l := a_1$. Per Induktion nach v soll nun gezeigt werden, dass aus

$$a_v = vl \text{ und } A(p^{vl}) = \{1, p, p^2, \ldots, p^{vl}\}$$

die Gültigkeit von $a = kl$ und

$$A(p^a) = \{1, p^l, p^{2l}, \ldots, p^a\}$$

folgt. Sei also $v > 1$ und für $j = 1, \ldots, v - 1$ gelte

$$a_j = jl \text{ und } A(p^{jl}) = \{1, p, p^2, \ldots, p^{jl}\}$$

Nach (B3) ist $A(p^{a_l})$ eine Teilmenge der Menge

$$\{1, p^l, \ldots, p^{(v-1)l}, p^{a_l}\}$$

Da nun $\mu_A(p^{a_i}) = 0$ für $i = 2, \ldots, v$ ist, muss $A(p^{a_v})$ das Element p^l enthalten. Nach (B4) ist $p^{a_v - l} \in A(p^{a_v})$ und da $a_v > a_v - l > (v-2)l$ ist $a_v - l = (v-1)l$, also $a_v = vl$, und damit $p^{(v-1)l} \in A(p^{a_v})$. Sei nun $2 \le i \le v - 2$. Ist $n = p^{vl}$, $d = p^{il}$ und $e = p^l$, dann ist

$$\frac{d}{e} = p^{(i-1)l} \in A(p^{(v-1)l}) = A\left(\frac{n}{e}\right)$$

sowie

$$e = p^t \in A(p^{lv}) = A(n)$$

also nach (B3) auch

$$p^{il} = d \in A(n) = A(p^{lv})$$

womit

$$A(p^{a_v}) = A(p^{vl}) = \{1, p, p^2, \ldots, p^{vl}\}$$

nachgewiesen ist. Angenommen die Bedingungen (R1) und (R2) gelten und es sei $p \in \mathbb{P}, a \in \mathbb{N}$ sowie

$$A\left(p^a\right) = \left\{1, p^l, p^{2l}, \ldots, p^a\right\}$$

mit $l \mid a$ und

$$A\left(p^{vl}\right) = \left\{1, p^l, p^{2l}, \ldots, p^{vl}\right\} \quad \text{für } v = 1, \ldots, \frac{a}{l}$$

Da $A\left(p^l\right) = \left\{1, p^l\right\}$ gilt, hat man $0 = 1 + \mu_A\left(p^l\right)$, also $\mu_A\left(p^l\right) = -1$. Ist nun $a > l$, dann folgt aus $A\left(p^{2l}\right) = \left\{1, p^l, p^{2l}\right\}$ die Gültigkeit von $0 = 1 + \mu_A\left(p^l\right) + \mu_A\left(p^{2l}\right) = \mu_A\left(p^{2l}\right)$. Analog kann $0 = \mu_A\left(p^{3l}\right) = \ldots = \mu_A\left(p^a\right)$ bewiesen werden, womit die Bedingung (R3) gilt.   □

Betrachtet man eine reguläre arithmetische Faltung A, so ist für $p \in \mathbb{P}$ und $a \geq 1$

$$A\left(p^a\right) = \left\{1, p^l, p^{2l}, \ldots, p^{kl}\right\} \quad \text{mit } a = kl$$

Den Teiler l nennt man den **Typ von p^a in Bezug auf** A, symbolisch $T_A\left(p^a\right)$.

Folgerung 4.8 *Für eine Primzahl p und $a, b \geq 1$ gilt:*

(i)   *$A\left(p^a\right) \cap A(p^b) \neq \{1\}$ impliziert $T_A\left(p^a\right) = T_A(p^b)$, und*
(ii) *$A\left(p^a\right)$ besteht aus den $\frac{a}{l} + 1$ kleinsten Elementen aus $A(p^b)$, wobei, ohne Beschränkung der Allgemeinheit, $a \leq b$ sowie $l := T_A\left(p^a\right)$ angenommen sei.*

Beweis Ist $p^c \in A\left(p^a\right) \cap A(p^b)$ mit $p^c > 1$, dann ist $T_A\left(p^a\right) = T_A\left(p^c\right) = T_A(p^b)$. Desweiteren existieren dann auch v und k mit $a = vl, b = kl$ und es ist, unter der Annahme $a \leq b$,

$$A\left(p^a\right) = \left\{1, p^l, p^{2l}, \ldots, p^{vl}\right\}$$
$$A(p^b) = A\left(p^a\right) \cup \left\{p^{(v+1)l}, p^{(v+2)l}, \ldots, p^{kl}\right\}$$

was den Beweis abschließt.   □

Es ist damit klar, dass eine reguläre arithmetische Faltung A durch die Mengen $A\left(p^a\right)$ für alle $p \in \mathbb{P}$ und $a \in \mathbb{N}$ eindeutig bestimmt ist. Diese Mengen sind bis auf die Einschränkungen aus Satz 4.7 beliebig wählbar.

Sind also $A_1, \ldots, A_n$ reguläre arithmetische Faltungen und ist $\mathbb{P}_1 \cup \ldots \cup \mathbb{P}_h$ eine beliebige Partition der Menge $\mathbb{P}$ der Primzahlen in h Mengen, dann gibt es eine eindeutige reguläre arithmetische Faltung A, die für jedes $1 \leq i \leq h$ und für alle $p \in \mathbb{P}_i, a \in \mathbb{N}$

$$A\left(p^a\right) = A_i\left(p^a\right)$$

erfüllt.

Beispiel 4.9

(i) Es bezeichne D die Dirichlet-Faltung. Dann gilt für alle p^a

$$D(p^a) = \{1, p, p^2, \ldots, p^a\}$$

sowie $T_D(p^a) = 1$.

(ii) Es bezeichne U die unitäre Faltung. Dann gilt für alle p^a

$$U(p^a) = \{1, p^a\}$$

sowie $T_U(p^a) = a$.

(iii) Ist A eine beliebige arithmetische Faltung, dann gilt für alle p^a

$$U(p^a) \subseteq A(p^a) \subseteq D(p^a)$$

In diesem Sinne sind die unitäre Faltung und die Dirichlet-Faltung die extremen Beispiele für arithmetische Faltungen. Dies wird in Übung 4.7 weiter präzisiert.

Sei A eine reguläre arithmetische Faltung. Eine natürliche Zahl n für die $A(n) = \{1, n\}$ ist, heißt **primitiv (in Bezug auf** A**)**. Mit Bedingung (B2) lässt sich eine primitive Zahl n als $n = p^a$ mit $p \in \mathbb{P}$, $a \geq 1$, darstellen. Desweiteren ist p^a genau dann primitiv, wenn $T_A(p^a) = a$ ist. Im Beweis zu Satz 4.7 wird die dann gültige Identität

$$\mu_A(p^a) = \begin{cases} -1 & \text{wenn } p^a \text{ primitiv ist} \\ 0 & \text{sonst} \end{cases}$$

gezeigt.

Eine reguläre arithmetische Faltung ist durch die primitiven Zahlen nicht eindeutig bestimmt, wie das folgende Beispiel zeigt.

Beispiel 4.10 Seien A und B reguläre arithmetische Faltungen mit

$$A(p^a) = B(p^a) = \{1, p^a\} \quad \text{für jede ungerade Primzahl } p \text{ und alle } a \geq 1$$
$$A(2^a) = B(2^a) = \{1, 2^a\} \quad \text{für alle } a \in \mathbb{N} \setminus \{6, 8, 9, 12\}$$
$$A(2^6) = B(2^6) = \{1, 2^3, 2^6\}$$
$$A(2^8) = B(2^8) = \{1, 2^4, 2^8\}$$
$$A(2^9) = B(2^9) = \{1, 2^3, 2^6, 2^9\}$$
$$A(2^{12}) = \{1, 2^3, 2^6, 2^9, 2^{12}\}$$
$$B(2^{12}) = \{1, 2^4, 2^8, 2^{12}\}$$

Hier gilt $A \neq B$, jedoch sind die primitiven Zahlen in Bezug auf A dieselben, wie die primitiven Zahlen in Bezug auf B.

4.2 Abgeleitete Verallgemeinerungen arithmetischer Funktionen

Sei A eine reguläre arithmetische Faltung. Aus der Definition der Funktion μ_A als inverses Element der Funktion $\mathbb{1}$ kann ein Analogon zur Möbius-Umkehrformel aus Satz 1.3 hergeleitet werden.

Lemma 4.11 (Möbius-Umkehrformel für reguläre arithmetische Faltungen)
Sind f und g arithmetische Funktionen dann ist

$$f(n) = \sum_{d \in A(n)} g(d)$$

äquivalent zu

$$g(n) = \sum_{d \in A(n)} f(d)\, \mu_A\left(\frac{n}{d}\right)$$

Sind a und b natürliche Zahlen, dann wird mit $(a;b)_A$ der größte Teiler $d \mid a$ mit $d \in A(b)$ bezeichnet. Beispielsweise ist $(a;b)_D = (a;b)$ der größte gemeinsame Teiler von a und b, oder $(a;b)_U$ ist der größte Teiler von $d \mid a$ mit $d \parallel b$.

Das Analogon zur Eulerschen φ-Funktion wird mit φ_A bezeichnet und durch

$$\varphi_A(n) := \#\{m \in \mathbb{N} : 1 \le m \le n, (m;n)_A = 1\}$$

definiert. Um φ_A auszuwerten, wird das folgende Lemma benutzt, welches Lemma 1.4 auf beliebige reguläre arithmetische Faltungen verallgemeinert.

Lemma 4.12 *Für $d \in A(n)$ sei*

$$S_d := \left\{m\, \frac{n}{d} : 1 \le m \le d,\, (m;d)_A = 1\right\}$$

Dann bilden die Mengen S_d für $d \in A(n)$ eine Partition der Menge $\{1, 2, \ldots, n\}$, das heißt, für $d_1 \ne d_2$ gilt $S_{d_1} \cap S_{d_2} = \emptyset$ sowie

$$\bigcup_{d \in A(n)} S_d = \{1, 2, \ldots, n\}$$

Beweis Sei $d_j \in A(n)$, $1 \le m_j \le d_j$, $\left(d_j; m_j\right)_A = 1$ für $j = 1, 2$ und $m_1 \frac{n}{d_2} = m_2 \frac{n}{d_2}$, also $m_1 d_2 = m_2 d_1$. Nun soll gezeigt werden, dass $m_1 = m_2$ ist, woraus sich $d_1 = d_2$ ergibt. Es genügt dies für Primteiler $p \mid m_1$ zu zeigen, denn $p^u \parallel m_1$ impliziert $p^u \mid y$. Ist p kein Teiler von d_1, dann teilt $p \mid d_2$. Ist im anderen Fall p ein Teiler von d_1 und bezeichnen a, b bzw. c die Potenzen mit $p^a \parallel n$, $p^b \parallel d_1$

bzw. $p^c \parallel d_2$ (ggf. ist $c = 0$), sowie $t = T_A(p^a)$, dann folgt aus $d_1 \in A(n)$ und $p^b \in A(d_1)$, dass $p^b \in A(n)$ gilt, woraus ebenfalls $p^b \in A(p^a)$ impliziert wird (in diesem Schritt wurde (B3) sowie Übung 4.5 genutzt). Somit ist $b = it$ für ein $i > 0$ und $T_A(p^b) = t$ nach Satz 4.7. Ähnlich folgt $c = jt$ mit einem $j \geq 0$. Ist $j > 0$, dann ist sogar $T_A(p^c) = t$. Aus der Voraussetzung $(m_1; d_1)_A = 1$ folgt $u < t$ und für $j > 0$ mit $p^v \parallel m_2$ folgt $v < t$, da $(m_2; d_2)_A = 1$. Nun ist $p^u p^{jt} = p^v p^{it}$, weshalb $j > 0$ gilt, da andernfalls $t \geq u$ wäre. Aus $u - v = (i - j)t$ ergibt sich $i = j$ und $u = v$, was $d_1 = d_2$ zur Folge hat. Für $1 \leq m \leq n$ bleibt nun noch übrig die Existenz einer Zahl d_1 mit $m \in S_{d_1}$ zu beweisen. Definiert man d_1 über $(m; n)_A = \frac{n}{d_1}$, dann ist auf Grund von (B4) $d_1 \in A(n)$. Setzt man $m := \frac{m_1 n}{d_1}$ und $d_2 := (m_1; d_1)_A$, dann folgt mit (B3) aus $d_1 \in A(n)$ und $d_2 \in A(d_1)$, dass $d_2 \in A(n)$ und $\frac{d_1}{d_2} \in A\left(\frac{n}{d_2}\right)$ gilt. Aus der Gültigkeit von $\frac{n}{d_2} \in A(n)$ kann nun auf die Gültigkeit von $\frac{d_1}{d_2} \in A(n)$ geschlossen werden. Es ist jedoch $m = \frac{m_1}{d_2} / \frac{d_2 n}{d_1}$, das heißt, $d_2 \frac{n}{d_1} \mid m$, woraus sich nach Definition von d_1 die Aussage $e = 1$ ergibt. $\qquad \square$

Es lässt sich nun direkt auf

$$n = \sum_{d \in A(n)} \varphi_A(d)$$

schließen und aus der Möbius-Umkehrformel für reguläre arithmetische Faltungen ergibt sich

$$\varphi_A(n) = \sum_{d \in A(n)} d \, \mu_A\left(\frac{n}{d}\right)$$

Da μ_A eine multiplikative Funktion ist, gilt dasselbe auch für φ_A. Auf Primzahlpotenzen ist

$$\varphi_A(p^a) = p^a - p^{a-t} \text{ mit } t := T_A(p^a)$$

Beispielsweise ist mit der unitären Faltung

$$\varphi_U(p^a) = p^a - 1$$

und damit

$$\varphi_U(n) = \prod_{p^a \parallel n} (p^a - 1)$$

Das Analogon zur Ramanujan-Summe $c_q(n)$ für eine reguläre arithmetische Faltung wird durch.

$$c_{q,A}(n) := \sum_{(m;q)_A = 1} e\left(\frac{mn}{q}\right)$$

definiert. Mit Lemma 4.12 ist

$$\sum_{m=1}^{q} e\left(\frac{mn}{q}\right) = \sum_{d \in A(q)} \sum_{(m;d)_A = 1} e\left(\frac{nm\frac{q}{d}}{q}\right)$$

$$= \sum_{d \in A(q)} \sum_{(m;d)_A = 1} e\left(\frac{mn}{d}\right) = \sum_{d \in A(q)} c_{q,A}(n)$$

und diese Identität gilt für festes n für alle $q \in \mathbb{N}$. Nach der Möbius-Umkehrformel ist deshalb

$$c_{q,A}(n) = \sum_{\substack{d \mid n \\ d \in A(q)}} d\, \mu_A\left(\frac{q}{d}\right)$$

Es folgen direkt die entsprechenden Identitäten

$$c_{q,A}(n) = \varphi_A(n) \quad \text{für } q \mid n$$

sowie

$$c_{q,A}(n) = \mu_A(n) \quad \text{für } (n;q)_A = 1$$

Setzt man

$$\varepsilon_A(a,b) := \begin{cases} 1 & \text{wenn } a \in A(ab) \\ 0 & \text{sonst} \end{cases}$$

und

$$g(a,b) := a\, \mu_A(b)\, \varepsilon_A(a,b)$$

dann gilt für jeden Teiler $d \mid q$

$$g\left(d, \frac{q}{d}\right) = \begin{cases} d\, \mu_A\left(\frac{q}{d}\right) & \text{wenn } d \in A(q) \\ 0 & \text{sonst} \end{cases}$$

und damit auch

$$c_{q,A}(n) = \sum_{d \mid (n;q)} g\left(d, \frac{q}{d}\right)$$

womit nach Satz 2.10 die Funktion $c_{q,A}$ eine gerade Funktion $(\bmod\, q)$ ist. Sei

$$c_{q,A}(n) = \sum_{d \mid q} a_d\, c_d(n)$$

deren Fourier-Entwicklung, dann ist erneut mit Satz 2.10

$$a_d = \frac{1}{q} \sum_{v \mid \frac{q}{d}} g\left(\frac{q}{v}\right) v = \sum_{v \mid \frac{q}{d}} \mu_A(v)\, \varepsilon_A\left(\frac{q}{v}, v\right)$$

Seien $q = \prod_{1 \le i \le h} p_i^{a_i}$ und $d = \prod_{1 \le i \le h} p_i^{b_i}$ mit $0 \le b_i \le a_i$ für jedes i die Primfaktorzerlegungen von q und d. Dann folgt aus der Gültigkeit von (B2) und der Multiplikativität der Funktion μ_A

$$a_d = \prod_{i=1}^{h} \sum_{j=0}^{a_i - b_i} \mu_A\left(p_i^{j}\right)\, \varepsilon_A\left(p_i^{a_i - j}, p_i^{j}\right)$$

Nun ist $\varepsilon_A\left(p_i^{a_i - j}, p_i^{j}\right) = 1$ genau dann, wenn $p_i^{a_i - j} \in A(p_i^{a_i})$ und nach Satz 4.7 ist dies äquivalent zu $t := T_A(p_i^{a_i}) \mid (a_i - j)$, das heißt $t \mid j$. Damit gilt

$$\sum_{v \mid \frac{q}{d}} \mu_A(v)\, \varepsilon_A\left(\frac{q}{v}, v\right) = \begin{cases} 1 & \text{wenn } a_i - b_i < t,\ \text{d.h. } b_i \ge a_i - t + 1 \\ 1 + \mu_A\left(p_i^{t}\right) & \text{sonst} \end{cases}$$

Um die Fourier-Koeffizienten a_d geeignet ausdrücken zu können, definiert man das **A-Radikal** (oder auch die **A-Kern-Funktion**) als diejenige multiplikative Funktion γ_A, die auf Primzahlpotenzen die Werte

$$\gamma_A(p^a) := p^{a-t+1} \quad \text{für } t := T_A(p^a)$$

besitzt. Man beachte, dass mit dieser Definition $\gamma_D(p^a) = p^a$, also auch $\gamma_D(n) = n$ für alle natürlichen Zahlen n gilt, sowie $\gamma_U(p^a) = p$, also $\gamma_U = \gamma$ mit dem in Übung 1.14 definierten Radikal γ gilt. Damit ist für jeden Teiler $d \mid q$

$$a_d = \begin{cases} 1 & \text{wenn } \gamma_A(q) \mid d \\ 0 & \text{sonst} \end{cases}$$

und

$$c_{q,A}(n) = \sum_{\substack{d \mid q \\ \gamma_A(q) \mid d}} c_d(n)$$

Insbesondere ist

$$\varphi_A(n) = \sum_{\substack{d \mid q \\ \gamma_A(q) \mid d}} \varphi(d)$$

und

$$\mu_A(n) = \sum_{\substack{d \mid q \\ \gamma_A(q) \mid d}} \mu(d)$$

Man kann den Satz 3.5 anwenden, um die Anzahl $N_A(n,q,k)$ der Lösungen $(x_1, \ldots, x_k)$ der Kongruenz

$$n \equiv x_1 + \ldots + x_k \pmod{q}$$

aus Kap. 3 unter der Nebenbedingung $(x_i; q)_A = 1$ zu erhalten.

Satz 4.13 *Mit der Notation aus Kap. 3 und mit*

$$T_i(q) := \{m : 1 \le m \le q, (m; q)_A = 1\}$$

ist $g_i(n, q) = c_{q,A}(n)$. Somit gilt dann

$$N_A(n, q, k) = \frac{1}{q} \sum_{d \mid q} c_{q,A} \left(\frac{q}{d}\right)^k c_d(n)$$

Eine weitere Identität für $N_A(n, q, k)$ wird in Übung 4.35 aufgeführt.

4.3 Übungen zu Kap. 4

Übung 4.1 Die K-Faltung ist genau dann kommutativ, wenn

$$K(n, d) = K\left(n, \frac{n}{d}\right) \tag{4.6}$$

für alle natürlichen Zahlen d und n mit $d \mid n$ gilt.

Übung 4.2 Sei g eine arithmetische Funktion und definiert man für alle natürlichen Zahlen d und n mit $d \mid n$

$$K(n, d) := \frac{g(n)}{g(d)\, g(\frac{n}{d})}$$

dann gelten die Gleichungen (4.1), das heißt $K(n, n) = K(n, 1) = 1$, (4.3) und (4.4), das heißt, die K-Faltung ist assoziativ und kommutativ. Die K-Faltung ist darüber hinaus auch multiplikativ, das heißt, es gilt Gleichung (4.2), wenn die Funktion g multiplikativ ist.

Übung 4.3 Für eine Primzahl p und $a, b \in \mathbb{N}_0$ mit $b \leq a$ definiert man

$$K(p^a, p^b) := \begin{pmatrix} a \\ b \end{pmatrix}$$

und man setzt $K(n, d)$ für alle $n, d \in \mathbb{N}$ mit $d \mid n$ multiplikativ fort, das heißt, die Gleichung (4.2) gelte. Dann gelten auch die Gleichungen (4.1), (4.3) und (4.4). Darüber hinaus ist die K-Faltung zweier vollständig multiplikativer Funktionen ebenfalls vollständig multiplikativ.

Übung 4.4 Für eine K-Faltung gelten die Gleichungen (4.1), (4.2), (4.3) und (4.4). Dann ist für eine multiplikative Funktion f mit $f(1) \neq 0$ das inverse Element in Bezug auf die K-Faltung ebenfalls multiplikativ.

Übung 4.5 Sei A eine reguläre arithmetische Faltung. Dann ist für eine Primzahl p mit $p^a \parallel n$ auch $p^a \in A(n)$. Gilt desweiteren $p^b \in A(n)$, dann ist $p^b \in A(p^a)$.

Übung 4.6 Sei $\mathbb{P}_1 := \{p \in \mathbb{P} : p \equiv 1 \text{ oder } 2 \pmod{4}\}$ und $\mathbb{P}_2 := \{p \in \mathbb{P} : p \equiv 3 \pmod{4}\}$. Ist A eine reguläre arithmetische Faltung mit

$$A(p^a) = \begin{cases} U(p^a) & \text{wenn } p \in \mathbb{P}_1 \\ D(p^a) & \text{wenn } p \in \mathbb{P}_2 \end{cases}$$

dann ist $\mu_A(n) \neq 0$ für jedes n genau dann, wenn für jede Primzahl $p \equiv 3\ (4)$ mit $p \mid n$ die Bedingung $p^2 \nmid n$ gilt.

Übung 4.7 Für zwei reguläre arithmetische Faltungen A und B sind die nachstehenden Bedingungen äquivalent:

(i) $(m; n)_B = ((m; n)_A ; n)_B$ für alle $m, n \in \mathbb{N}$
(ii) $T_A(p^a) \mid T_B(p^a)$ für alle $p \in \mathbb{P}$ und $a \in \mathbb{N}$
(iii) $B(p^a) \subseteq A(p^a)$ für alle $p \in \mathbb{P}$ und $a \in \mathbb{N}$

Wenn diese Aussagen gelten, schreibt man auch $B \leq A$ und „$\leq$" ist eine Halbordnung auf der Menge aller regulärer arithmetischer Faltungen. Ist C eine beliebige reguläre arithmetische Faltung, dann gilt stets

$$U \leq C \leq D$$

mit der unitären Faltung U und der Dirichlet-Faltung D.

Übung 4.8 Sei A eine reguläre arithmetische Faltung und $t := T_A(p^a)$ mit $p \in \mathbb{P}$, $a \in \mathbb{N}$. Dann gilt

$$c_{p^a, A}(n) = \begin{cases} p^a - p^{a-t} & \text{wenn } p^a \mid n \\ p^{a-t} & \text{wenn } p^{a-t} \mid n,\ p^a \nmid n \\ 0 & \text{sonst} \end{cases}$$

Also ist $c_{p^a,A}(n) = c_{p^{a/t},t}(n)$ mit der verallgemeinerten Ramanujan-Summe $c_{q,k}(n)$, die in Übung 2.51 definiert wurde.

Übung 4.9 Sei A eine reguläre arithmetische Faltung und $q \in \mathbb{N}$. Dann gilt

$$c_{q,A}(n) = \varphi_A(q) \frac{\mu_A\left(\frac{q}{(n;q)_A}\right)}{\varphi_A\left(\frac{q}{(n;q)_A}\right)}$$

Tipp: Man benutze die Übungen 2.55 und 4.8.

Übung 4.10 Sei A eine reguläre arithmetische Faltung und $q \in \mathbb{N}$. Für $d_1, d_2 \in A(q)$ gilt

$$\sum_{n \equiv a+b\,(q)} c_{d_1,A}(a)\, c_{d_2,A}(b) = \begin{cases} q\, c_{d_1,A}(n) & \text{wenn } d_1 = d_2 \\ 0 & \text{sonst} \end{cases}$$

Übung 4.11 Anknüpfend an Übung 4.10 gilt

$$\sum_{m \in A(q)} \frac{c_{m,A}(d_1)\, c_{m,A}(d_2)}{\varphi_A(m)} = \begin{cases} \frac{q}{\varphi_A\left(\frac{q}{d}\right)} & \text{wenn } d_1 = d_2 \\ 0 & \text{sonst} \end{cases}$$

Übung 4.12 Anknüpfend an Übung 4.11 gilt

$$\sum_{m \in A(q)} c_{d_1,A}\left(\frac{q}{m}\right) c_{m,A}\left(\frac{q}{d_2}\right) = \begin{cases} q & \text{wenn } d_1 = d_2 \\ 0 & \text{sonst} \end{cases}$$

Übung 4.13 Sei A eine reguläre arithmetische Faltung und $q \in \mathbb{N}$. Eine arithmetische Funktion f heißt eine A-**gerade Funktion (mod** q**)**, wenn $f(n) = f((n;q)_A)$ für alle natürlichen Zahlen n gilt. Eine solche Funktion besitzt eine Darstellung

$$f(n) = \sum_{d \in A(q)} a_{d,A}\, c_{d,A}(n)$$

mit eindeutigen Koeffizienten a_d, welche durch

$$a_{d,A} = \frac{1}{a} \sum_{v \in A(q)} f\left(\frac{q}{v}\right) c_{v,A}\left(\frac{q}{d}\right)$$

gegeben sind.

Übung 4.14 Anknüpfend an Übung 4.13, eine arithmetische Funktion f ist genau dann A-gerade (mod q), wenn es eine komplexwertige Funktion g, die von zwei Argumenten abhängt, gibt, mit

$$f_q(n) = \sum_{\substack{d \mid n \\ d \in A(q)}} g\left(d, \frac{q}{d}\right)$$

In diesem Fall gilt dann auch

$$a_{d,A} = \frac{1}{q} \sum_{v \in A(\frac{q}{d})} g\left(\frac{q}{v}, v\right) v$$

Übung 4.15 Seien A und B reguläre arithmetische Faltungen. Es gilt $B \leq A$ genau dann, wenn jede B-gerade Funktion (mod q) auch eine A-gerade Funktion (mod q) ist.

Übung 4.16 Seien A und B reguläre arithmetische Faltungen mit $B \leq A$. Dann gilt für alle natürlichen Zahlen n und q

$$c_{q,B}(n) = \sum_{\substack{d \in A(q) \\ \gamma_B(q) \mid d}} c_{d,A}(n)$$

und ganz speziell für jede beliebige reguläre arithmetische Faltung A

$$c_{q,U}(n) = \sum_{\substack{d \in A(q) \\ \gamma(q) = \gamma(d)}} c_{d,A}(n)$$

Übung 4.17 Sei A eine reguläre arithmetische Faltung. Sind f und g arithmetische Funktionen, dann ist

$$f(n) = \sum_{\substack{d \in A(n) \\ \gamma(d) = \gamma(n)}} g(d)$$

genau dann der Fall, wenn

$$g(n) = \sum_{\substack{d \in A(n) \\ \gamma(d) = \gamma(n)}} f(d) \, \mu_A\left(\frac{n}{d}\right)$$

Insbesondere gilt

$$c_{q,A}(n) = \sum_{\substack{d \in A(q) \\ \gamma(d) = \gamma(q)}} c_{d,U}(n) \, \mu_A\left(\frac{q}{d}\right)$$

Übung 4.18 Sei A eine reguläre arithmetische Faltung. Eine arithmetische Funktion f heißt A-**multiplikativ**, wenn

$$f(d) f\left(\frac{n}{d}\right) = f(n) \quad \text{für alle } d \in A(n)$$

gilt. Also insbesondere ist f genau dann D-multiplikativ, wenn f vollständig multiplikativ ist. Eine A-multiplikative Funktion ist auch multiplikativ. Umgekehrt ist eine multiplikative Funktion genau dann A-multiplikativ, wenn

$$f(p^a) = f(p^t)^{\frac{a}{t}} \quad \text{mit } t := T_A(p^a)$$

für alle $p \in \mathbb{P}$ und $a \in \mathbb{N}$ gilt.

Übung 4.19 Anknüpfend an Übung 4.18, eine arithmetische Funktion f ist genau dann A-multiplikativ, wenn $f(g *_A h) = fg *_A fh$ für alle arithmetischen Funktionen g und h gilt.

Übung 4.20 Anknüpfend an Übung 4.19, eine arithmetische Funktion f ist genau dann A-multiplikativ, wenn $f^{-1} = f \mu_A$ gilt, wobei f^{-1} das inverse Element bezüglich der Verknüpfung $*_A$ darstellt.

Übung 4.21 Anknüpfend an Übung 4.20, eine arithmetische Funktion f ist genau dann A-multiplikativ, wenn $f^{-1}(p^a) = 0$ für jede Primzahl p und natürliche Zahl a, so dass p^a nicht primitiv ist, gilt.

Übung 4.22 Sei A eine reguläre arithmetische Faltung. Sind g_1, g_2, h_1 und h_2 A-multiplikative Funktionen, dann gilt

$$g_1 g_2 *_A g_1 h_2 *_A h_1 g_2 *_A h_1 h_2 = (g_1 *_A h_1)(g_2 *_A h_2) *_A u$$

mit einer multiplikativen Funktion u, die auf Primzahlpotenzen die Werte

$$u(p^a) = \begin{cases} g_1 g_2 h_1 h_2 \left(p^{\frac{a}{2}}\right) & \text{wenn } 2 \mid \frac{a}{t} \\ 0 & \text{sonst} \end{cases}$$

mit $t := T_A(p^a)$ annimmt (siehe auch Übung 1.63).

Übung 4.23 Sei A eine reguläre arithmetische Faltung und man definiere für jede natürliche Zahl n die Funktion $\tau_A(n) := \#A(n)$. Ist f eine A-multiplikative Funktion, dann existieren genau dann Funktionen $g_1, \ldots, g_k$ mit

$$f = g_1 *_A \ldots *_A g_k$$

wenn $f^{-1}(p^a) = 0$ für jede Primzahlpotenz, für die $\tau_A(p^a) \geq k + 2$ ist, gilt.

Übung 4.24 Anknüpfend an Übung 4.23, sei $f = g_1 *_A \ldots *_A g_k$, wobei jede Funktion g_i A-multiplikativ sei. Ist $\tau_A(p^a) = k + 1$, dann gilt mit $t := T_A(p^a)$ die Identität

$$f^{-1}(p^a) = (-1)^k\, g_1(p^t) \cdot \ldots \cdot g_k(p^t)$$

Übung 4.25 Sei A eine reguläre arithmetische Faltung. Eine arithmetische Funktion f heißt A-**speziell multiplikativ**, wenn $f = g_1 *_A g_2$ mit zwei A-multiplikativen Funktionen g_1 und g_2. Nach Übung 4.23 ist eine multiplikative Funktion f genau dann A-speziell multiplikativ, wenn $f^{-1}(p^a) = 0$ für jede Primzahlpotenz p^a mit $\tau_A(p^a) > 4$ ist. Eine multiplikative Funktion f ist ebenfalls A-speziell multiplikativ genau dann, wenn für jede Primzahlpotenz p^a mit $\tau_A(p^a) \geq 3$ und für jedes k mit $1 \leq k \leq \tau_A(p^a) - 2$ die Identität

$$f\left(p^{(k+1)t}\right) = f\left(p^t\right) f\left(p^{kt}\right) + f\left(p^{(k-1)t}\right) \left(f\left(p^{2t}\right) - f\left(p^t\right)^2\right)$$

gilt.

Übung 4.26 Sei K eine Funktion wie zu Beginn des Kapitels 4 betrachtet, die die Gleichungen (4.1), (4.2), (4.3) und (4.4), das heißt, die assoziativ, kommutativ und multiplikativ ist sowie $K(n, n) = K(n, 1) = 1$ erfüllt. Desweiteren sei V die in Übung 1.67 eingeführte Funktion. Für eine multiplikative Funktion f gilt dann für alle $n_1, n_2 \in \mathbb{N}$

$$f(n_1 n_2) = \sum_{d_1 \mid n_1} \sum_{d_2 \mid n_2} f\left(\frac{n_1}{d_1}\right) f\left(\frac{n_2}{d_2}\right) f^{-1}(d_1 d_2)$$
$$\cdot K\left(n_1 n_2, \frac{n_1 n_2}{d_1 d_2}\right) K\left(\frac{n_1 n_2}{d_1 d_2}, \frac{n_1}{d_1}\right) V(d_1, d_2)$$

wobei f^{-1} das inverse Element in Bezug auf die K-Faltung bezeichnet.

Übung 4.27 Sei A eine reguläre arithmetische Faltung. Ist f eine A-speziell multiplikative Funktion mit $f = g_1 *_A g_2$, wobei g_1 und g_2 jeweils A-multiplikativ sind, und gilt $m, n \in A(q)$ für ein $q \in \mathbb{N}$, dann ist

$$f(mn) = \sum_{d \in A((m;n))} f\left(\frac{m}{d}\right) f\left(\frac{n}{d}\right) g_1(d) g_2(d) \mu_A(d)$$

Tipp: Man wende die Übungen 4.26 und 4.27 an.

Übung 4.28 Anknüpfend an Übung 4.27, f ist genau dann eine A-speziell multiplikative Funktion, wenn es eine multiplikative Funktion F und ein $q \in \mathbb{N}$ gibt, so dass

$$f(mn) = \sum_{d \in A((m;n))} f\left(\frac{m}{d}\right) f\left(\frac{n}{d}\right) F(d)$$

für alle $m, n \in A(q)$ gilt. Dies kann auch direkt, ohne Verwendung von Übung 4.27, gezeigt werden.

Übung 4.29 Anknüpfend an Übung 4.28, f ist genau dann eine A-speziell multiplikative Funktion, wenn es eine A-speziell multiplikative Funktion B und $q \in \mathbb{N}$ gibt, so dass

$$f(m) \, f(n) = \sum_{d \in A((m;n))} f\left(\frac{mn}{d^2}\right) B(d)$$

für alle $m, n \in A(q)$ gilt.

Übung 4.30 Sei A eine reguläre arithmetische Faltung sowie g und h multiplikative Funktionen. Man definiere für $n, q \in \mathbb{N}$

$$f_q(n) := \sum_{\substack{d \mid n \\ d \in A(q)}} h(d) \, g\left(\frac{q}{d}\right) \mu_A\left(\frac{q}{d}\right)$$

und $F(q) := f_q(0)$. Sei nun $F(q) \neq 0$ für alle $q \in \mathbb{N}$. Ist h eine A-multiplikative Funktion, dann gilt eine analoge Formel für $f_q(n)$ zu derjenigen, die in Satz 2.3 angegeben ist (Tipp: Man verwende Übung 4.9). Ist $g(p^a) \neq 0$ für alle Primzahlpotenzen, dann gilt die gegenteilige Aussage.

Übung 4.31 Anknüpfend an Übung 4.30, ist h eine A-multiplikative Funktion, dann gilt eine analoge, zu der in Satz 2.5 aufgeführten Identität für $f_q(n)$ und F. Ist $h(p^a) \neq 0$ sowie $g(p^a) \neq 0$ für alle Primzahlpotenzen, dann gilt die gegenteilige Aussage.

Übung 4.32 Anknüpfend an Übung 4.31, ist h eine A-multiplikative Funktion, dann gilt eine analoge, zu der in Übung 2.66 aufgeführten Identität für F. Ist $g(p^a) \neq 0$ für alle Primzahlpotenzen, dann gilt die gegenteilige Aussage.

Übung 4.33 Sei A eine reguläre arithmetische Faltung und sei B die $n \times n$-Matrix mit den Einträgen $\left(c_{j,A}(i)\right)_{1 \le i,j \le n}$. Dann ist $\det B = n!$.

Übung 4.34 Anknüpfend an Übung 4.33, sei $C = (\alpha_{ij})_{1 \le i,j \le n}$ die $n \times n$-Matrix mit den Einträgen $\alpha_{ij} := N_A(i, j, k)$. Dann ist

$$\det C = (\mu_A(1) \cdot \ldots \cdot \mu_A(n))^k$$

Übung 4.35 Sei A eine reguläre arithmetische Faltung und sei $N_A(n, q, k)$ die Anzahl der Lösungen $(x_1, \ldots, x_k)$ der Kongruenz

$$n \equiv x_1 + \ldots + x_k \pmod{q}$$

mit $(x_i; q)_A = 1$ für alle $1 \le i \le k$. Dann ist

$$N_A(n, q, k) = \frac{1}{q} \sum_{d \in A(q)} c_{q,A} \left(\frac{q}{d}\right)^k c_{d,A}(n)$$

Übung 4.36 Anknüpfend an Übung 4.35 gilt

$$N_A(n, q, k) = q^{k-1} \prod_{\substack{p|q \\ p^t|n}} \frac{(p^t - 1)((p^t - 1)^{k-1} - (-1)^{k-1})}{p^{ts}} \prod_{\substack{p|q \\ p^t \nmid n}} \frac{(p^t - 1)^k - (-1)^k}{p^{ts}}$$

wobei $t := T_A(p^a)$ für jede Primzahl $p \mid q$ mit $p^a \parallel q$.

Übung 4.37 Anknüpfend an Übung 4.36 gilt $N_A(n, q, k) = 0$ genau dann, wenn entweder, erstens, $s = 1$ und $(n; q)_A \ne 1$ oder, zweitens, $s > 1$, $2 \in A(q)$ und $n \not\equiv s\ (2)$ gilt. Definiert man die **verallgemeinerte Nagell-Funktion** $\theta_A(n, q) := N_A(n, q, 2)$, dann ist für festes q $\theta_A(n, q) = 0$ genau dann, wenn $2 \nmid n$ und $2 \in A(q)$ ist.

Übung 4.38 Sei A eine reguläre arithmetische Faltung und sei $N'_A(n, q, k)$ die Anzahl der Lösungen $(x_1, \ldots, x_k)$ der Kongruenz

$$n \equiv x_1 + \ldots + x_k \pmod{q}$$

mit $((x_1; \ldots; x_k); q)_A = 1$, dann gilt

$$N'_A(n, q, k) = \sum_{d \in A((n;q)_A)} \left(\frac{q}{d}\right)^{k-1} \mu_A(d)$$

Tipp: Man wende das Inklusions-Exklusions-Prinzip an. Man überlege, ob die Aussage auch mit Hilfe von Übung 4.8 bewiesen werden kann.

Übung 4.39 Anknüpfend an Übung 4.38, sei $\theta'_A(n, q) := N'_A(n, q, 2)$, dann gilt

$$\theta'_A(n, q) = \frac{q}{(n; q)_A} \varphi_A((n; q)_A)$$

Man überlege, ob dies mit Hilfe von Übung 4.8 bewiesen werden kann. Es gilt weiter $\theta'_A(n, q) \ne 0$, was $N'_A(n, q, k) \ne 0$ für alle $k > 1$ zur Folge hat.

Übung 4.40 Sei A eine reguläre arithmetische Faltung und man definiere die multiplikative arithmetische Funktion λ_A durch

$$\lambda_A(p^a) := \lambda\left(p^{\frac{a}{t}}\right) \quad \text{wobei } t := T_A(p^a)$$

sowie die arithmetische Funktion β_A durch

$$\beta_A(n) := \sum_{d \in A(q)} d\, \lambda_A\left(\frac{q}{d}\right)$$

Wird mit $P_A(n, q, k)$ die Anzahl der Lösungen $(x_1, \ldots, x_k)$ der Kongruenz

$$n \equiv x_1 + \ldots + x_k \pmod{q}$$

mit der Eigenschaft, dass für jedes $1 \le i \le k$ die Zahl $(x_i; q)$ eine Quadratzahl ist, bezeichnet, dann gilt

$$P_A(n, q, k) = \frac{1}{q} \sum_{d \in A(q)} \left(\beta_A(d)\, \lambda_A\left(\frac{q}{d}\right)\right)^k c_{d,A}(n)$$

Tipp: Man benutze die Übungen 3.12 und 4.8.

Übung 4.41 Eine **Grundfolge** ist eine Menge B geordneter Paare $(a, b) \in \mathbb{N} \times \mathbb{N}$, die die nachstehenden drei Eigenschaften besitzt:

(G1) Aus $(a, b) \in B$ folgt $(b, a) \in B$
(G2) $(a, bc) \in B$ gilt genau dann, wenn $(a, b) \in B$ und $(a, c) \in B$
(G3) $(1, a) \in B$ für jedes $a \in \mathbb{N}$

Sowohl die Menge $L := \{(a, b) \in \mathbb{N} \times \mathbb{N}\}$ als auch $M := \{(a, b) \in \mathbb{N} \times \mathbb{N} : (a; b) = 1\}$ sind Grundfolgen. Ist B eine Grundfolge und sind $a = \prod_{1 \le i \le s} p_i^{a_i}$ und $a' = \prod_{1 \le j \le s'} p'^{a'_j}_j$ die Primfaktorzerlegung von a und a', dann gilt $(a, a') \in B$ genau dann, wenn $(p_i, p'_j) \in B$ für alle $1 \le i \le s$, $1 \le j \le s'$ ist. Eine Grundfolge B ist also eindeutig dadurch charakterisiert, ob das jeweilige Paar (p, p') für alle $p, p' \in \mathbb{P}$ in der Menge B enthalten ist oder nicht.

Übung 4.42 Für eine Grundfolge B und zwei arithmetische Funktionen f und g wird die B-**Faltung** $*_B$ durch

$$(f *_B g)(n) := \sum_{\substack{d|n \\ (d, \frac{n}{d}) \in B}} f(d)\, g\left(\frac{n}{d}\right)$$

definiert. Die Menge der arithmetischen Funktionen bildet zusammen mit der B-Faltung und der punktweisen Addition einen kommutativen Ring mit Einselement δ. Eine arithmetische Funktion f besitzt in diesem Ring genau dann ein inverses Element in Bezug auf die B-Faltung, wenn $f(1) \ne 0$ ist.

Übung 4.43 Sei B eine Grundfolge. Eine Funktion f nennt man B**-multiplikativ**, wenn $f(1) \neq 0$ und $f(mn) = f(m)f(n)$ für alle $(m,n) \in B$ gilt. Dementsprechend ist f genau dann M-multiplikativ, wenn f multiplikativ ist; desweiteren ist f genau dann L-multiplikativ, wenn f vollständig multiplikativ ist (mit den in Übung 4.41 eingeführten Mengen L und M). Eine Funktion f ist genau dann B-multiplikativ, wenn

$$f(g *_B h) = fg *_B fh$$

für alle arithmetischen Funktionen g und h gilt.

Übung 4.44 Sei B eine Grundfolge. Definiert man die arithmetische Funktion ζ_B durch

$$\zeta_B(n) := \begin{cases} 1 & \text{wenn } (n,n) \in B \\ 0 & \text{sonst} \end{cases}$$

dann ist ζ_B eine B-multiplikative Funktion. Für $p, q \in \mathbb{P}$, $p \neq q$, und

$$A := \{(1,n) : n \in \mathbb{N}\} \cup \{(n,1) : n \in \mathbb{N}\} \cup \{(p,p), (q,q)\}$$

ist die Funktion $\zeta_A *_A \zeta_A$ nicht A-multiplikativ, was zeigt, dass im Allgemeinen die B-Faltung zweier B-multiplikativer Funktionen nicht notwendigerweise erneut B-multiplikativ ist.

Übung 4.45 Sei B eine Grundfolge und es bezeichne μ_B das inverse Element von ζ_B in Bezug auf die B-Faltung. Dann gilt $\mu_B(1) = 1$ und für $n = \prod_{1 \leq i \leq k} p_i^{a_i}$ ist

$$\mu_B(n) = \begin{cases} (-1)^k & \text{wenn } a_1 = \ldots = a_k = 1 \text{ und } (p_i, p_j) \in B \text{ für alle } 1 \leq i, j \leq k \\ 0 & \text{sonst} \end{cases}$$

Ist A die Grundfolge aus Übung 4.44, dann ist μ_A keine A-multiplikative Funktion. Im Allgemeinen ist das Inverse einer B-multiplikativen Funktion bezüglich der B-Faltung nicht notwendigerweise B-multiplikativ.

Übung 4.46 Ist B eine Grundfolge mit $B \subseteq M$, dann bilden die B-multiplikativen Funktionen in Bezug auf die B-Faltung eine Gruppe (siehe Übung 4.41 für die Definition der Menge M).

Übung 4.47 Sei B eine Grundfolge und seien g_1, g_2, h_1 und h_2 B-multiplikative Funktionen. Dann ist

$$g_1 g_2 *_B g_1 h_2 *_B h_1 g_2 *_B h_1 h_2 = (g_1 *_B h_1)(g_2 *_B h_2) *_B u$$

mit der arithmetische Funktion u, die durch

$$
u(n) = \begin{cases} g_1 g_2 h_1 h_2 \left(n^{\frac{1}{2}}\right) & \text{wenn } n \text{ eine Quadratzahl ist und } \left(n^{\frac{1}{2}}, n^{\frac{1}{2}}\right) \in B \\ 0 & \text{sonst} \end{cases}
$$

definiert ist, siehe auch Übung 1.63.

4.4 Anmerkungen zu Kap. 4

Anthony Gioia und Mathukumalli Subbarao [164] führten die K-Faltung für den Spezialfall, in welchem $K(n,d)$ nur vom größten gemeinsamen Teiler $\left(d;\frac{n}{d}\right)$ abhängt, das heißt, es existiert eine arithmetische Funktion K' mit $K(n,d) = K'((n;d))$, ein. Für $K' := \mathbb{1}$ ist deren verallgemeinerte Faltung die Dirichlet-Faltung, und für $K' := \delta$ ergibt sich die unitäre Faltung, die von Eckford Cohen [85] untersucht wurde. Sie setzten voraus, dass K', erstens, eine multiplikative Funktion ist und, zweitens, eine Bedingung erfüllt, die die Gültigkeit von Gleichung (4.3) für K zur Folge hat. Sie stellten desweiteren fest, dass dann auch eine Umkehrformel in Bezug auf die verallgemeinerte Faltung gilt. Anthony Gioia [161] charakterisierte diejenigen arithmetischen Funktionen K', für welche die zugehörige Funktion K assoziativ ist, sowie für welche multiplikativen Funktionen das inverse Element und die Faltung erneut multiplikativ sind.

K-Faltungen in der Allgemeinheit, wie sie in diesem Kapitel besprochen werden, wurden von Thomas Davison[1] [134] definiert. Er erzielte seine Ergebnisse, die die Gleichungen (4.1), (4.2) und (4.3) betreffen. Die Aussage in Übung 4.1 wurde von Margaret Gessley[2] [159] nachgewiesen. Detaillierte Untersuchungen der K-Faltung sowie der entsprechenden Ringe arithmetischer Funktionen wurden durch Ingrid Fotino[3] [156] und Miguel Ferrero[4] [153] durchgeführt. Eine weitergehende Verallgemeinerung wurde von Michael Fredman[5] [157] betrachtet.

In beiden genannten Veröffentlichungen [164] und [134] konstruierten die Autoren Analoga der Ramanujan-Summen in Bezug auf die jeweilige verallgemeinerte Faltung. Eckford Cohen [85] hatte dies ebenfalls zuvor in Bezug auf die unitäre Faltung getan. Auf die Tatsache, dass die unitäre Faltung in einer Arbeit [484] von Ramaswamy Vaidyanathaswamy auftaucht, wo die unitären Teiler auch Blockfaktoren genannt werden, siehe Übung 1.80 und die Anmerkungen zu Kap. 1, soll an dieser Stelle hingewiesen werden.

Reguläre arithmetische Faltungen wurden von Władysław Narkiewicz [6] [286] eingeführt. Er bewies auch den Satz 4.7 sowie die Folgerung 4.8. Desweiteren gab

---

[1] Thomas M. K. Davison
[2] Margaret Droemer Gessley
[3] Ingrid Popa Fotino
[4] Miguel Ferrero
[5] Michael Lawrence Fredman
[6] Władysław Narkiewicz (geb. 1936)

er das Beispiel 4.10 verschiedener regulärer arithmetischer Faltungen, die dieselben primitiven Zahlen besitzen, an. Das Lemma 4.12 und die Definitionen von φ_A sowie $c_{q,A}(n)$ tauchen in dem Artikel [258] von Paul McCarthy auf. Er stellte fest, dass $c_{q,A}$ eine gerade Funktion (mod q) ist und bestimmte die entsprechenden Fourier-Koeffizienten. Darüber hinaus bewies er die Ergebnisse der Übungen 4.7 sowie 4.10 bis 4.16. Der Zusammenhang zwischen $c_{q,A}$ und der verallgemeinerten Ramanujan-Summe aus Übung 4.8, wurde ebenfalls von ihm angeführt. Er nutzte ihn um die Identität in Übung 4.9 zu beweisen und um die Gleichung für $N_A(n, q, k)$ aus Übung 4.35 herzuleiten. Der Spezialfall dieser Identität für $A = U$ wurde bereits zuvor von Eckford Cohen [105] entdeckt. Die Formel für $N_A(n, q, k)$ aus Satz 4.13 ist von Paul McCarthy [262]. Das unitäre Analogon der Nagell-Funktion wurde von José Morgado[7] [281],[280] betrachtet.

Die Definition der A-multiplikativen Funktionen in Übung 4.18 stammt von Kenneth Yocom[8] [514], der auch die Charakterisierung dieser Funktionen in den Übungen 4.18 bis 4.21 angab. Die Eigenschaften A-multiplikativer und A-speziell multiplikativer Funktionen, die Gegenstand der Übungen 4.22 bis 4.25 sowie 4.27 bis 4.32 sind, verallgemeinern die Eigenschaften vollständig sowie speziell multiplikativer Funktionen aus Kap. 1. Diese Ergebnisse sind, bis auf den Spezialfall $A = U$ in Übung 4.22, der von Mathukumalli Subbarao [395] bewiesen wurde, neu.

Die Verallgemeinerung von Ramaswamy Vaidyanathaswamys Gleichung aus Übung 1.63, die in Übung 4.26 aufgeführt ist, wurde im Spezialfall, in welchem K über eine Funktion K' (wie zu Beginn dieser Anmerkungen eingeführt) definiert ist, von Mathukumalli Subbarao und Anthony Gioia [166] bewiesen. Ein weiterer Beweis hiervon stammt von K. Krishna[9] [232].

Donald Goldsmith[10] [169] führte die Grundfolgen ein und begann mit der Untersuchung der Faltung arithmetischer Funktionen in Bezug darauf. In weiteren Veröffentlichungen [170], [173] zu diesem Thema erzielte er die Aussagen aus den Übungen 4.41 bis 4.47. Ein Übersichtsartikel, der die verschiedenen Faltungen arithmetischer Funktionen behandelt, wurde von Mathukumalli Subbarao [397] verfasst.

---

[7] José Morgado (1921–2003)
[8] Kenneth Lee Yocom (1920–1995)
[9] K. Krishna
[10] Donald L. Goldsmith

Dirichlet-Reihen und erzeugende Funktionen 5

5.1 Einführung und Beispiele

Eine unendliche Reihe der Art

$$\sum_{n=1}^{\infty} \frac{f(n)}{n^s} \tag{5.1}$$

mit einer arithmetischen Funktion f und einer reellen oder komplexen Variablen s nennt man **Dirichlet-Reihe zu** f. Im Folgenden wird nur der Fall mit reellem Argument s weiter verfolgt.

Es existieren Dirichlet-Reihen, die nicht für alle Werte von s absolut konvergieren, siehe Übung 5.1. Konvergiert die Dirichlet-Reihe jedoch für einen Wert absolut, dann bestimmt sie für diese Werte eine Funktion, die als erzeugende Funktion für f fungiert. Nimmt man an, die allgemeine Dirichlet-Reihe aus Gleichung (5.1) konvergiere absolut für einen Wert $s_0 \in \mathbb{R}$, dann gilt für $s > s_0$ und alle $n \in \mathbb{N}$:

$$\left| \frac{f(n)}{n^s} \right| = \frac{|f(n)|}{n^s} \leq \frac{|f(n)|}{n^{s_0}} = \left| \frac{f(n)}{n^{s_0}} \right|$$

Nach dem Vergleichskriterium für unendliche Reihen konvergiert damit die Reihe auch absolut für $s > s_0$. Es bezeichne

$$s_a := \inf\{s_0 \in \mathbb{R} : \text{die Dirichlet-Reihe aus Gleichung (5.1)}$$
$$\text{konvergiert absolut für } s = s_0\}$$

die **Abszisse der absoluten Konvergenz** der Dirichlet-Reihe. Es kann $s_a = \infty$ oder auch $s_a = -\infty$ vorkommen, siehe Übung 5.1. Ist $-\infty \leq s_a < \infty$, dann konvergiert die Dirichlet-Reihe absolut für $s > s_a$. Insbesondere ist eine Veränderung der Summationsreihenfolge erlaubt und die Reihe konvergiert zum selben Wert wie zuvor.

© Springer-Verlag GmbH Deutschland 2017
P.J. McCarthy, *Arithmetische Funktionen*, DOI 10.1007/978-3-662-53732-9_5

Die Dirichlet-Reihe zur Funktion $\mathbb{1}$ ist

$$\zeta(s) := \sum_{n=1}^{\infty} \frac{1}{n^s}$$

Sie konvergiert für $s > 1$ und divergiert für $s \leq 1$, womit $s_a = 1$ gilt. Die für $s > 1$ so definierte Funktion heißt **Riemannsche ζ-Funktion**.

Sei $s_a < \infty$ für eine Dirichlet-Reihe zur arithmetischen Funktion f. Man definiert die Funktion $F(s)$ für $s \in \mathbb{R}$ durch

$$F(s) := \sum_{n=1}^{\infty} \frac{f(n)}{n^s}$$

und die so definierte Funktion F bestimmt f eindeutig.

Lemma 5.1 *Seien f und g für $s > s_0$ absolut konvergente Dirichlet-Reihen und es gelte*

$$\sum_{n=1}^{\infty} \frac{f(n)}{n^s} = \sum_{n=1}^{\infty} \frac{g(n)}{n^s}$$

für $s > s_0$. Dann ist $f = g$.

Beweis Setzt man $h(n) := f(n) - g(n)$, dann gilt

$$\sum_{n=1}^{\infty} \frac{h(n)}{n^s} = 0$$

für $s > s_0$. Man zeigt nun, dass sogar $h(n) = 0$ für jedes $n \in \mathbb{N}$ gilt. Angenommen dies sei nicht der Fall, dann existiert eine kleinste Zahl $m \in \mathbb{N}$ mit $h(m) \neq 0$ und

$$h(m) = -m^s \sum_{n=m+1}^{\infty} \frac{h(n)}{n^s}$$

Die Reihe $\sum\limits_{n=1}^{\infty} \frac{|h(n)|}{n^s}$ konvergiere gegen die reelle Zahl R für $s = s_0+1$. Insbesondere gilt dann für alle $s > s_0 + 1$

$$\left| \sum_{n=m+1}^{\infty} \frac{h(n)}{n^s} \right| \leq \sum_{n=m+1}^{\infty} \frac{|h(n)|}{n^{s_0+1}} \frac{1}{n^{s-(s_0+1)}} \leq \frac{R}{(m+1)^{s-(s_0+1)}}$$

Damit ist aber auch

$$|h(m)| \leq \left(\frac{m}{m+1} \right)^s (m+1)^{s_0+1}$$

was für $s \to \infty$ gegen 0 konvergiert. Somit ist $h(m) = 0$, was ein Widerspruch zur Annahme ist und die Aussage beweist. □

Die Funktion F heißt **erzeugende Funktion zu** f. Ist G die erzeugende Funktion zu g, dann ist $F + G$ die erzeugende Funktion zu $f + g$.

Satz 5.2 *Seien*

$$F(s) = \sum_{n=1}^{\infty} \frac{f(n)}{n^s} \quad \text{und} \quad G(s) = \sum_{n=1}^{\infty} \frac{g(n)}{n^s}$$

für $s > s_0$ absolut konvergente Dirichlet-Reihen. Dann gilt für $s > s_0$

$$F(s)\,G(s) = \sum_{n=1}^{\infty} \frac{(f * g)(n)}{n^s}$$

Beweis Das Produkt zweier absolut konvergenter Dirichlet-Reihen konvergiert erneut absolut für $s > s_0$, weshalb die Terme der Summe ohne Veränderung des Summenwerts vertauscht werden dürfen. Es gilt also für $s > s_0$

$$F(s)\,G(s) = \sum_{k=1}^{\infty} \sum_{m=1}^{\infty} \frac{f(k)g(m)}{(mk)^s} = \sum_{n=1}^{\infty} \left(\sum_{mk=n} \frac{f(k)g(m)}{(mk)^s} \right)$$

$$= \sum_{n=1}^{\infty} \left(\sum_{d \mid n} f(d)\, g\left(\frac{n}{d}\right) \right) \frac{1}{n^s} \qquad \Box$$

Beispiel 5.3

(i) Die Dirichlet-Reihe der Möbius-Funktion μ konvergiert nach Übung 5.2 für $s > 1$ absolut und damit gilt in diesem Bereich

$$\zeta(s) \sum_{n=1}^{\infty} \frac{\mu(n)}{n^s} = \left(\sum_{n=1}^{\infty} \frac{\mathbb{1}(n)}{n^s} \right) \left(\sum_{n=1}^{\infty} \frac{\mu(n)}{n^s} \right)$$

$$= \sum_{n=1}^{\infty} \frac{(\mathbb{1} * \mu)(n)}{n^s} = \sum_{n=1}^{\infty} \frac{\delta(n)}{n^s} = 1$$

Insbesondere also

$$\sum_{n=1}^{\infty} \frac{\mu(n)}{n^s} = \frac{1}{\zeta(s)}$$

(ii)   Allgemeiner gilt für

$$F(s) = \sum_{n=1}^{\infty} \frac{f(n)}{n^s}$$

im Bereich $s > s_0$, falls die inverse Funktion f^{-1} existiert,

$$\frac{1}{F(s)} = \sum_{n=1}^{\infty} \frac{f^{-1}(n)}{n^s}$$

(iii)   Die Dirichlet-Reihe der Funktion ζ_1 ist

$$\sum_{n=1}^{\infty} \frac{\zeta_1(n)}{n^s} = \sum_{n=1}^{\infty} \frac{1}{n^{s-1}} = \zeta(s-1)$$

für $s > 2$.

(iv)   Da $\sigma = \zeta_1 * \mathbb{1}$ ist, gilt

$$\sum_{n=1}^{\infty} \frac{\sigma(n)}{n^s} = \sum_{n=1}^{\infty} \frac{(\zeta_1 * \mathbb{1})(n)}{n^s} = \zeta(s-1)\zeta(s)$$

im Bereich $s > 2$.

(v)   Ähnlich gilt für $\varphi = \zeta_1 * \mu$ im Bereich $s > 2$

$$\sum_{n=1}^{\infty} \frac{\varphi(n)}{n^s} = \frac{\zeta(s-1)}{\zeta(s)}$$

Viele weitere Beispiele für Dirichlet-Reihen arithmetischer Funktionen werden nachfolgend im Text dieses Kapitels sowie in den Übungen angegeben.

5.2   Euler-Produkte

Sei f eine arithmetische Funktion dergestalt, dass die Dirichlet-Reihe von f für $s > s_0$ absolut gegen die Funktion $F(s)$ konvergiert. Dann konvergiert auch die Reihe

$$1 + \frac{f(p)}{p^s} + \frac{f(p^2)}{p^{2s}} + \frac{f(p^3)}{p^{3s}} + \dots$$

absolut im Bereich $s > s_0$, da dies eine Teilreihe der ursprünglichen Dirichlet-Reihe ist. Ist f multiplikativ, dann kann F als ein unendliches Produkt dieser Reihe über alle Primzahlen geschrieben werden, siehe im Buch von Earl Rainville[1] [309, Kapitel 1] oder Lars Ahlfors[2] [2, Abschnitt 2.2 in Kapitel 5]. Dieses unendliche Produkt nennt man **Euler-Produkt** der Dirichlet-Reihe zu f.

---

[1] Earl David Rainville (1907–1966)
[2] Lars Valerian Ahlfors (1907–1996)

Satz 5.4 *Sei f eine multiplikative Funktion mit absolut konvergenter Dirichlet-Reihe im Bereich $s > s_0$. Dann gilt im selben Bereich*

$$\sum_{n=1}^{\infty} \frac{f(n)}{n^s} = \prod_p \left(1 + \frac{f(p)}{p^s} + \frac{f(p^2)}{p^{2s}} + \frac{f(p^3)}{p^{3s}} + \cdots \right) = \prod_p \sum_{k=0}^{\infty} \frac{f(p^k)}{p^{ks}}$$

wobei das Produkt über alle Primzahlen läuft und absolut konvergiert.

Beweis Sei $m \in \mathbb{N}$. Betrachtet man die Primzahlen $p_1, \ldots, p_r \leq m$, dann gilt für $s > s_0$

$$\prod_{p \leq m} \sum_{k=0}^{\infty} \frac{f(p^k)}{p^{ks}} = \sum_{j_1, \ldots, j_r = 0}^{\infty} \frac{f(p_1^{j_1}) \cdot \ldots \cdot f(p_r^{j_r})}{\left(p_1^{j_1} \cdot \ldots \cdot p_r^{j_r} \right)^s} = \sum_{\substack{n=1 \\ p|n \Rightarrow p \in \{p_1, \ldots, p_r\}}}^{\infty} \frac{f(n)}{n^s}$$

wobei die Multiplikativität von f sowie die absolute Konvergenz der Dirichlet-Reihe ausgenutzt wurde. Damit ist

$$\left| \sum_{n=1}^{\infty} \frac{f(n)}{n^s} - \prod_{p \leq m} \sum_{k=0}^{\infty} \frac{f(p^k)}{p^{ks}} \right| \leq \sum_{n=m}^{\infty} \frac{|f(n)|}{n^s}$$

und da

$$\lim_{m \to \infty} \sum_{n=m}^{\infty} \frac{|f(n)|}{n^s} = 0$$

ist, konvergiert das unendliche Produkt gegen denselben Wert, wie die Dirichlet-Reihe. Weiter gilt

$$\sum_{p \leq m} \left| \sum_{k=1}^{\infty} \frac{f(p^k)}{p^{ks}} \right| \leq \sum_{p \leq m} \sum_{k=1}^{\infty} \frac{|f(p^k)|}{p^{ks}} \leq \sum_{n=2}^{\infty} \frac{|f(n)|}{n^s}$$

und damit sind die Partialsummen der Reihe

$$\sum_{p \in \mathbb{P}} \left| \sum_{k=1}^{\infty} \frac{f(p^k)}{p^{ks}} \right|$$

mit nicht-negativen Termen beschränkt, was die Konvergenz der Reihe zur Folge hat, woraus sich schließlich die absolute Konvergenz des Produkts ergibt. $\square$

Beispiel 5.5

(i)   Für $s > 1$

$$\zeta(s) = \prod_p \left(\sum_{k=0}^{\infty} \frac{1}{p^{ks}} \right) = \prod_p \left(\frac{1}{1 - \frac{1}{p^s}} \right)$$

(ii)   Für $s > s_0$

$$\sum_{\substack{n=1 \\ (n;q)=1}}^{\infty} \frac{f(n)}{n^s} = \prod_{p \nmid q} \sum_{k=0}^{\infty} \frac{f(p^k)}{p^{ks}}$$

Insbesondere ist für $s > 1$

$$\sum_{\substack{n=1 \\ 2 \nmid n}}^{\infty} \frac{1}{n^s} = \prod_{p>2} \left(\frac{1}{1 - \frac{1}{p^s}} \right) = \left(1 - \frac{1}{2^s} \right) \zeta(s)$$

(iii)   Für $f = \sigma$ und $s > 2$ gilt

$$\sum_{k=0}^{\infty} \frac{\sigma(p^k)}{p^{ks}} = \sum_{k=0}^{\infty} \frac{p^k - 1}{p^{ks}(p-1)}$$

$$= \frac{1}{p-1} \left(p \left(1 + p^{1-s} + p^{2(1-s)} + \ldots \right) - \left(1 + p^{-s} + p^{-2s} + \ldots \right) \right)$$

$$= \frac{1}{p-1} \left(\frac{p}{1 - p^{1-s}} - \frac{1}{1 - p^{-s}} \right) = \frac{1}{(1 - p^{1-s})(1 - p^{-s})}$$

Und damit

$$\sum_{n=1}^{\infty} \frac{\sigma(n)}{n^s} = \prod_p \left(\frac{1}{1 - p^{1-s}} \right) \prod_p \left(\frac{1}{1 - p^{-s}} \right) = \zeta(s-1)\,\zeta(s)$$

Es sei angemerkt, dass auch

$$\sum_{n=1}^{\infty} \frac{\sigma(n)}{n^s} = \prod_p \left(\frac{1}{1 - \sigma(p)\,p^{-s} + B(p)\,p^{-2s}} \right)$$

gilt, mit der vollständig multiplikativen Funktion $B(p) = p$, die zu σ gehört, siehe hierzu Abschn. 1.3 über Busche-Ramanujan-Identitäten.

(iv)   Zwischen den Faktoren des Euler-Produkts und der Bell-Reihe von f (siehe Übungen 1.98 bis 1.102) gibt es einen Zusammenhang, der über die Substitution $X := p^{-s}$ in der Bell-Reihe hergestellt wird. Aus Übung 1.101 ergibt sich, dass für eine vollständig multiplikative Funktion f im Bereich $s > s_0$ gilt

$$\sum_{n=1}^{\infty} \frac{f(n)}{n^s} = \prod_p \frac{1}{1 - f(p)\,p^{-s}}$$

und für eine speziell multiplikative Funktion

$$\sum_{n=1}^{\infty} \frac{f(n)}{n^s} = \prod_p \frac{1}{1 - f(p)\,p^{-s} + B(p)\,p^{-2s}}$$

mit $B = B_f$.

(v)   Für $f = \varphi$ und $s > 2$

$$\sum_{k=0}^{\infty} \frac{\varphi(p^k)}{p^{ks}} = 1 + \sum_{k=1}^{\infty} \frac{p^k(1 - \frac{1}{p})}{p^{ks}}$$

$$= \frac{1}{p} + \left(1 - \frac{1}{p}\right)\left(1 + p^{1-s} + p^{2(1-s)} + \ldots\right)$$

$$= \frac{1}{p} + \left(1 - \frac{1}{p}\right)\left(\frac{1}{1 - p^{1-s}}\right) = \frac{1 - p^{-s}}{1 - p^{1-s}}$$

damit ist

$$\sum_{n=1}^{\infty} \frac{\varphi(n)}{n^s} = \prod_p \left(\frac{1 - p^{-s}}{1 - p^{1-s}}\right) = \frac{\zeta(s-1)}{\zeta(s)}$$

(vi)   Auch wenn im nächsten Beispiel die Funktion f nicht notwendigerweise multiplikativ sein muss, kann Satz 5.4 genutzt werden, um die erzeugende Funktion zu erhalten. Es ist hilfreich die Funktion $\varphi_s(q)$ aus Übung 1.37 durch

$$\varphi_s(q) := \sum_{d|q} d^s \mu\left(\frac{q}{d}\right)$$

einzuführen (für $s \in \mathbb{N}$ ist $\varphi_s = J_s$). Die Funktion $\varphi_s(q)$ ist multiplikativ mit

$$\varphi_s(q) = q^s \prod_{p|q} (1 - p^{-s})$$

Für festes q kann $\varphi_s(q)$ als Funktion von s betrachtet werden. Sei q eine quadratfreie natürliche Zahl und $f(n) := \mu(nq)$. Die Funktion f ist genau dann multiplikativ, wenn q eine gerade Anzahl von Primfaktoren besitzt (in jedem Fall ist die Funktion $\frac{\mu(nq)}{\mu(q)}$ nach Übung 1.11 multiplikativ). Für solche q gilt

$$\sum_{n=1}^{\infty} \frac{\mu(nq)}{n^s} = \mu(q) \sum_{\substack{n=1 \\ (n;q)=1}}^{\infty} \frac{\mu(n)}{n^s}$$

da $\mu(nq) = 0$ für $(n;q) \neq 1$. Weiter ist

$$\frac{1}{\zeta(s)} = \sum_{n=1}^{\infty} \frac{\mu(n)}{n^s} = \prod_p (1 - p^{-s})$$

$$= \prod_{p|q} (1 - p^{-s}) \prod_{p \nmid q} (1 - p^{-s}) = \frac{\varphi_s(q)}{q^s} \sum_{\substack{n=1 \\ (n:q)=1}}^{\infty} \frac{\mu(n)}{n^s}$$

und damit

$$\sum_{n=1}^{\infty} \frac{\mu(nq)}{n^s} = \frac{\mu(q)\,q^s}{\varphi_s(q)\,\zeta(s)}$$

(vii)　Für natürliche Zahlen h und k gilt im Bereich $s > h + k + 1$

$$\sum_{n=1}^{\infty} \frac{\sigma_h(n)\,\sigma_k(n)}{n^s} = \frac{\zeta(s)\,\zeta(s-h)\,\zeta(s-k)\,\zeta(s-h-k)}{\zeta(2s-h-k)}$$

Dies wird im untenstehenden Lemma 5.6 bewiesen.

(viii)　Mit Hilfe von Lemma 5.1 sowie den Sätzen 5.2 und 5.4 können erzeugende Funktionen genutzt werden, um arithmetische Identitäten herzuleiten. Mit den Übungen 5.4 und 5.5 gilt beispielsweise für $h, k \in \mathbb{N}$ und $s > \max(h+1, k+1)$

$$\sum_{n=1}^{\infty} \frac{(\zeta_h * \sigma_k)(n)}{n^s} = \zeta(s-h)\,\zeta(s)\,\zeta(s-k)$$

$$= \zeta(s-k)\,\zeta(s)\,\zeta(s-h) = \sum_{n=1}^{\infty} \frac{(\zeta_k * \sigma_h)(n)}{n^s}$$

und somit, siehe auch Übung 1.48,

$$\sum_{d|n} d^h \sigma_k \left(\frac{n}{d} \right) = \sum_{d|n} d^k \sigma_h \left(\frac{n}{d} \right)$$

(ix)　Anknüpfend an das vorige Beispiel gilt mit den Übungen 5.5, 5.11 und 5.33 für $s > 1$

$$\sum_{n=1}^{\infty} \left(\sum_{d|n} \tau^2(d)\,\lambda \left(\frac{n}{d} \right) \theta \left(\frac{n}{d} \right) \right) \frac{1}{n^s} = \frac{\zeta(s)^4}{\zeta(2s)}\frac{\zeta(2s)}{\zeta(s)^2} = \zeta(s)^2 = \sum_{n=1}^{\infty} \frac{\tau(n)}{n^s}$$

und somit ist für alle $n \in \mathbb{N}$

$$\sum_{d|n} \tau^2(d)\,\lambda \left(\frac{n}{d} \right) \theta \left(\frac{n}{d} \right) = \tau(n)$$

Lemma 5.6 *Für natürliche Zahlen h und k gilt im Bereich $s > h + k + 1$*

$$\sum_{n=1}^{\infty} \frac{\sigma_h(n)\,\sigma_k(n)}{n^s} = \frac{\zeta(s)\,\zeta(s-h)\,\zeta(s-k)\,\zeta(s-h-k)}{\zeta(2s-h-k)} \tag{5.2}$$

Beweis Sei $s > h + k + 1$. Dann gilt für $p \in \mathbb{P}$

$$\sum_{m=0}^{\infty} \frac{\sigma_h(p^m)\,\sigma_k(p^m)}{p^{ms}}$$

$$= \sum_{m=0}^{\infty} \left(\frac{1}{p^{ms}} \frac{p^{(m+1)h}-1}{p^h-1} \frac{p^{(m+1)k}-1}{p^k-1} \right)$$

$$= \frac{1}{(p^h-1)\,(p^k-1)} \sum_{m=0}^{\infty} \left(\frac{p^{h+k}}{p^{m(s-h-k)}} - \frac{p^h}{p^{m(s-h)}} - \frac{p^k}{p^{m(s-k)}} + \frac{1}{p^{ms}} \right)$$

$$= \frac{1}{(p^h-1)\,(p^k-1)} \left(\frac{p^{h+k}}{1-p^{h+k-s}} - \frac{p^h}{1-p^{h-s}} - \frac{p^k}{1-p^{k-s}} + \frac{1}{1-p^{-s}} \right)$$

$$= \frac{1}{(p^h-1)\,(p^k-1)} \left(\frac{(p^h-1)\,(p^k-1)\,(1-p^{h+k-2s})}{(1-p^{-s})\,(1-p^{h-s})\,(1-p^{k-s})\,(1-p^{h+k-s})} \right)$$

$$= \frac{1-p^{h+k-2s}}{(1-p^{-s})\,(1-p^{h-s})\,(1-p^{k-s})\,(1-p^{h+k-s})}$$

Somit ist auf Grund der Multiplikativität der involvierten Funktionen

$$\sum_{n=1}^{\infty} \frac{\sigma_h(n)\,\sigma_k(n)}{n^s} = \prod_p \left(\sum_{m=0}^{\infty} \frac{\sigma_h(p^m)\,\sigma_k(p^m)}{p^{ms}} \right)$$

$$= \prod_p \left(\frac{1}{1-p^{-s}} \right) \left(\frac{1}{1-p^{-(s-h)}} \right) \left(\frac{1}{1-p^{-(s-k)}} \right) \left(\frac{1}{1-p^{-(s-h-k)}} \right) \left(\frac{1}{1-p^{-(2s-h-k)}} \right)^{-1}$$

was die gesuchte Identität (5.2) beweist. Die Aussage gilt auch für die Fälle $h = 0$ oder $k = 0$ (siehe hierzu auch Übungen 5.32 und 5.32). $\qquad\square$

5.3 Erzeugende Funktionen von Produkten

Wie im vorigen Abschnitt ausgeführt, ist es einfach die erzeugende Funktion der Faltung $f * g$ zu erhalten, wenn die erzeugenden Funktionen von f und g jeweils bekannt sind. Schwieriger ist es, die erzeugende Funktion des Produkts fg zu finden. Nachfolgend wird ein derartiges Resultat für den Fall speziell multiplikativer Funktionen f und g aufgeführt. Das Lemma 5.6 kann dann als Spezialfall hiervon erhalten werden. Ein weiteres Resultat in dieser Hinsicht wird in Übung 5.44 angegeben.

Ist f eine arithmetische Funktion deren Dirichlet-Reihe für $s > s_0$ absolut gegen die Funktion F konvergiert, dann gilt für $s > s_0 + k$

$$\sum_{n=1}^{\infty} \frac{f(n)\,\zeta_k(n)}{n^s} = \sum_{n=1}^{\infty} \frac{f(n)}{n^{s-k}} = F(s-k)$$

Seien nun f_1 und f_2 speziell multiplikative Funktionen mit $f_1 = g_1 * h_1$ und $f_2 = g_2 * h_2$ wobei g_1, g_2, h_1 und h_2 vollständig multiplikativ sind. Desweiteren sei F_1 bzw. F_2 die erzeugende Funktion von f_1 bzw. f_2 sowie E_0, E_1, E_2, E_3, E_4 und U seien die erzeugenden Funktionen von $g_1 h_1 g_2 h_2$, $g_1 g_2$, $g_1 h_2$, $h_1 g_2$, $h_1 h_2$ und u mit

$$u(n) := \begin{cases} g_1\, h_1\, g_2\, h_2 \left(n^{\frac{1}{2}}\right) & \text{wenn } n \text{ eine Quadratzahl ist} \\ 0 & \text{sonst} \end{cases}$$

(siehe auch Übung 1.63). Nach Übung 5.3 ist $U(s) = E_0(2s)$. Konvergieren alle Dirichlet-Reihen für $s > s_0$, dann ist mit Übung 1.63 und Satz 5.2 für $s > s_0$

$$\sum_{n=1}^{\infty} \frac{f_1(n)\,f_2(n)}{n^s} = \frac{E_1(s)\,E_2(s)\,E_3(s)\,E_4(s)}{E_0(2s)}$$

womit die Frage nach der erzeugenden Funktion eines Produkts zweier speziell multiplikativer Funktionen auf die Frage nach der erzeugenden Funktion vollständig multiplikativer Funktionen zurück geführt wurde.

Im Spezialfall $f_1 := f$, $g_1 := g$, $h_1 := h$, $f_2 := \sigma_k$, $g_2 := \mathbb{1}$ und $h_2 := \zeta_k$ ergibt sich

$$g_1 g_2 = g, \quad g_1 h_2 = g\zeta_k, \quad h_1 g_2 = h, \quad h_1 h_2 = h\zeta_k$$

und, wenn F, G, H und E die erzeugenden Funktionen von f, g, h und gh bezeichnen,

$$E_1(s) = G(s), \quad E_2(s) = G(s-k), \quad E_3(s) = H(s), \quad E_4(s) = H(s-k)$$

Somit ist

$$E_1(s)\,E_3(s) = G(s)\,H(s) = F(s)$$

sowie

$$E_2(s)\,E_4(s) = G(s-k)\,H(s-k) = F(s-k)$$

Mit $E_0(2s) = E(2s-k)$ folgt damit für $s > s_0$

$$\sum_{n=1}^{\infty} \frac{f(n)\,\sigma_k(n)}{n^s} = \frac{F(s)\,F(s-k)}{E(2s-k)}$$

Die Wahl $f := \sigma_h$ liefert erneut die Aussage von Lemma 5.6.

5.4   Dirichlet-Reihen der Ramanujan-Summen

Für eine reelle Zahl s sei die Funktion $\sigma_s(n)$ durch

$$\sigma_s(n) := \sum_{d \mid n} d^s$$

definiert. Für festes $n \in \mathbb{N}$ kann $\sigma_s(n)$ als von s abhängige Funktion betrachet werden. Die Funktion taucht bei der Betrachtung von gewissen Dirichlet-Reihen, die mit der Ramanujan-Summe zusammen hängen, auf.

Satz 5.7 *Für $s > 1$ und $n \in \mathbb{N}$ gilt*

$$\frac{\sigma_{s-1}(n)}{n^{s-1}} = \zeta(s) \sum_{q=1}^{\infty} \frac{c_q(n)}{q^s}$$

Diese Aussage kann auf zwei unterschiedliche Arten betrachtet werden. Die Erste sagt aus, dass

$$\frac{\sigma_{s-1}(n)}{\zeta(s)\, n^{s-1}}$$

die erzeugende Funktion der Funktion $q \mapsto c_q(n)$ ist. Die Zweite liefert eine Darstellung der arithmetischen Funktion σ_{s-1} als Reihe über verschiedene Ramanujan-Summen.

Beweis Sei $n \in \mathbb{N}$ fest gewählt. Aus der für alle $q \in \mathbb{N}$ gültigen Abschätzung

$$\left| c_q(n) \right| \le \sum_{d \mid (n;q)} d \le \sum_{d \mid n} d = \sigma(n)$$

folgt mit Übung 5.2, dass die Dirichlet-Reihe

$$\sum_{q=1}^{\infty} \frac{c_q(n)}{q^s}$$

für $s > 1$ absolut konvergiert. Somit ist in diesem Bereich nach Satz 5.2 und den Gleichungen (2.1) und (2.2) aus Lemma 2.1

$$\zeta(s) \sum_{q=1}^{\infty} \frac{c_q(n)}{q^s} = \sum_{q=1}^{\infty} \left(\sum_{d \mid q} c_d(n) \right) \frac{1}{q^s}$$

$$= \sum_{\substack{q=1 \\ q \mid n}}^{\infty} \frac{q}{q^s} = \sum_{q \mid n} \frac{1}{q^{s-1}} = \frac{1}{n^{s-1}} \sum_{q \mid n} \left(\frac{n}{q} \right)^{s-1} = \frac{\sigma_{s-1}(n)}{n^{s-1}} \qquad \Box$$

Mit einer natürlichen Zahl k gilt

$$\sigma_k(n) = \zeta(k+1) \, n^k \sum_{q=1}^{\infty} \frac{c_q(n)}{q^{k+1}}$$

Der genaue Wert von $\zeta(k+1)$ ist bislang nur für $2 \mid (k+1)$ bekannt, und zwar ist

$$\zeta(2n) = (-1)^{n+1} \frac{(2\pi)^{2n} \, B_{2n}}{2(2n)!}$$

wobei B_{2n} die $2n$-te **Bernoulli-Zahl**[3] bezeichnet, siehe Tom Apostols Buch [11, S. 266]. Es gilt

$$B_2 = \frac{1}{6}, \quad B_4 = -\frac{1}{30}, \quad B_6 = \frac{1}{42}, \quad B_8 = -\frac{1}{30}, \quad B_{10} = \frac{5}{66}, \quad \text{etc.}$$

Insbesondere ist

$$\zeta(2) = \sum_{n=1}^{\infty} \frac{1}{n^2} = \frac{\pi^2}{6}$$

und

$$\sigma(n) = \frac{\pi^2}{6} n \sum_{q=1}^{\infty} \frac{c_q(n)}{q^2}$$

Man beachte desweiteren (vgl. Beweis von Satz 5.7), dass

$$\frac{\sigma_{s-1}(n)}{n^{s-1}} = \sum_{d \mid n} \frac{1}{d^{s-1}} = \sum_{q=1}^{\infty} \frac{f(q)}{q^s}$$

mit

$$f(q) := \begin{cases} q & \text{wenn } q \mid n \\ 0 & \text{sonst} \end{cases}$$

Die Dirichlet-Reihe konvergiert absolut, da nur endlich viele Summanden $\neq 0$ sind. Darüber hinaus gilt für alle $q \in \mathbb{N}$

$$(f * \mu)(q) = \sum_{d \mid (n;q)} d \, \mu\left(\frac{q}{d}\right) = c_q(n)$$

---

[3] Jakob Bernoulli (1655–1705)

Deshalb ist mit Satz 5.2 für $s > 1$

$$\sum_{q=1}^{\infty} \frac{c_q(n)}{q^s} = \frac{\sigma_{s-1}(n)}{n^{s-1}} \sum_{q=1}^{\infty} \frac{\mu(q)}{q^s}$$

was einfach eine Umformulierung des Beweises von Satz 5.7 ist.

Interessant ist die Frage, was der Fall $s = 1$ ergibt. Es ist zwar wahr, dass

$$\sum_{q=1}^{\infty} \frac{\mu(q)}{q} = 0$$

ist, aber diese Aussage ist sehr viel schwieriger als die Resultate, die in diesem Buch angegeben sind. Sie ist sogar äquivalent zum berühmten Primzahlsatz, der unabhängig voneinander von Jacques Hadamard[4] und Charles-Jean de La Vallée Poussin[5] im Jahr 1896 bewiesen wurde, siehe im Buch von Raymond Ayoub[6] [16, Kapitel 2, S. 113–116]. Die Reihe konvergiert jedoch nicht absolut, da

$$\sum_{p \leq m} \frac{1}{p} \leq \sum_{q \leq m} \frac{|\mu(q)|}{q}$$

für beliebige $m \in \mathbb{N}$ gilt, und wie weitläufig bekannt ist, divergiert die Reihe über die Reziproken aller Primzahlen [11, S. 18]. Die Voraussetzungen aus Satz 5.2 können indes soweit abgeschwächt werden, dass die Gültigkeit von

$$\sum_{q=1}^{\infty} \frac{c_q(n)}{q} = \tau(n) \sum_{q=1}^{\infty} \frac{\mu(q)}{q} = 0$$

gezeigt werden kann. Die frühere Argumentation muss hierbei etwas abgewandelt werden, da eine einfache Vertauschung der Summationsreihenfolge nicht mehr ohne Weiteres erlaubt ist.

Satz 5.8 *Für festes $s > s_0$ konvergiere die Reihe $\sum\limits_{n=1}^{\infty} \frac{f(n)}{n^s}$ absolut gegen $F := F(s)$ und die Reihe $\sum\limits_{n=1}^{\infty} \frac{g(n)}{n^s}$ konvergiere – nicht notwendigerweise absolut – gegen $G := G(s)$. Dann konvergiert die Reihe $\sum\limits_{n=1}^{\infty} \frac{(f*g)(n)}{n^s}$ gegen FG.*

Beweis Für $s \in \mathbb{R}$ sei

$$F_m := \sum_{n \leq m} \frac{f(n)}{n^s}, \quad F_m^* := \sum_{n \leq m} \frac{|f(n)|}{n^s}, \quad G_m := \sum_{n \leq m} \frac{g(n)}{n^s}$$

---

[4] Jacques Salomon Hadamard (1865–1963)
[5] Charles-Jean Gustave Nicolas Baron de la Vallée Poussin (1866–1962)
[6] Raymond George Ayoub (1923–2013)

Dann existiert $M \in \mathbb{R}$ mit $F_m^*(s) < M$ und $|G_m| < M$ für jedes $m \in \mathbb{N}$. Auf Grund der Konvergenz der jeweiligen Reihen existiert für beliebiges $\varepsilon > 0$ eine natürliche Zahl $m_0 = m_0(\varepsilon)$ so, dass für alle $m \geq m_0$ die folgenden drei Ungleichungen gleichzeitig gelten:

$$\sum_{n=\lfloor \sqrt{m} \rfloor + 1}^{m} \frac{|f(n)|}{n^s} < \frac{\varepsilon}{3M + 1}$$

$$|G_k - G_{m_0}| < \frac{\varepsilon}{3M + 1} \quad \text{für alle } \sqrt{m} \leq k \leq m$$

$$|F_m G_m - FG| < \frac{\varepsilon}{3M + 1}$$

Weiter gilt

$$\sum_{n=1}^{m} \frac{(f * g)(n)}{n^s} = \sum_{kj \leq m} \frac{f(j)}{j^s} \frac{g(k)}{k^s} = \sum_{n=1}^{m} \frac{f(n)}{n^s} G_{\lfloor m/n \rfloor}$$

und somit auch

$$\sum_{n=1}^{m} \frac{(f * g)(n)}{n^s} - F_m G_m = \sum_{n=1}^{m} \frac{f(n)}{n^s} \left(G_{\lfloor m/n \rfloor} - G_m\right)$$

$$= \sum_{n=1}^{\lfloor \sqrt{m} \rfloor} \frac{f(n)}{n^s} \left(G_{\lfloor m/n \rfloor} - G_m\right) + \sum_{n=\lfloor \sqrt{m} \rfloor + 1}^{m} \frac{f(n)}{n^s} \left(G_{\lfloor m/n \rfloor} - G_m\right)$$

Für $m \geq m_0$ ist daher

$$\left| \sum_{n=1}^{m} \frac{(f * g)(n)}{n^s} - F_m G_m \right| < \frac{\varepsilon}{3M + 1} \sum_{n=1}^{\lfloor \sqrt{m} \rfloor} \frac{|f(n)|}{n^s} + 2M \sum_{n=\lfloor \sqrt{m} \rfloor + 1}^{m} \frac{|f(n)|}{n^s}$$

$$< \frac{3M}{3M + 1} \varepsilon$$

und folglich auch

$$\left| \sum_{n=1}^{m} \frac{(f * g)(n)}{n^s} - FG \right| < \frac{3M}{3M + 1} \varepsilon + |F_m G_m - FG| < \varepsilon$$

was den Beweis abschließt. $\square$

Für festes $q \in \mathbb{N}$ können auch Dirichlet-Reihen der Funktion $n \mapsto c_q(n)$ betrachtet werden, das heißt Reihen der Form

$$\sum_{n=1}^{\infty} \frac{c_q(n)}{n^s}$$

die auf Grund der für alle $n \in \mathbb{N}$ gültigen Ungleichung $|c_q(n)| \le \sigma(q)$ für $s > 1$ absolut konvergiert. In diesem Bereich gilt

$$\sum_{n=1}^{\infty} \frac{c_q(n)}{n^s} = \sum_{n=1}^{\infty} \left(\sum_{d|(n;q)} d\,\mu\left(\frac{q}{d}\right) \right) \frac{1}{n^s}$$

Nun existiert für jeden Teiler $d \mid q$ ein Term für jedes Vielfache (md) von d, weshalb

$$\sum_{n=1}^{\infty} \frac{c_q(n)}{n^s} = \sum_{d|q} \left(d\,\mu\left(\frac{q}{d}\right) \sum_{m=1}^{\infty} \frac{1}{(md)^s} \right)$$

$$= \left(\sum_{n=1}^{\infty} \frac{1}{m^s} \right) \left(\sum_{d|q} d^{1-s}\mu\left(\frac{q}{d}\right) \right) = \zeta(s)\,\varphi_{1-s}(q)$$

mit der in Übung 1.37 definierten Funktion φ_k, gilt. Die Herleitung dieser Identität kann auf allgemeinere Fälle angewendet werden, siehe Übung 5.47.

Es gibt ein allgemeines Resultat, das wir in Satz 5.11 anführen, welches Satz 5.7 als Spezialfall abdeckt, und das andere interessante Spezialfälle enthält. Es ergibt sich aus der folgenden Umkehrformel.

Lemma 5.9 *Seien f und g arithmetische Funktionen und die Reihe*

$$\sum_{k=1}^{\infty} \sum_{m=1}^{\infty} g(km)$$

konvergiere absolut. Ist

$$f(n) = \sum_{m=1}^{\infty} g(mn)$$

dann gilt

$$g(n) = \sum_{m=1}^{\infty} \mu(m)\,f(mn)$$

Beweis Aus der ersten Identität folgt

$$\sum_{m=1}^{\infty} \mu(m)\,f(mn) = \sum_{m=1}^{\infty} \sum_{q=1}^{\infty} \mu(m)\,g(mnq)$$

wobei die Reihen auf der rechten Seite für alle $n \in \mathbb{N}$ absolut konvergieren. Nach einer Vertauschung der Summationsreihenfolge ergibt sich deshalb

$$\sum_{m=1}^{\infty} \mu(m)\, f(mn) = \sum_{q=1}^{\infty} \left(g(nq) \sum_{m|q} \mu(m) \right) = g(n) \qquad \square$$

Die beiden Gleichungen sind aber nicht äquivalent, wie nachstehendes Beispiel zeigt – die absolute Konvergenz beider Reihen reicht jedoch aus.

Beispiel 5.10 Mit $f(n) := \frac{1}{n}$ und $g(n) := 0$ sind alle Voraussetzungen von Lemma 5.9 erfüllt, denn

$$\sum_{m=1}^{\infty} \mu(m)\, f(mn) = \frac{1}{n} \sum_{m=1}^{\infty} \frac{\mu(m)}{m} = 0 = g(n)$$

Damit gilt die zweite Gleichung für $g(n)$, jedoch ist die Erste für $f(n)$ offensichtlich falsch.

Satz 5.11 *Sei g eine arithmetische Funktion so, dass die Reihe*

$$\sum_{k=1}^{\infty} \sum_{m=1}^{\infty} g(kmn)$$

für jede natürliche Zahl n absolut konvergiere, und

$$f(n) := \sum_{d|n} d\, g(d)$$

Setzt man

$$h(n) := \sum_{m=1}^{\infty} g(mn)$$

dann gilt

$$f(n) = \sum_{q=1}^{\infty} h(q)\, c_q(n)$$

und die Reihe konvergiert für alle $n \in \mathbb{N}$ absolut.

Beweis Nach Lemma 5.9 gilt

$$g(n) = \sum_{m=1}^{\infty} \mu(m)\, h(mn)$$

wobei die Reihe absolut konvergiert. Damit ist aber auch

$$f(n) = \sum_{d|n} \left(d \sum_{m=1}^{\infty} \mu(m)\, h(md) \right)$$

$$= \sum_{q=1}^{\infty} \left(h(q) \sum_{d|(n;q)} d\, \mu\left(\frac{q}{d}\right) \right) = \sum_{q=1}^{\infty} h(q)\, c_q(n) \qquad \square$$

Beispiel 5.12 Für $s > 1$ ist

$$\sigma_{1-s}(n) = \sum_{d|n} d^{\,1-s} = \sum_{d|n} d\,\frac{1}{d^s}$$

und

$$\sum_{k=1}^{\infty} \sum_{m=1}^{\infty} \frac{1}{(kmn)^s}$$

konvergiert absolut. Nach Satz 5.11 gilt dann mit $g(n) := \frac{1}{n^s}$

$$\sigma_{1-s}(n) = \sum_{q=1}^{\infty} h(q)\, c_q(n)$$

mit

$$h(n) := \sum_{m=1}^{\infty} \frac{1}{(mn)^s} = \frac{1}{n^s} \sum_{m=1}^{\infty} \frac{1}{m^s} = \frac{\zeta(s)}{n^s}$$

Damit ist

$$\frac{\sigma_{s-1}(n)}{n^{s-1}} = \sigma_{1-s}(n) = \zeta(s) \sum_{q=1}^{\infty} \frac{c_q(n)}{q^s}$$

Satz 5.11 soll nun angewandt werden um die Identität

$$J_k(n) = \frac{n^k}{\zeta(k+1)} \sum_{q=1}^{\infty} \frac{\mu(q)}{J_{k+1}(q)}\, c_q(n)$$

zu zeigen. Ein Spezialfall hiervon ist

$$\varphi(n) = \frac{6n}{\pi^2} \sum_{q=1}^{\infty} \frac{\mu(q)}{J_2(q)} \, c_q(n)$$

Satz 5.13 *Für s > 1 gilt*

$$\varphi_{s-1}(n) = \frac{n^{s-1}}{\zeta(s)} \sum_{q=1}^{\infty} \frac{\mu(q)}{\varphi_s(q)} \, c_q(n)$$

Beweis Für $s > 1$ gilt

$$\varphi_{s-1}(n) = \sum_{d \mid n} d^{s-1} \mu\left(\frac{q}{d}\right) = n^{s-1} \sum_{d \mid n} \frac{\mu(d)}{d^{s-1}} = n^{s-1} \sum_{d \mid n} d \, \frac{\mu(d)}{d^s}$$

Da für jedes $n \in \mathbb{N}$ die Reihe

$$\sum_{k=1}^{\infty} \sum_{m=1}^{\infty} \frac{\mu(kmn)}{(kmn)^s}$$

absolut konvergiert, kann Satz 5.11 mit $g(n) := \frac{\mu(d)}{d^s}$ angewandt werden und er liefert

$$\varphi_{s-1}(n) = n^{s-1} \sum_{q=1}^{\infty} h(q) \, c_q(n)$$

mit

$$h(q) := \sum_{m=1}^{\infty} \frac{\mu(mq)}{(mq)^s} = \frac{1}{q^s} \sum_{q=1}^{\infty} \frac{\mu(mq)}{m^s} = \frac{\mu(q)}{\varphi_s(q)\,\zeta(s)} \qquad \square$$

5.5 Dirichlet-Reihen mit Teilerbedingungen

In diesem Abschnitt sollen Reihen der Form

$$\sum_{\substack{r=1 \\ (r;n)=1}}^{\infty} \frac{f(r)}{r^s}$$

betrachtet werden. Sie konvergieren für diejenigen Werte von s absolut, für welche die Dirichlet-Reihe von f absolut konvergiert. Der nachfolgende Satz ist zur Auswertung solcher Summen äußerst hilfreich und man sollte ihn mit Satz 5.11 vergleichen.

Satz 5.14 *Sei g eine arithmetische Funktion derart, dass die Reihe*

$$\sum_{k=1}^{\infty} \sum_{m=1}^{\infty} g(kmn)$$

für jede natürliche Zahl n absolut konvergiere und

$$f(n) := \sum_{d\mid n} \mu(d)\, g(d)$$

Ist

$$h(n) = \sum_{m=1}^{\infty} \mu(m)\, g(mn)$$

dann gilt

$$f(n) = \sum_{\substack{r=1 \\ (r;n)=1}}^{\infty} h(r)$$

wobei die Reihe für alle n $\in \mathbb{N}$ absolut konvergiert.

Beweis Nach Übung 5.61 ist für jedes $n \in \mathbb{N}$

$$g(n) = \sum_{m=1}^{\infty} h(mn)$$

und damit

$$f(n) = \sum_{d\mid n} \mu(d) \sum_{m=1}^{\infty} h(md) = \sum_{d\mid n} \mu(d) \sum_{\substack{r=1 \\ d\mid r}}^{\infty} h(r)$$

$$= \sum_{r=1}^{\infty} h(r) \sum_{d\mid(r;n)} \mu(d) = \sum_{\substack{r=1 \\ (r;n)=1}}^{\infty} h(r) \qquad \square$$

Beispiel 5.15

(i) Sei $s > 1$ und $g(n) := n^{-s}$ sowie

$$f(n) := \frac{\varphi_s(n)}{n^s}$$

Die Reihe $\sum\limits_{k=1}^{\infty} \sum\limits_{m=1}^{\infty} g(kmn)$ konvergiert für jedes $n \in \mathbb{N}$ absolut und es ist

$$h(n) = \sum_{m=1}^{\infty} \frac{\mu(m)}{(mn)^s} = \frac{1}{n^s} \sum_{m=1}^{\infty} \frac{\mu(m)}{m^s} = \frac{1}{n^s \zeta(s)}$$

Eine Anwendung des Satzes liefert dann die Identität

$$\frac{\varphi_s(n)}{n^s} = \frac{1}{\zeta(s)} \sum_{\substack{r=1 \\ (r;n)=1}}^{\infty} \frac{1}{r^s}$$

für jede natürliche Zahl n (dies folgt auch aus Übung 5.63). Für eine natürliche Zahl k gilt deshalb

$$J_k(n) = \frac{n^k}{\zeta(k)} \sum_{\substack{r=1 \\ (r;n)=1}}^{\infty} \frac{1}{r^s}$$

und speziell

$$J_2(n) = \frac{6n^2}{\pi^2} \sum_{\substack{r=1 \\ (r;n)=1}}^{\infty} \frac{1}{r^2}$$

Die Konvergenz dieser Reihe ist sehr schnell, beispielsweise ist $J_2(10) = 72$ und die Summe der ersten 10 Terme ist ungefähr gleich 71,03.

(ii) Definiert man für $s \in \mathbb{R}$ die arithmetische Funktion ψ_s (vgl. Übung 1.34) durch

$$\psi_s(n) := \sum_{d \mid n} d^s \left| \mu\left(\frac{n}{d}\right) \right|$$

dann ist auf Primzahlpotenzen

$$\psi_s(p^a) = p^{as} \left(1 + \frac{1}{p^s} \right)$$

Für $s > 1$ ist

$$\frac{\psi_s(n)}{n^s} = \frac{1}{n^s} \sum_{d \mid n} \left(\frac{n}{d}\right)^s |\mu(d)| = \sum_{d \mid n} \mu(d) \frac{\mu(d)}{d^s}$$

Setzt man $g(n) := \frac{\mu(n)}{n^s}$, dann konvergiert $\sum\limits_{k=1}^{\infty} \sum\limits_{m=1}^{\infty} g(kmn)$ für jedes $n \in \mathbb{N}$ absolut und es ist

$$h(n) = \sum_{m=1}^{\infty} \mu(m) \frac{\mu(mn)}{(mn)^s} = \frac{\mu(n)}{n^s} \sum_{\substack{m=1 \\ (m;n)=1}}^{\infty} \frac{\mu(m)}{m^s}$$

Nun gilt für $s > 1$

$$\sum_{\substack{m=1 \\ (m;n)=1}}^{\infty} \frac{\mu(m)}{m^s} = \prod_p (1 + p^{-s})^{-1} \prod_{p|n} (1 + p^{-s})^{-1} \prod_p (1 - p^{-s}) \prod_p (1 - p^{-s})^{-1}$$

$$= \frac{n^s}{\psi_s(n)} \prod_p (1 - p^{-2s}) \prod_p (1 - p^{-s})^{-1} = \frac{n^s \, \zeta(s)}{\psi_s(n) \, \zeta(2s)}$$

und somit

$$h(n) = \frac{\mu(n) \, \zeta(s)}{\psi_s(n) \, \zeta(2s)}$$

Dann folgt auch

$$\frac{\psi_s(n)}{n^s} = \frac{\zeta(s)}{\zeta(2s)} \sum_{\substack{r=1 \\ (r;n)=1}}^{\infty} \frac{\mu(r)}{\psi_s(r)}$$

für jedes $n \in \mathbb{N}$. Mit Übung 5.41 ist

$$\sum_{\substack{r=1 \\ (r;n)=1}}^{\infty} \frac{\mu(r)}{\psi_s(r)} = \prod_{p \nmid n} \left(1 - \frac{1}{p^s + 1}\right) = \prod_{p \nmid n} \left(\frac{1}{1 + p^{-s}}\right)$$

$$= \prod_{p \nmid n} \left(1 - \frac{1}{p^s} + \frac{1}{p^{2s}} - \frac{1}{p^{3s}} \pm \ldots\right)$$

$$= \prod_{p \nmid n} \left(1 + \frac{\lambda(p)}{p^s} + \frac{\lambda(p^2)}{p^{2s}} + \frac{\lambda(p^3)}{p^{3s}} + \ldots\right) = \sum_{\substack{r=1 \\ (r;n)=1}}^{\infty} \frac{\lambda(r)}{r^s}$$

mit der Liouville-Funktion λ aus Übung 1.47. Somit gilt für jedes $n \in \mathbb{N}$ und $s > 1$

$$\frac{\psi_s(n)}{n^s} = \frac{\zeta(s)}{\zeta(2s)} \sum_{\substack{r=1 \\ (r;n)=1}}^{\infty} \frac{\lambda(r)}{r^s}$$

und insbesondere für $s = 2$

$$\psi_2(n) = \frac{15n^2}{\pi^2} \sum_{\substack{r=1 \\ (r;n)=1}}^{\infty} \frac{\lambda(r)}{r^2}$$

Für $n = 10$ ist $\psi_2(10) = 130$ und der Wert der ersten 10 Terme der Reihe ist

$$\frac{1500}{\pi^2} \left(1 - \frac{1}{3^2} - \frac{1}{7^2} + \frac{1}{9^2} - \frac{1}{11^2} - \frac{1}{13^2} - \frac{1}{17^2} - \frac{1}{19^2} + \frac{1}{21^2} - \frac{1}{23^2}\right) \approx 130{,}82$$

Es gibt ein weiteres allgemeines Prinzip, das zu ähnlichen Ergebnissen führt.

Lemma 5.16 *Sei f eine arithmetische Funktion so, dass die Reihe $\sum_{r=1}^{\infty} f(r)$ absolut konvergiert. Dann gilt*

$$\sum_{r=1}^{\infty} f(r) = \lim_{m \to \infty} \left(\sum_{d \mid m!} f(d) \right)$$

Beweis Es ist

$$\left| \sum_{r \leq m} f(r) - \sum_{d \mid m!} f(d) \right| = \left| \sum_{\substack{d \mid m! \\ d > m}} f(d) \right| \leq \sum_{\substack{d \mid m! \\ d > m}} |f(d)| < \sum_{r=m+1}^{\infty} |f(r)| \overset{m \to \infty}{\longrightarrow} 0$$

was die Behauptung beweist.   □

Beispiel 5.17

(i) Die Reihe

$$\sum_{q=1}^{\infty} \frac{c_q(n)}{q^s}$$

konvergiert absolut für $s > 1$ und damit ist

$$\sum_{q=1}^{\infty} \frac{c_q(n)}{q^s} = \lim_{m \to \infty} \sum_{d \mid m!} \frac{c_d(n)}{d^s}$$

Mit Übung 2.37 (die dort angegebene Identität gilt auch für reelle Zahlen s) gilt

$$\sum_{d \mid q} \frac{c_q(d)}{d^s} = \frac{1}{q^s} \sum_{d \mid (n;q)} d\, \varphi_s \left(\frac{q}{d} \right)$$

$$= \frac{1}{q^s} \sum_{d \mid (n;q)} \left(d \sum_{l \mid \frac{q}{d}} \left(\frac{q}{ld} \right)^s \mu(l) \right) = \sum_{d \mid (n;q)} \left(\frac{1}{d^{s-1}} \sum_{l \mid \frac{q}{d}} \frac{\mu(l)}{l^s} \right)$$

Somit ist für $s > 1$

$$\sum_{q=1}^{\infty} \frac{c_q(n)}{q^s} = \lim_{m \to \infty} \sum_{d \mid (n;m!)} \left(\frac{1}{d^{s-1}} \sum_{l \mid \frac{m!}{d}} \frac{\mu(l)}{l^s} \right)$$

Ist n fest gewählt, dann teilt $n \mid m!$ für große m, womit sich die Identität

$$\sum_{q=1}^{\infty} \frac{c_q(n)}{q^s} = \sum_{d \mid n} \frac{1}{d^{s-1}} \left(\lim_{m \to \infty} \sum_{l \mid \frac{m!}{d}} \frac{\mu(l)}{l^s} \right)$$

$$= \left(\sum_{d \mid n} \frac{1}{d^{s-1}} \right) \left(\sum_{l=1}^{\infty} \frac{\mu(l)}{l^s} \right) = \frac{\sigma_{s-1}(n)}{n^{s-1}} \frac{1}{\zeta(s)}$$

ergibt und auch Satz 5.7 bestätigt.

(ii) Man kann zum Beweis von Satz 5.13 auch Lemma 5.16 benutzen, allerdings erfordert dies einen a priori Nachweis der absoluten Konvergenz der Reihe

$$\sum_{q=1}^{\infty} \frac{\mu(q)}{\varphi_s(q)} c_q(n)$$

für $s > 1$. Setzt man diese Konvergenz voraus, dann ist

$$\sum_{q=1}^{\infty} \frac{\mu(q)}{\varphi_s(q)} c_q(n) = \lim_{m \to \infty} \sum_{d \mid m!} \frac{\mu(d)}{\varphi_s(d)} c_d(n)$$

Nach der auch für $s \in \mathbb{R}$ korrekten Aussage aus Übung 2.44 gilt

$$\frac{\varphi_{s-1}((n;q))}{(n;q)^{s-1}} = \frac{\varphi_s(q)}{q^s} \sum_{d \mid q} \frac{\mu(d)}{\varphi_s(d)} c_d(n) = \left(\sum_{d \mid q} \frac{\mu(d)}{d^s} \right) \left(\sum_{d \mid q} \frac{\mu(d)}{\varphi_s(d)} c_d(n) \right)$$

Setzt man $q := m!$ dann ist für $m \to \infty$

$$\frac{\varphi_s(n)}{n^{s-1}} = \frac{1}{\zeta(s)} \sum_{q=1}^{\infty} \frac{\mu(q)}{\varphi_s(q)} c_q(n)$$

was genau die Aussage von Satz 5.13 ist. Es bleibt die absolute Konvergenz der Reihe für $s > 1$ zu zeigen. Da für alle $q \in \mathbb{N}$ die Ungleichung $|\mu(q) c_q(n)| \le \sigma(n)$ gilt, reicht es aus, für alle $\varepsilon > 0$ die Existenz einer Konstanten K zu beweisen, die

$$\frac{1}{\varphi_s(q)} \le K \frac{1}{q^{s-\varepsilon}}$$

erfüllt, was aus dem untenstehenden Lemma 5.19 folgt.

Lemma 5.18 *Sei f eine multiplikative arithmetische Funktion. Gilt $f(p^a) \to 0$ für $p^a \to \infty$, dann ist auch $\lim\limits_{r \to \infty} f(r) = 0$.*

Beweis Nach Voraussetzung gibt es reelle Zahlen $A > 1$ und B mit $|f(p^a)| < A$ für jede Primzahlpotenz p^a und $|f(p^a)| < 1$ für $p^a > B$. Die Zahlen A und B können unabhängig von der Primzahl p gewählt werden und hängen nur von f ab. Sei nun $\varepsilon > 0$. Dann existiert eine reelle Zahl C mit $|f(p^a)| < \varepsilon$ für alle $p^a > C$. Bezeichnet man mit m die Anzahl der Primzahlpotenzen $p^a \leq B$ und ist $r = p_1^{a_1} \cdot \ldots \cdot p_t^{a_t}$ die Primfaktorzerlegung von r, dann existieren höchstens m Primzahlpotenzen $p_j^{a_j}$ mit $p_j^{a_j} \leq B$, und für jeden solchen Faktor gilt $|f(p_j^{a_j})| < A$. Für jede der anderen Primzahlpotenzen $p_j^{a_j}$ ist dann $|f(p_j^{a_j})| < 1$. Existiert eine Primzahlpotenz mit $p_j^{a_j} > C$, dann ist $|f(p_j^{a_j})| < \varepsilon$ und

$$|f(r)| = |f(p_1^{a_1})| \cdot \ldots \cdot |f(p_t^{a_t})| < A^m \varepsilon$$

Es existieren höchstens endlich viele Primzahlpotenzen $p^a \leq C$ und nur endlich viele natürliche Zahlen, die das Produkt dieser Primzahlpotenzen sind. Bezeichnet $r_0 \in \mathbb{N}$ eine Zahl, die größer als jede jener Zahlen ist, dann ist für alle $r > r_0$

$$|f(r)| < A^m \varepsilon$$

was den Beweis abschließt.   □

Lemma 5.19 *Für $s \geq 1$ und $\varepsilon > 0$ gilt*

$$\lim_{r \to \infty} \frac{r^{s-\varepsilon}}{\varphi_s(r)} = 0$$

Beweis Setzt man

$$f(r) := \frac{r^{s-\varepsilon}}{\varphi_s(r)}$$

dann ist die Funktion f für jedes $r \in \mathbb{N}$ eine multiplikative Funktion und Lemma 5.18 kann angewandt werden, da

$$f(p^a) = \frac{p^{a(s-\varepsilon)}}{p^{as}(1-p^{-s})} = \frac{1}{p^{a\varepsilon}(1-p^{-s})} \leq \frac{2}{p^{a\varepsilon}}$$

gilt.   □

5.6   Übungen zu Kap. 5

Übung 5.1 Die Dirichlet-Reihe

$$\sum_{n=1}^{\infty} \frac{n^n}{n^s}$$

divergiert für jedes $s \in \mathbb{R}$, also ist $s_a = \infty$. Die Dirichlet-Reihe

$$\sum_{n=1}^{\infty} \frac{n^{-n}}{n^s}$$

konvergiert für jedes $s \in \mathbb{R}$, also ist $s_a = -\infty$.

Übung 5.2 Ist f eine beschränkte arithmetische Funktion, dann gilt für die Abszisse der absoluten Konvergenz der zugehörigen Dirichlet-Reihe $s_a \leq 1$.

Übung 5.3 Sei f eine arithmetische Funktion und $k \in \mathbb{N}$. Ist F die erzeugende Funktion zu f für $s > s_0$, dann ist $F(ks)$ die erzeugende Funktion der Funktion $\Omega_k(f)$ im Bereich $s > \frac{s_0}{k}$, vgl. Übung 1.83.

Übung 5.4 Für den Bereich $s > k + 1$ gilt

$$\sum_{n=1}^{\infty} \frac{\zeta_k(n)}{n^s} = \zeta(s - k)$$

Übung 5.5 Für den Bereich $s > k + 1$ gilt

$$\sum_{n=1}^{\infty} \frac{\sigma_k(n)}{n^s} = \zeta(s)\,\zeta(s - k)$$

Übung 5.6 Für den Bereich $s > k + 1$ gilt

$$\sum_{n=1}^{\infty} \frac{J_k(n)}{n^s} = \frac{\zeta(s - k)}{\zeta(s)}$$

Übung 5.7 Für den Bereich $s > 1$ gilt

$$\sum_{n=1}^{\infty} \frac{\lambda(n)}{n^s} = \frac{\zeta(2s)}{\zeta(s)}$$

Übung 5.8 Für den Bereich $s > 1$ gilt

$$\sum_{n=1}^{\infty} \frac{|\mu(n)|}{n^s} = \frac{\zeta(s)}{\zeta(2s)}$$

Tipp: Man finde die erzeugende Funktion zu λ^{-1}.

Übung 5.9 Für den Bereich $s > 1$ gilt

$$\sum_{\substack{n=1 \\ 2 \nmid \omega(n)}}^{\infty} \frac{1}{n^s} = \frac{1}{2}\left(\frac{\zeta(s)}{\zeta(2s)} - \frac{1}{\zeta(s)}\right)$$

(vgl. Übung 1.17). Insbesondere gilt

$$\sum_{\substack{n=1 \\ 2 \nmid \omega(n)}}^{\infty} \frac{1}{n^2} = \frac{9}{2\pi^2}$$

Tipp: Man betrachte die Funktion $n \mapsto (|\mu(n)| - \mu(n))$.

Übung 5.10 Für den Bereich $s > 1$ gilt

$$\sum_{n=1}^{\infty} \frac{\omega(n)}{n^s} = \zeta(s) \sum_{p \in \mathbb{P}} \frac{1}{p^s}$$

Tipp: Man betrachte die Funktion $n \mapsto \mu * \omega$.

Übung 5.11 Für den Bereich $s > 1$ gilt

$$\sum_{n=1}^{\infty} \frac{\theta(n)}{n^s} = \frac{\zeta(s)^2}{\zeta(2s)}$$

und

$$\sum_{n=1}^{\infty} \frac{\lambda(n)\,\theta(n)}{n^s} = \frac{\zeta(2s)}{\zeta(s)^2}$$

(vgl. Übungen 1.24 und 1.47).

Übung 5.12 Die Inverse der in Übung 1.30 definierten Funktion μ_k ist $\mu_k^{-1} = \nu_k$, siehe Übung 1.89, und es gilt für den Bereich $s > \frac{1}{k}$

$$\sum_{n=1}^{\infty} \frac{\mu_k(n)}{n^s} = \frac{1}{\zeta(ks)}$$

sowie

$$\sum_{n=1}^{\infty} \frac{\nu_k(n)}{n^s} = \zeta(ks)$$

Für die Klee-Funktion, die in Übung 1.29 definiert wurde, gilt für $s > 2$

$$\sum_{n=1}^{\infty} \frac{\Xi_k(n)}{n^s} = \frac{\zeta(s-1)}{\zeta(ks)}$$

Übung 5.13 Für eine natürliche Zahl k sei die Funktion ξ_k durch

$$\xi_k(n) := \begin{cases} 1 & \text{wenn } n \ k\text{-frei ist} \\ 0 & \text{sonst} \end{cases}$$

definiert (vgl. Übung 1.30). Dann gilt für den Bereich $s > 1$

$$\sum_{n=1}^{\infty} \frac{\xi_k(n)}{n^s} = \frac{\zeta(s)}{\zeta(ks)}$$

Übung 5.14 Für die in Übung 1.32 und 1.33 definierten arithmetischen Funktionen τ_k und $\tau_{k,h}$ gilt für den Bereich $s > 1$

$$\sum_{n=1}^{\infty} \frac{\tau_k(n)}{n^s} = \zeta(s)^k$$

sowie für den Bereich $s > \frac{1}{h}$

$$\sum_{n=1}^{\infty} \frac{\tau_{k,h}(n)}{n^s} = \zeta(hs)^k$$

Übung 5.15 Für alle natürlichen Zahlen $k \geq 2$ und h gilt

$$\tau_{k,h}(n) = \sum_{\substack{d_1,\ldots,d_k \in \mathbb{N} \\ \forall j : d_j \mid n}} v_h(d_1) \cdot \ldots \cdot v_h(d_k)$$

Insbesondere ist $\tau_4 = \tau * \tau$.

Übung 5.16 Für den Bereich $s > k + 1$ gilt

$$\sum_{n=1}^{\infty} \frac{\beta_k(n)}{n^s} = \frac{\zeta(s-k)\,\zeta(2s)}{\zeta(s)}$$

mit der in Übung 1.78 eingeführten Funktion β_k. Insbesondere ist für den Bereich $s > 2$

$$\sum_{n=1}^{\infty} \frac{\beta(n)}{n^s} = \frac{\zeta(s-1)\,\zeta(2s)}{\zeta(s)}$$

Übung 5.17 Für die Gegenbauer-Funktion $\rho_{k,t}$, die in Übung 1.89 eingeführt wurde, gilt für den Bereich $s > k + 1$

$$\sum_{n=1}^{\infty} \frac{\rho_{k,t}(n)}{n^s} = \zeta(s-k)\,\zeta(ts)$$

Übung 5.18 Für die in Übung 1.34 eingeführte Funktion ψ_k gilt im Bereich $s >$ $k + 1$

$$\sum_{n=1}^{\infty} \frac{\psi_k(n)}{n^s} = \frac{\zeta(s-k)\,\zeta(s)}{\zeta(2s)}$$

Insbesondere gilt für die Dirichlet-Reihe der Dedekind-Funktion im Bereich $s > 2$

$$\sum_{n=1}^{\infty} \frac{\psi(n)}{n^s} = \frac{\zeta(s-1)\,\zeta(s)}{\zeta(2s)}$$

Übung 5.19 Für die in Übung 1.35 eingeführten Funktionen q_k und Ψ_k gilt im Bereich $s > \frac{1}{k}$

$$\sum_{n=1}^{\infty} \frac{q_k(n)}{n^s} = \frac{\zeta(ks)}{\zeta(2ks)}$$

sowie für den Bereich $s > 2$

$$\sum_{n=1}^{\infty} \frac{\Psi_k(n)}{n^s} = \frac{\zeta(s-1)\,\zeta(ks)}{\zeta(2ks)}$$

Übung 5.20 Für die Funktion R, die in Gleichung (1.14) eingeführt wurde, gilt für den Bereich $s > 1$

$$\sum_{n=1}^{\infty} \frac{R(n)}{n^s} = 4\,\zeta(s)\,L(s)$$

mit der im selben Bereich definierten Funktion

$$L(s) := \sum_{m=1}^{\infty} \frac{(-1)^m}{(2m+1)^s}$$

Übung 5.21 Für die in den Übungen 1.92, 1.93 und 1.95 eingeführten Funktionen gilt im Bereich $s > 1$

$$\sum_{n=1}^{\infty} \frac{\lambda_{k,q}(n)}{n^s} = \frac{\zeta(ks)}{\zeta(qs)}$$

$$\sum_{n=1}^{\infty} \frac{\mu_{k,q}(n)}{n^s} = \frac{\zeta(qs)}{\zeta(ks)}$$

$$\sum_{n=1}^{\infty} \frac{\zeta_{k,q}(n)}{n^s} = \frac{\zeta(s)\,\zeta(ks)}{\zeta(qs)}$$

sowie für den Bereich $s > 2$

$$\sum_{n=1}^{\infty} \frac{\varphi_{k,q}(n)}{n^s} = \frac{\zeta(s-1)\,\zeta(ks)}{\zeta(qs)}$$

Tipp: Man benutze Satz 5.4 um die Dirichlet-Reihe von $\lambda_{k,q}$ zu finden.

Übung 5.22 Für den Bereich $s > k + 1$ gilt

$$\sum_{n=1}^{\infty} \frac{\lambda(n)\,J_k(n)}{n^s} = \frac{\zeta(s)\,\zeta(2(s-k))}{\zeta(s-k)\,\zeta(2s)}$$

Übung 5.23 Für den Bereich $s > h + k + 1$ gilt

$$\sum_{n=1}^{\infty} \frac{\lambda(n)\,\sigma_k(n)\,\sigma_h(n)}{n^s} = \frac{\zeta(2s)\,\zeta(2(s-h))\,\zeta(2(s-k))\,\zeta(2(s-h-k))}{\zeta(s)\,\zeta(s-h)\,\zeta(s-k)\,\zeta(s-h-k)\,\zeta(2s-h-k)}$$

Übung 5.24 Definiert man für $k \in \mathbb{N}_0$ und $l \in \mathbb{N}$ die Funktion $\rho'_{k,l}$ durch

$$\rho'_{k,l}(n) := \sum_{\substack{d \mid n \\ \exists m \in \mathbb{N}:\, d = m^l}} d^k$$

dann gilt für den Bereich $s > k + 1$

$$\sum_{n=1}^{\infty} \frac{\lambda(n)\,\rho'_{k,l}(n)}{n^s} = \frac{\zeta(2s)\,\zeta(2l(s-k))}{\zeta(s)\,\zeta(l(s-k))}$$

Insbesondere mit $l = 1$ im Bereich $s > k + 1$

$$\sum_{n=1}^{\infty} \frac{\lambda(n)\,\sigma_k(n)}{n^s} = \frac{\zeta(2s)\,\zeta(2(s-k))}{\zeta(s)\,\zeta(s-k)}$$

Übung 5.25 Man definiert für $k \in \mathbb{N}$ die arithmetische Funktion $\overline{\mu}_k$ durch

$$\overline{\mu}_k(n) := \begin{cases} \lambda(n) & \text{wenn } \forall p \in \mathbb{P}: \ p^k \nmid n \\ 0 & \text{sonst} \end{cases}$$

Damit ist $\overline{\mu}_1 = \delta$ und $\overline{\mu}_2 = \mu$ und es gilt für den Bereich $s > 1$

$$\sum_{n=1}^{\infty} \frac{\overline{\mu}_k(n)}{n^s} = \begin{cases} \frac{\zeta(2s)}{\zeta(s)\,\zeta(ks)} & \text{wenn } 2 \mid k \\ \frac{\zeta(2s)\,\zeta(ks)}{\zeta(s)\,\zeta(2ks)} & \text{wenn } 2 \nmid k \end{cases}$$

Übung 5.26 Für den Bereich $s > 1$ gilt

$$\sum_{n=1}^{\infty} \frac{|\mu(n)|\,\varphi(n)}{n^s} = \prod_p \left(\frac{p^s + p - 1}{p^s} \right)$$

sowie im selben Bereich

$$\sum_{n=1}^{\infty} \frac{\gamma(n)}{n^s} = \zeta(s) \prod_p \left(\frac{p^s + p - 1}{p^s} \right)$$

mit dem in Übung 1.14 definierten Radikal.

Übung 5.27 Setzt man $\gamma'(n) := (-1)^{\omega(n)}\,\gamma(n)$, dann ist für alle $k \in \mathbb{N}$ innerhalb des Bereichs $s > 2k + 1$

$$\sum_{n=1}^{\infty} \frac{(-1)^{(k+1)\omega(n)}\,\gamma'(n)^k\,J_k(n)}{n^s} = \frac{\zeta(s-k)}{\zeta(s-2k)}$$

Insbesondere für $k = 1$ im Bereich $s > 3$

$$\sum_{n=1}^{\infty} \frac{\gamma'(n)\,\varphi(n)}{n^s} = \frac{\zeta(s-1)}{\zeta(s-2)}$$

Übung 5.28 Für eine natürliche Zahl $k \geq 2$ gilt für den Bereich $s > 1$

$$\sum_{n=1}^{\infty} \frac{\lambda(n)\,\tau_{k-1}(n)\,\tau\left(n^2\,\gamma(n)^{k-2}\right)}{(k-1)^{\omega(n)}\,n^s} = \frac{\zeta(2s)^k}{\zeta(s)^{k+1}}$$

wobei in Übung 1.32 τ_k nur für $k \geq 2$ definiert ist (man setzt üblicherweise $\tau_1 := \mathbb{1}$). Speziell für $k = 2$ gilt im Bereich $s > 1$

$$\sum_{n=1}^{\infty} \frac{\lambda(n)\,\tau(n^2)}{n^s} = \frac{\zeta(2s)^2}{\zeta(s)^3}$$

sowie für $k = 3$

$$\sum_{n=1}^{\infty} \frac{\lambda(n)\,\tau(n)^2}{n^s} = \frac{\zeta(2s)^3}{\zeta(s)^4}$$

Übung 5.29 Für eine natürliche Zahl $k \geq 3$ gilt für den Bereich $s > 1$

$$\sum_{n=1}^{\infty} \frac{\tau_{k-2}(n)\,\tau\left(n^2\,\gamma(n)^{k-3}\right)}{(k-2)^{\omega(n)}\,n^s} = \frac{\zeta(s)^k}{\zeta(2s)}$$

Insbesondere gilt für $k = 3$ im selben Bereich

$$\sum_{n=1}^{\infty} \frac{\tau\left(n^2\right)}{n^s} = \frac{\zeta(s)^3}{\zeta(2s)}$$

sowie für $k = 4$

$$\sum_{n=1}^{\infty} \frac{\tau(n)^2}{n^s} = \frac{\zeta(s)^4}{\zeta(2s)}$$

siehe auch Übung 5.33.

Übung 5.30 Sei $k \in \mathbb{N}_0$ und definiert man die arithmetische Funktion σ'_k durch

$$\sigma'_k(n) := \sum_{d \mid n} \lambda(n) \, d^k$$

Dann gilt für den Bereich $s > k + 1$

$$\sum_{n=1}^{\infty} \frac{\sigma_k(n)}{n^s} = \frac{\zeta(s)\,\zeta(2(s-k))}{\zeta(s-k)}$$

Übung 5.31 Es gilt die Identität

$$\sigma'_k(n) = \sum_{d \mid n} \nu_2(d) \, \lambda\left(\frac{n}{d}\right) J_k\left(\frac{n}{d}\right)$$

Übung 5.32 Für eine natürliche Zahl k und den Bereich $s > k + 1$

$$\sum_{n=1}^{\infty} \frac{\tau(n)\,\sigma_k(n)}{n^s} = \frac{\zeta(s)^2\,\zeta(s-k)^2}{\zeta(2s-k)}$$

Dies kann auch über Satz 5.4 bewiesen werden.

Übung 5.33 Satz 5.4 kann auch verwendet werden, um für $s > 1$ die Identität

$$\sum_{n=1}^{\infty} \frac{\tau(n)^2}{n^s} = \frac{\zeta(s)^4}{\zeta(2s)}$$

zu beweisen. Ein weiterer Beweis ist auch mit Hilfe von Satz 5.2 möglich (Tipp: Man betrachte hierfür die Faltung $\theta * \tau$).

Übung 5.34 Für den Bereich $s > h + k + 1$ gilt

$$\sum_{n=1}^{\infty} \frac{\beta_h(n)\,\sigma_k(n)}{n^s} = \frac{\zeta(2s)\,\zeta(s-h)\,\zeta(s-h-k)\,\zeta(2(s-k))\,\zeta(2s-h-k)}{\zeta(s)\,\zeta(s-k)\,\zeta(2(2s-h-k))}$$

Übung 5.35 Für den Bereich $s > h + k + 1$ gilt

$$\sum_{n=1}^{\infty} \frac{\sigma_h'(n)\,\sigma_k(n)}{n^s} = \frac{\zeta(s)\,\zeta(2(s-h))\,\zeta(s-k)\,\zeta(2(s-h-k))\,\zeta(2s-h-k)}{\zeta(s-h)\,\zeta(s-h-k)\,\zeta(2(2s-h-k))}$$

Übung 5.36 Für den Bereich $s > h + k + 1$ gilt

$$\sum_{n=1}^{\infty} \frac{\lambda(n)\,\sigma_h'(n)\,\sigma_k(n)}{n^s} = \frac{\zeta(2s)\,\zeta(2(s-k))\,\zeta(s-h)\,\zeta(2s-h-k)}{\zeta(s)\,\zeta(2(2s-h-k))}$$

Übung 5.37 Für den Bereich $s > h + k + 1$ gilt

$$\sum_{n=1}^{\infty} \frac{\sigma_h'(n)\,\sigma_k'(n)}{n^s} = \frac{\zeta(s)\,\zeta(2(s-h))\,\zeta(2(s-k))\,\zeta(s-h-k)}{\zeta(2s-h-k)\,\zeta(s-h)\,\zeta(s-k)}$$

Übung 5.38 Für den Bereich $s > h + k + 1$ gilt

$$\sum_{n=1}^{\infty} \frac{\lambda(n)\,\sigma_h'(n)\,\sigma_k'(n)}{n^s} = \frac{\zeta(2s)\,\zeta(s-h-k)\,\zeta(s-h)\,\zeta(s-k)}{\zeta(s)\,\zeta(s-h-k)\,\zeta(2s-h-k)}$$

Übung 5.39 Für den Bereich $s > 2k + 1$ gilt

$$\sum_{n=1}^{\infty} \frac{\sigma_k(n^2)}{n^s} = \frac{\zeta(s)\,\zeta(s-k)\,\zeta(s-2k)}{\zeta(2(s-k))}$$

sowie

$$\sum_{n=1}^{\infty} \frac{\sigma_k'(n^2)}{n^s} = \frac{\zeta(s)\,\zeta(s-2k)}{\zeta(s-k)}$$

Tipp: Man setze in Übungen 5.35 und 5.37 $h = 0$.

Übung 5.40 Es gelten

$$\sigma_k(n)^2 = \sum_{d\mid n} d^k\,\sigma_k\left(\frac{n^2}{d^2}\right)$$

sowie

$$\sigma'_k(n)^2 = \sum_{d \mid n} \lambda(d) \, d^k \, \sigma'_k\left(\frac{n^2}{d^2}\right)$$

Diese Identitäten sind gültig, da sowohl σ_k als auch σ'_k speziell multiplikativ sind, siehe Satz 1.14. Sie können beispielsweise mit Hilfe der Übung 5.39 bewiesen werden.

Übung 5.41 Diese Übung ist eine allgemeinere Version von Satz 5.4. Sei f eine multiplikative Funktion dergestalt, dass die Reihe $\sum_{n=1}^{\infty} f(n)$ absolut konvergiert. Dann konvergiert auch die Reihe $\sum_{k=0}^{\infty} f(p^k)$ für jede Primzahl p absolut und es gilt

$$\sum_{n=1}^{\infty} f(n) = \prod_{p} \left(\sum_{k=0}^{\infty} f(p^k)\right)$$

wobei auch das unendliche Produkt absolut konvergiert. Ist f vollständig multiplikativ, dann vereinfacht sich der Ausdruck zu

$$\sum_{n=1}^{\infty} f(n) = \prod_{p} \left(\frac{1}{1 - f(p)}\right)$$

Übung 5.42 Sei f speziell multiplikativ mit $B := B_f$. Konvergiert die Dirichlet-Reihe für $s > s_0$ absolut, dann gilt in diesem Bereich

$$\sum_{n=1}^{\infty} \frac{\lambda(n) \, f(n)}{n^s} = \prod_{p} \left(\frac{1}{1 + f(p) \, p^{-s} + B(p) \, p^{-2s}}\right)$$

sowie

$$\sum_{n=1}^{\infty} \frac{N(f)(n)}{n^s} = \prod_{p} \left(\frac{1}{1 - (f(p)^2 - 2B(p)) \, p^{-s} + B(p) \, p^{-2s}}\right)$$

mit der in Übung 1.70 definierten Norm $N(f)$.

Übung 5.43 Anknüpfend an Übung 5.42, seien F' und G die erzeugenden Funktionen zu $N(f)$ und B. Im Bereich $s > s_0$ gilt dann

$$\sum_{n=1}^{\infty} \frac{f(n)^2}{n^s} = F'(s) \, G(s) \prod_{p} (1 + B(p) \, p^{-s})$$

sowie

$$\sum_{n=1}^{\infty} \frac{f(n^2)}{n^s} = F'(s) \prod_{p} (1 + B(p) \, p^{-s})$$

Übung 5.44 Seien f und g arithmetische Funktionen sowie $\overline{f} := f * \mathbb{1}$ und $\overline{g} := g * \mathbb{1}$. Unter der Voraussetzung, dass alle Reihen für $s > s_0$ absolut konvergieren, gilt

$$\sum_{n=1}^{\infty} \frac{\overline{f}(n)\,\overline{g}(n)}{n^s} = \zeta(s) \left(\sum_{n=1}^{\infty} \frac{\varphi_s(n)}{n^{2s}} \right) \left(\sum_{j=1}^{\infty} \frac{f(nj)}{j^s} \right) \left(\sum_{k=1}^{\infty} \frac{g(nk)}{k^s} \right)$$

Die rechte Seite der Gleichung ist $\zeta(s)\,H(s)$, wobei H die erzeugende Funktion zu der in Übung 1.4 definierten Funktion h bezeichnet,

$$h(n) := \sum_{[a;b]=n} f(a)g(b)$$

mit $h = (f * \mathbb{1})\,(g * \mathbb{1}) * \mu$.

Übung 5.45 Setzt man in Übung 5.44 $f := \zeta_h$ und $g := \zeta_k$, dann erhält man die Aussage von Lemma 5.6. Tipp: Man zeige hierzu, dass für eine reelle Zahl x im Bereich $s > x + 1$

$$\sum_{n=1}^{\infty} \frac{\varphi_x(n)}{n^s} = \frac{\zeta(s - x)}{\zeta(s)}$$

gilt, siehe auch Übung 5.6.

Übung 5.46 Man zeige, dass die Aussagen in Übungen 5.35 und 5.37 Spezialfälle der Identität aus Übung 5.44 sind.

Übung 5.47 Konvergiert die Dirichlet-Reihe einer arithmetischen Funktion f absolut für $s > s_0$, dann gilt für $q \in \mathbb{N}$ in diesem Bereich

$$\sum_{n=1}^{\infty} \frac{f(n)\,c_q(n)}{n^s} = \sum_{d|q} d^{1-s}\,\mu\left(\frac{q}{d}\right) \sum_{m=1}^{\infty} \frac{f(md)}{m^s}$$

Wenn f vollständig multiplikativ ist, ergibt dies insbesondere

$$\sum_{n=1}^{\infty} \frac{f(n)\,c_q(n)}{n^s} = \left(\sum_{m=1}^{\infty} \frac{f(m)}{m^s} \right) \left(\sum_{d|q} d^{1-s}\,f(d)\,\mu\left(\frac{q}{d}\right) \right)$$

Übung 5.48 Für $s > 1$ gilt

$$\sum_{n=1}^{\infty} \frac{\lambda(n)\,c_q(n)}{n^s} = \frac{\zeta(2s)}{\zeta(s)} \sum_{d|q} \lambda(d)\,\mu\left(\frac{q}{d}\right)$$

Übung 5.49 Für $s > 1$ gilt

$$\sum_{n=1}^{\infty} \frac{c_q(kn)}{n^s} = \zeta(s) \sum_{d|q} d^{1-s} (k;d)^s \, \mu\left(\frac{q}{d}\right)$$

Übung 5.50 Sei $c_{q,k}$ die in Übung 2.51 eingeführte verallgemeinerte Ramanujan-Summe und $\sigma_s^{(k)}$ sei für $s \in \mathbb{R}$ durch

$$\sigma_s^{(k)}(n) := \sum_{d^k|n} d^{ks}$$

definiert. Dann gilt im Bereich $s > 1$

$$\sigma_{1-s}^{(k)}(n) = \zeta(ks) \sum_{q=1}^{\infty} \frac{c_{q,k}(n)}{q^{ks}}$$

Übung 5.51 Im Bereich $s > 1$ gilt

$$\varphi_{k(1-s)}(q) = \frac{1}{\zeta(s)} \sum_{n=1}^{\infty} \frac{c_{q,k}(n)}{n^s}$$

Übung 5.52 Sei $q \in \mathbb{N}$ und f eine gerade Funktion (mod q) mit Fourier-Koeffizienten a_d. Dann gilt

$$\sum_{n=1}^{\infty} \frac{f(n)}{n^s} = \zeta(s) \sum_{d|q} a_d \, \varphi_{1-s}(d)$$

Übung 5.53 Definiert man für eine reguläre arithmetische Faltung A und eine reelle Zahl s die arithmetische Funktion $\varphi_{A,s}$ durch

$$\varphi_{A,s}(q) := \sum_{d \in A(q)} d^s \, \mu_A\left(\frac{q}{d}\right)$$

dann gilt für $s > 1$

$$\sum_{n=1}^{\infty} \frac{c_{q,A}(n)}{n^s} = \zeta(s) \, \varphi_{A,1-s}(q)$$

Übung 5.54 Für $s > 1$ gilt

$$\sum_{n=1}^{\infty} \frac{c_q(n)^2}{n^s} = \zeta(s) \sum_{d|q} \theta\left(\frac{q}{d}, q\right) \varphi_{1-s}(d)$$

Tipp: Siehe Übung 3.20.

Übung 5.55 Für $s > 1$ gilt

$$\sum_{n=1}^{\infty} \frac{S(n,q,k)}{n^s} = q^{2k-1} \zeta(s) \sum_{d \mid q} \frac{1}{d^k} \psi_{1-s}(d)$$

Tipp: Siehe Satz 3.10.

Übung 5.56 Seien $q \in \mathbb{N}$ und f eine gerade Funktion (mod q). Mit der in Satz 2.10 definierten Funktion g gilt

$$\sum_{n=1}^{\infty} \frac{f(n)}{n^s} = \zeta(s) \sum_{d \mid q} \frac{1}{d^s} g\left(d, \frac{q}{d}\right)$$

Übung 5.57 Seien g und h arithmetische Funktionen. Definiere die Summe $f(n,q)$ durch

$$f(n,q) := \sum_{d \mid (n;q)} g(d) h\left(\frac{q}{d}\right)$$

Dann gilt für $s > 1$

$$\sum_{n=1}^{\infty} \frac{f(n,q)}{n^s} = \zeta(s) \sum_{d \mid q} g(d) h\left(\frac{q}{d}\right) d^{-s}$$

Konvergiert die Summe $\sum\limits_{q=1}^{\infty} h(q) q^{-s}$ gegen $H(s)$, dann ist

$$\sum_{q=1}^{\infty} \frac{f(n,q)}{q^s} = H(s) \sum_{d \mid n} \frac{g(d)}{d^s}$$

Übung 5.58 Für $s > 2k$ gilt

$$\sum_{q=1}^{\infty} \frac{S(n,q,k)}{q^s} = \frac{\zeta(s - 2k + 1) \sigma_{s-k}(n)}{\zeta(s - k + 1) n^{s-k}}$$

Übung 5.59 Mit der in Übung 3.9 definierten Funktion $D_{r,v}(n,q)$ gilt für $s > 1$

$$\sum_{q=1}^{\infty} \frac{D_{r,v}(n,q)}{q^s} = \frac{\sigma_{s-1}(n) \zeta(rs)}{n^{s-1} \zeta(vs)}$$

Übung 5.60 Seien f und g arithmetische Funktionen so, wie in Satz 5.11, und desweiteren gelte mit einer anderen arithmetischen Funktion h

$$f(n) = \sum_{q=1}^{\infty} h(q)\, c_q(n)$$

wobei $\sum_{n=1}^{\infty} h(n)$ absolut konvergiere. Dann ist $h(n) = \sum_{m=1}^{\infty} g(mn)$.

Übung 5.61 Seien f, g und h mit $h(1) \neq 0$ arithmetische Funktionen dergestalt, dass die Reihe

$$\sum_{k=1}^{\infty} \sum_{m=1}^{\infty} h(k)\, h^{-1}(m)\, g(kmn)$$

für alle $n \in \mathbb{N}$ absolut konvergiere. Ist

$$f(n) = \sum_{m=1}^{\infty} h(m)\, g(mn)$$

dann ist

$$g(n) = \sum_{m=1}^{\infty} h^{-1}(m)\, f(mn)$$

Übung 5.62 Für $s \in \mathbb{R}$ definiert man die arithmetische Funktion β_s durch

$$\beta_s(n) := \sum_{d \mid n} d^s \lambda\left(\frac{n}{d}\right)$$

(für eine natürliche Zahl s ergibt dies die Funktion, die auch in Übung 1.78 definiert wurde). Damit gilt im Bereich $s > 0$

$$\beta_s(n) = \frac{\zeta(2(s+1))}{\zeta(s+1)} \sum_{q=1}^{\infty} \frac{\lambda(q)}{q^{s+1}}\, c_q(n)$$

Insbesondere ist für $s = 1$

$$\beta(n) = \frac{\pi^2}{15} \sum_{q=1}^{\infty} \frac{\lambda(q)}{q^2}\, c_q(n)$$

Übung 5.63 Sei $m \in \mathbb{N}$. Konvergieren die Reihen

$$F(s) = \sum_{\substack{n=1 \\ (n;m)=1}}^{\infty} \frac{f(n)}{n^s}, \quad G(s) = \sum_{\substack{n=1 \\ (n;m)=1}}^{\infty} \frac{g(n)}{n^s}$$

absolut für $s > s_0$, dann gilt in diesem Bereich auch

$$F(s)\,G(s) = \sum_{\substack{n=1 \\ (n;m)=1}}^{\infty} \frac{(f * g)\,(n)}{n^s}$$

Übung 5.64 Im Bereich $s > 1$ gilt

$$\frac{m^s}{\psi_s(m)} = \frac{\zeta(2s)}{\zeta(s)} \sum_{\substack{n=1 \\ (n;m)=1}}^{\infty} \frac{|\mu(n)|}{n^s}$$

Übung 5.65 Im Bereich $s > 1$ gilt

$$\frac{\varphi_s(m)}{\psi_s(m)} = \frac{\zeta(2s)}{\zeta(s)^2} \sum_{\substack{n=1 \\ (n;m)=1}}^{\infty} \frac{\theta(n)}{n^s}$$

Übung 5.66 Sei F für $s > s_a$ die erzeugende Funktion zur arithmetischen Funktion f

$$F(s) := \sum_{n=1}^{\infty} \frac{f(n)}{n^s}$$

Dann ist F in demselben Bereich differenzierbar und die erste Ableitung ist gleich

$$F'(s) = -\sum_{n=1}^{\infty} \frac{f(n)\,\log(n)}{n^s}$$

Insbesondere gilt mit $f := \mathbb{1}$ für $s > 1$

$$\zeta'(s) = -\sum_{n=1}^{\infty} \frac{\log(n)}{n^s}$$

Übung 5.67 Die **von Mangoldt-Funktion**[7] Λ wird durch

$$\Lambda(n) := \begin{cases} \log(p) & \text{wenn } n = p^a \text{ mit } p \in \mathbb{P} \text{ und } a \in \mathbb{N} \\ 0 & \text{sonst} \end{cases}$$

---

[7] Hans Karl Friedrich von Mangoldt (1854–1925)

definiert. Sie erfüllt $(\Lambda * 1)(n) = \log(n)$ für jedes $n \in \mathbb{N}$ sowie für $s > 1$

$$\sum_{n=1}^{\infty} \frac{\Lambda(n)}{n^s} = -\frac{\zeta'(s)}{\zeta(s)}$$

Übung 5.68 Konvergiert die Dirichlet-Reihe einer vollständig multiplikativen Funktion f absolut gegen $F(s)$ für $s > s_0$, dann gilt in diesem Bereich

$$\sum_{n=1}^{\infty} \frac{f(n)\,\Lambda(n)}{n^s} = -\frac{F'(s)}{F(s)}$$

Übung 5.69 Für jede natürliche Zahl q gilt im Bereich $s > 1$

$$\sum_{n=1}^{\infty} \frac{c_q(n)\,\log(n)}{n^s} = -\varphi_{1-s}(q)\left(\zeta'(s) + \zeta(s)\left(\log(q) + \alpha_{1-s}(q)\right)\right)$$

mit der arithmetischen Funktion

$$\alpha_s(q) := \sum_{p|q} \frac{\log(p)}{p^s - 1}$$

Tipp: Man zeige die Identität

$$\frac{\mathrm{d}}{\mathrm{d}s}\varphi_s(q) = \varphi_s(q)\left(\log(q) + \alpha_s(q)\right)$$

Übung 5.70 Für jede natürliche Zahl q gilt im Bereich $s > 1$

$$\sum_{\substack{n=1 \\ (n;q)=1}}^{\infty} \frac{\mu(n)\,\log(n)}{n^s} = \frac{q^s}{\zeta(s)\,\varphi_s(q)}\left(\frac{\zeta'(s)}{\zeta(s)} + \alpha_s(q)\right)$$

Übung 5.71 Für alle natürlichen Zahlen n gilt im Bereich $s > 1$

$$\sum_{\substack{q=1 \\ (q;n)=1}}^{\infty} \frac{\lambda(q)\,\log(q)}{q^s} = \frac{\zeta(2s)\,\psi_s(n)}{n^s\,\zeta(s)}\left(\frac{\zeta'(s)}{\zeta(s)} - 2\frac{\zeta'(2s)}{\zeta(2s)} + \alpha_s(n)\right)$$

Übung 5.72 Für alle natürlichen Zahlen n gilt im Bereich $s > 1$

$$\sum_{\substack{q=1 \\ (q;n)=1}}^{\infty} \frac{\theta(q)\,\log(q)}{q^s} = \frac{\zeta(s)^2\,\varphi_s(n)}{\zeta(2s)\,\psi_s(n)}\left(2\frac{\zeta'(2s)}{\zeta(2s)} - \frac{\zeta'(s)}{\zeta(s)} - \sum_{p|n} \frac{2\,p^s\,\log(p)}{p^{2s} - 1}\right)$$

Übung 5.73 Mit der in Übung 1.20 eingeführten Funktion δ_k gilt für $s > 2$

$$\sum_{n=1}^{\infty} \frac{\delta_k(n)}{n^s} = k\,\zeta(s-1)\,\frac{\varphi_{s-1}(k)}{\psi_s(k)}$$

Übung 5.74 Im Bereich $s > 2$ gilt

$$\sum_{n=1}^{\infty} \frac{\delta_k(n)\,\log(n)}{n^s} = -k\,\zeta(s-1)\,\frac{\varphi_{s-1}(k)}{\varphi_s(k)}\left(\frac{\zeta'(s-1)}{\zeta(s-1)} + \alpha_{s-1}(k) - \alpha_s(k)\right)$$

Übung 5.75 Man nutze die Identität aus Übung 2.34, die auch für $k = s - 1$ mit einer reellen Zahl s gültig ist, um zusammen mit Lemma 5.16 einen weiteren Beweis von Satz 5.7 zu erhalten.

Übung 5.76 Im Bereich $s > 1$ gilt

$$\sum_{d\,|\,n} \frac{|\mu(d)|\,d}{\varphi_s(d)} = \zeta(s)\sum_{q=1}^{\infty} \frac{|\mu(d)|}{q^s}\,c_q(n)$$

(siehe auch Übung 2.45; die dort aufgeführte Identität gilt auch für reelle $s > 1$).

Übung 5.77 Im Bereich $s > 2$ gilt

$$\sum_{d\,|\,n} \frac{\mu(d)\,\varphi(d)\,d}{\varphi_s(d)} = \frac{\zeta(s)}{\zeta(s-1)}\sum_{q=1}^{\infty} \frac{\mu(q)\,\varphi(q)}{q\,J_{s-1}(q)}\,c_q(n)$$

(siehe auch Übung 2.46; die dort aufgeführte Identität gilt auch für reelle $s > 2$).

Übung 5.78 Im Bereich $s > 1$ gilt

$$\sum_{d\,|\,n} \frac{|\mu(d)|\,\varphi(d)}{\varphi_s(d)} = \frac{\zeta(s)}{\zeta(s+1)}\sum_{q=1}^{\infty} \frac{|\mu(q)|\,\varphi(q)}{\varphi_{s-1}(q)}\,c_q(n)$$

(siehe auch Übung 2.47; die dort aufgeführte Identität gilt auch für reelle $s > 1$).

Übung 5.79 Für $k \geq 0$ und jedes $\varepsilon > 0$ gilt

$$\lim_{n\to\infty} \frac{\sigma_k(n)}{n^{k+\varepsilon}} = 0$$

Auch für $\varepsilon = 0$ existiert der Grenzwert, er ist jedoch $\neq 0$.

Übung 5.80 Die Klee-Funktion, die in Übung 1.29 eingeführt wurde, erfüllt für jedes $\varepsilon > 0$

$$\lim_{n\to\infty} \frac{n^{1-\varepsilon}}{\varXi_k(n)} = 0$$

5.7 Anmerkungen zu Kap. 5

Die zu Beginn des Kapitels aufgeführten Resultate, wie auch viele der Beispiele zu erzeugenden Funktionen im Text und den Übungen, sind klassischer Natur. Sie sind zusammen mit vielen Weiteren auch in den Büchern von Edmund Landau[8] [235] und Tom Apostol [11] aufgeführt. Im Gegensatz zum vorliegenden Text werden in diesen Büchern für die Variable s meist komplexe Werte zugelassen sowie Methoden der Funktionentheorie genutzt, um die zugehörigen Dirichlet-Reihen zu untersuchen.

Die Aussage in Lemma 5.6 wurde von Srinivasa Ramanujan [322] behauptet, einschließlich der Fälle $h = 0$ oder $k = 0$, die in den Übungen 5.32 und 5.33 enthalten sind. Der erste Beweis hierfür, der auch in diesem Buch aufgeführt ist, wurde von Bertram Wilson[9] [511] geliefert. Die verwandten Ergebnisse in den Übungen 5.35 bis 5.38 sowie die Aussage mit σ_k' aus Übung 5.30 stammen von Sarvadaman Chowla [65]. Die Identität aus Übung 5.44 und die entsprechende Anwendung im Beweis von Lemma 5.6 sind von D. M. Kotelyanskiĭ[10] [231]. Ein Beweis des Lemmas wurde auch von Joachim Lambek [233] angegeben, welcher die Identität aus Übung 1.63 benutzte. Die erzeugenden Funktionen des Produkts aus drei Teilersummenfunktionen stammen von Mathukumalli Subbarao [395]. Ein Analogon zu Lemma 5.6, das Grundfolgen verwendet, wurde in einem Artikel von Donald Goldsmith [170] beschrieben. Er nutzte hierfür die Identität aus der Übung 4.47.

Die erzeugende Funktion zur Klee-Funktion in Übung 5.12 wurde von Upadhyayula Satyanarayana und K. Pattabhiramasastry [357] gefunden, diejenigen der verallgemeinerten Dedekind-Funktion in Übungen 5.18 und 5.19 stammen von D. Suryanarayana [418] und J. Hanumanthachari [190]. Die erzeugenden Funktionen zu den (k,q)-Zahlen in Übung 5.21 wurden von Mathukumalli Subbarao und V. Harris [399] angegeben. Die erzeugende Funktion zum Radikal γ in Übung 5.26 hat Severin Wigert [510], die zur Funktion δ_k aus Übung 5.73 D. Suryanarayana [419] gefunden. Don Redmond[11] und Ramakrishna Sivaramakrishnan [348] haben die Ergebnisse über die speziell multiplikativen Funktionen in den Übungen 5.42 und 5.44 angegeben. Verwandte Resultate wurden in einem Artikel von Armel Mercier[12] [277] veröffentlicht. Die Identitäten in den Übungen 5.27

---

[8] Edmund Georg Hermann Landau (1877–1938)
[9] Bertram Martin Wilson (1896–1935)
[10] D. M. Kotelyanskiĭ
[11] Don Redmond
[12] Armel Mercier

bis 5.29 entdeckte Leopold Gegenbauer, die er in Artikeln, auf die Leonard Dickson [140, Kap. X] hinweist, veröffentlicht hat.

Die Sätze 5.7 und 5.13 bewies Srinivasa Ramanujan [323] und er stellte auch die Beziehungen der Funktionen $\sigma(n)$ und $\psi(n)$ zu Reihen über Ramanujan-Summen her. Er vermutete auch $\sum_{q=1}^{\infty} \frac{c_q(n)}{q} = 0$. Der im Text angegebene Beweis, der auf der tiefen Aussage $\sum_{q=1}^{\infty} \frac{\mu(q)}{q} = 0$ beruht, basiert auf einem Satz von Edmund Landau [235, § 185].

In einer Anmerkung am Ende seines Artikels [323] gab Srinivasa Ramanujan auch die erzeugende Funktion der Funktion $n \mapsto c_q(n)$ an. Die Verallgemeinerung auf $c_{q,A}$ aus Übung 5.53 ist neu, genauso wie die Ergebnisse der Übungen 5.52, 5.54 bis 5.56 und 5.58. Die erstgenannte Aussage in Übung 5.57, die ein Spezialfall der Identität aus Übung 5.56 ist, stammt von Douglas Anderson und Tom Apostol [4]; die zweitgenannte wurde in einem Artikel von Tom Apostol [8] aufgeführt.

Von M. Crum[13] [132] sind die Ergebnisse, die in den Übungen 5.47 bis 5.49 aufgeführt sind. Das k-Analogon von Ramanujans Identität aus den Übungen 5.50 und 5.51 stammt von Eckford Cohen [68], [74]. Mathukumalli Subbarao und V. Harris [399] haben die erzeugende Funktion aus Übung 5.59 gefunden. Ebenfalls von Eckford Cohen [103] sind Satz 5.14, die auf den Beweis des Satzes folgenden Beispiele sowie die Übungen 5.64 und 5.65; genauso wie das Lemma 5.16 [84]. Er benutzte es, um die Sätze 5.7 und 5.13 zu beweisen. In einem weiteren Artikel [83] wies er darauf hin, dass diese verwendet werden können, um die Identitäten, die in den Übungen 5.76 bis 5.78 angeführt sind, zu erhalten. Das Lemma 5.18 ist in Godfrey Hardy und Edward Wrights Buch [197, Theorem 316] enthalten.

August Möbius untersuchte im Jahr 1832 in einem Artikel [278] die Funktion, die seither seinen Namen trägt. Eine Betrachtung des folgenden Problems führte ihn dazu: Seien F und G Funktionen mit

$$F(x) = \sum_{m=1}^{\infty} a_m G(x^m)$$

Man finde Zahlen b_m, die

$$G(x) = \sum_{m=1}^{\infty} b_m F(x^m)$$

erfüllen. Er argumentierte formell, das heißt ohne Betrachtung von Konvergenzaspekten, und konnte zeigen, dass die Zahlen b_m durch

$$\sum_{d \mid m} a_d \, b_{\frac{m}{d}} = \begin{cases} 1 & \text{wenn } m = 1 \\ 0 & \text{sonst} \end{cases}$$

---

[13] M. M. Crum

bestimmt sind. Ist also $a_1 \neq 0$, dann sind die Zahlen b_m die Werte der Umkehrfunktion der arithmetischen Funktion, die die Werte a_m annimmt.

Definiert man Funktionen f und g durch $f(x) := F(e^x)$ sowie $g(x) := G(e^x)$, dann lässt sich das Ergebnis von August Möbius wie folgt formulieren: Ist h eine arithmetische Funktion mit $h(1) \neq 0$, dann gilt

$$f(n) = \sum_{m=1}^{\infty} h(m)\, g(mn)$$

genau dann, wenn

$$g(n) = \sum_{m=1}^{\infty} h^{-1}(m)\, f(mn)$$

gilt. Natürlich gilt diese Aussage nicht allgemein, wie bereits im einfachsten Fall $h := \mathbb{1}$ in Beispiel 5.10 ersichtlich ist. Das Beispiel wurde von Einar Hille[14] und Ottó Szász[15] [201] formuliert.

Die Aussage in Übung 5.61, aus der Lemma 5.9 folgt, wurde von Einar Hille [200] bewiesen. John Laxton und Jeff Sanders [246] haben einen historischen Abriss zur Möbius-Umkehrformel geschrieben. Sie besprechen auch Anwendungen auf die numerische Integration. Die Umkehrformel wurde von Einar Hille und Ottó Szász [201], [202], Ottó Szász [479] sowie Richard Goldberg[16] und Richard Varga[17] [168] auf andere Probleme der Analysis angewandt. Die Anwendungen der Umkehrformel, die im Text aufgeführt sind, das heißt Satz 5.11, stammt von David Rearick [344].

---

[14] Einar Carl Hille (1894–1980)
[15] Ottó Szász (1884–1952)
[16] Richard Robinson Goldberg
[17] Richard Steven Varga (geb. 1928)

Asymptotik arithmetischer Funktionen

6

6.1 Die Eulersche Summenformel

Dieses Kapitel beginnt mit einem einführenden Beispiel. Das Verhalten der Summe

$$\sum_{n \leq x} \frac{1}{n}$$

soll als Funktion der reellen Variablen x asymptotisch für $x \to \infty$ beschrieben werden. Hierzu wird das folgende Lemma benötigt.

Lemma 6.1 *Die Folge $(C_n)_{n \in \mathbb{N}}$, definiert durch*

$$C_n := 1 + \frac{1}{2} + \frac{1}{3} + \ldots + \frac{1}{n} - \log(n)$$

ist konvergent.

Beweis Wie sich leicht einsehen lässt, gilt für alle $k \in \mathbb{N}$

$$\frac{1}{k+1} < \int_{t=k}^{k+1} \frac{1}{t}\, dt < \frac{1}{k} \tag{6.1}$$

Da das Integral gleich $\log(k+1) - \log(k)$ ist, erhält man für $n \geq 2$ durch Summation über $k = 1, \ldots, n-1$ die Ungleichungen

$$\frac{1}{2} + \frac{1}{3} + \ldots + \frac{1}{n} < \log(n) < 1 + \frac{1}{2} + \frac{1}{3} + \ldots + \frac{1}{n-1}$$

woraus sich die Gültigkeit von

$$\frac{1}{n} < C_n < 1$$

© Springer-Verlag GmbH Deutschland 2017
P.J. McCarthy, *Arithmetische Funktionen*, DOI 10.1007/978-3-662-53732-9_6

ableiten lässt. Darüber hinaus kann C_n als Differenz der Untersumme des Integrals aus Gleichung (6.1) und des Integrals selbst im Intervall $[1, n]$ interpretiert werden. Die Funktion $t \mapsto \frac{1}{t}$ ist streng monoton fallend und damit auch die Folge der Differenzen, womit sich mit der Beschränktheit die Konvergenz der Folge $(C_n)_{n\in\mathbb{N}}$ ergibt. $\square$

Man setzt

$$\gamma := \lim_{n\to\infty} C_n \approx 0{,}57721566$$

und nennt die Zahl γ die **Eulersche Konstante** (manchmal auch **Euler-Mascheroni-Konstante**[1]). Mit

$$I_k := \int_{t=k-1}^{k} \frac{1}{t}\, \mathrm{d}t - \frac{1}{k} = \log\left(1 + \frac{1}{k-1}\right) - \frac{1}{k}$$

ist

$$1 - \gamma = \sum_{k=1}^{\infty} I_k$$

und für jedes $n \in \mathbb{N}$ ist

$$C_n - \gamma = (1 - \gamma) - (1 - C_n) = \sum_{k=n+1}^{\infty} I_k \leq \frac{1}{n}$$

Für reelle Zahlen $x \geq 1$ ergibt sich damit

$$\sum_{n\leq x} \frac{1}{n} = \sum_{n\leq \lfloor x\rfloor} \frac{1}{n} = C_{\lfloor x\rfloor} + \log(\lfloor x\rfloor)$$

Also ist auch

$$\sum_{n\leq x} \frac{1}{n} - \log(x) - \gamma = C_{\lfloor x\rfloor} - \gamma + \log(\lfloor x\rfloor) - \log(x)$$

$$\leq \frac{1}{\lfloor x\rfloor} + \log\left(\frac{\lfloor x\rfloor}{x}\right) \leq \frac{x}{\lfloor x\rfloor} \cdot \frac{1}{x} \leq \frac{2}{x}$$

Insbesondere ist der Quotient

$$\frac{\sum_{n\leq x} \frac{1}{n} - \log(x) - \gamma}{\frac{1}{x}}$$

für $x \geq 1$ beschränkt. Hierfür wird oft die vereinfachende Schreibweise, die von Edmund Landau eingeführt wurde, benutzt.

---

[1] Lorenzo Mascheroni (1750–1800)

Definition 6.2 Seien f und g reelle Funktionen und $g(x) \geq 0$ für alle $x \in \mathbb{R}$. Man schreibt

$$f(x) = \mathrm{O}\,(g(x))$$

wenn es eine Konstante K gibt, die

$$\frac{|f(x)|}{g(x)} \leq K$$

erfüllt. Die Schreibweise $f_1(x) = f_2(x) + \mathrm{O}\,(g(x))$ bedeutet $f_1(x) - f_2(x) = \mathrm{O}\,(g(x))$.

Mit dieser Schreibweise ergibt sich die folgende Aussage.

Lemma 6.3 *Es gilt*

$$\sum_{n \leq x} \frac{1}{n} = \log(x) + \gamma + \mathrm{O}\left(\frac{1}{x}\right)$$

Es existieren ähnliche Ergebnisse für andere Potenzen von n. Sehr hilfreich ist hierfür die **Eulersche Summenformel** (manchmal auch **Euler-Maclaurin-Formel**[2]).

Satz 6.4 (Eulersche Summenformel) *Sei f eine reelle Funktion mit stetiger Ableitung. Dann gilt*

$$\sum_{n \leq x} f(n) = f(1) + (\lfloor x \rfloor - x)f(x) + \int_{t=1}^{x} f(t)\,\mathrm{d}t + \int_{t=1}^{x} (t - \lfloor t \rfloor)\,f'(t)\,\mathrm{d}t$$

Beweis Für $2 \leq n \leq x$ gilt

$$\int_{t=n-1}^{n} \lfloor t \rfloor\, f'(t)\mathrm{d}t = (n-1) \int_{t=n-1}^{n} f'(t)\mathrm{d}t = nf(n) - (n-1)f(n-1) - f(n)$$

Somit ist

$$\sum_{n \leq x} f(n) = f(1) + \sum_{n=2}^{\lfloor x \rfloor} f(n)$$

$$= f(1) + \sum_{n=2}^{\lfloor x \rfloor} (nf(n) - (n-1)f(n-1)) - \int_{t=1}^{\lfloor x \rfloor} \lfloor t \rfloor\, f'(t)\mathrm{d}t$$

$$= \lfloor x \rfloor f(\lfloor x \rfloor) - \int_{t=1}^{\lfloor x \rfloor} \lfloor t \rfloor\, f'(t)\mathrm{d}t$$

---

[2] Colin Maclaurin (1698–1746)

Desweiteren ist mit Hilfe der partiellen Integration

$$\int_{t=1}^{x} (t - \lfloor t \rfloor) f'(t)dt = \int_{t=1}^{x} t f'(t)dt - \int_{t=1}^{\lfloor x \rfloor} \lfloor t \rfloor f'(t)dt - \lfloor x \rfloor \int_{t=\lfloor x \rfloor}^{x} f'(t)dt$$

$$= xf(x) - f(1) - \int_{t=1}^{x} f(t)dt - \int_{t=1}^{\lfloor x \rfloor} \lfloor t \rfloor f'(t)dt - \lfloor x \rfloor f(x) + \lfloor x \rfloor f(\lfloor x \rfloor)$$

und damit

$$\lfloor x \rfloor f(\lfloor x \rfloor) - \int_{t=1}^{\lfloor x \rfloor} \lfloor t \rfloor f'(t)dt$$

$$= f(1) + \int_{t=1}^{x} f(t)dt + \int_{t=1}^{x} (t - \lfloor t \rfloor)f'(t) + (\lfloor x \rfloor - x)f(x)$$

was den Beweis abschließt.   □

Lemma 6.5 *Für $s > 1$ ist*

$$\sum_{n \leq x} \frac{1}{n^s} = \frac{x^{1-s}}{1-s} + \zeta(s) + O\left(\frac{1}{x^s}\right)$$

Beweis Eine Anwendung der Eulerschen Summenformel mit $f(x) := \frac{1}{x^s}$ ergibt

$$\sum_{n \leq x} \frac{1}{n^s} = 1 + \int_{t=1}^{x} \frac{1}{t^s}dt - s \int_{t=1}^{x} \frac{t - \lfloor t \rfloor}{t^{s+1}}dt + \frac{\lfloor x \rfloor - x}{x^s}$$

$$= 1 + \frac{x^{1-s}}{1-s} - \frac{1}{s-1} - s \int_{t=1}^{\infty} \frac{t - \lfloor t \rfloor}{t^{s+1}}dt + s \int_{t=x}^{\infty} \frac{t - \lfloor t \rfloor}{t^{s+1}}dt + \frac{\lfloor x \rfloor - x}{x^s}$$

Desweiteren beachte man für $x \geq 1$ die Gültigkeit von

$$\frac{x - \lfloor x \rfloor}{x^s} < \frac{1}{x^s}$$

Nach Übung 6.5 ist

$$\sum_{n \leq x} \frac{1}{n^s} = \frac{x^{1-s}}{1-s} + g(s) + O\left(\frac{1}{x^s}\right)$$

mit

$$g(s) := 1 + \frac{1}{s-1} - s \int_{t=1}^{\infty} \frac{t - \lfloor t \rfloor}{t^{s+1}}dt$$

Nun ist

$$\lim_{x \to \infty} \left(\sum_{n \leq x} \frac{1}{n^s} \right) = \zeta(s)$$

$$\lim_{x \to \infty} \left(\frac{x^{1-s}}{1-s} \right) = 0$$

und damit $g(s) = \zeta(s)$. $\square$

6.2 Asymptotik summatorischer Funktionen

Zu jeder arithmetischen Funktion f existiert eine zugehörige **summatorische Funktion**

$$\sum_{n \leq x} f(n)$$

die von der reellen Variablen x abhängt. In diesem Abschnitt werden asymptotische Formeln, wie die der Lemmata 6.3 und 6.5, hergeleitet. Sie liefern Informationen darüber, wie sich die Werte der arithmetischen Funktion f für große Werte von x im Mittel verhalten.

Bislang wurden asymptotische Formeln für die summatorischen Funktionen der Funktion $n \mapsto n^{-s}$ für $s \geq 1$ gefunden. Der Fall $s \leq 0$ wird in Übung 6.9 beschrieben und eine asymptotische Formel für die summatorische Funktion von $n \mapsto \mu(n)\, n^{-s}$ wird in Übung 6.10 behandelt. Es folgt nun eines der wesentlichen Ergebnisse dieses Kapitels.

Satz 6.6 *Mit einer natürlichen Zahl k gilt*

$$\sum_{n \leq x} J_k(n) = \frac{x^{k+1}}{(k+1)\,\zeta(k+1)} + \begin{cases} O\left(x \log(x)\right) & \text{wenn } k = 1 \\ O\left(x^k\right) & \text{sonst} \end{cases}$$

Beweis Mit $J_k = \mu * \zeta_k$ und den Übungen 6.9 und 6.14 gilt

$$\sum_{n \leq x} J_k(n) = \sum_{d \leq x} \mu(d) \sum_{n \leq \frac{x}{d}} n^k = \sum_{d \leq x} \mu(d) \left(\frac{1}{k+1} \left(\frac{x}{d}\right)^{k+1} + O\left(\left(\frac{x}{d}\right)^k\right) \right)$$

$$= \frac{x^{k+1}}{k+1} \sum_{d \leq x} \frac{\mu(d)}{d^{k+1}} + \sum_{d \leq x} O\left(\left(\frac{x}{d}\right)^k\right)$$

$$= \frac{x^{k+1}}{k+1} \sum_{d \leq x} \frac{\mu(d)}{d^{k+1}} + O\left(\sum_{d \leq x} \left(\frac{x}{d}\right)^k\right)$$

Die Vertauschung des O-Symbols mit der Summe bedarf einer Erläuterung. Nach Übung 6.9 ist

$$\sum_{n \le x} n^k = \frac{x^{k+1}}{k+1} + g(x)$$

und es existiert eine Konstante K mit

$$|g(x)| \le K x^k$$

für alle x. Daher ist

$$\sum_{d \le x} O\left(\left(\frac{x}{d}\right)^k\right) = \sum_{d \le x} g_d(x)$$

mit $g_d(x) := g\left(\frac{x}{d}\right)$. Da $\frac{K}{d^k} \le K$ für alle $d \le x$ gilt, ist auch

$$|g_d(x)| \le K x^k$$

für alle x und d. Daher ist nach Übung 6.4

$$\sum_{d \le x} O\left(\left(\frac{x}{d}\right)^k\right) = O\left(x^k \sum_{d \le x} \frac{1}{d^k}\right)$$

(Ähnliche Vertauschungen von O-Symbol mit einer Summe, die im späteren Verlauf des Texts auftauchen, erfolgen mit derselben Argumentation).

Sei nun $k = 1$. Dann ist nach Lemma 6.3

$$O\left(x \sum_{d \le x} \frac{1}{d}\right) = O\left(x \log(x) + \gamma x + O(1)\right) = O\left(x \log(x)\right)$$

Sei nun $k \ge 2$. Dann ist nach Lemma 6.5

$$O\left(x^k \sum_{d \le x} \frac{1}{d^k}\right) = O\left(\frac{x}{1-k} + x^k \zeta(k) + O(1)\right) = O\left(x^k\right)$$

Mit Übung 6.10 und

$$\sum_{d \le x} \frac{\mu(d)}{d^{k+1}} = \sum_{d=1}^{\infty} \frac{\mu(d)}{d^{k+1}} - \sum_{d > x} \frac{\mu(d)}{d^{k+1}} = \frac{1}{\zeta(k+1)} + O\left(x^{-k}\right)$$

folgt die Aussage des Satzes.   □

Für $k = 1$ ergibt der Satz 6.6 mit $\zeta(2) = \frac{\pi^2}{6}$

$$\sum_{n \leq x} \varphi(n) = \frac{3}{\pi^2} x^2 + O\left(x \log(x)\right)$$

Dieselbe Beweisargumentation kann für die summatorischen Funktionen der arithmetischen Funktionen σ_k verwendet werden.

Satz 6.7 *Mit einer natürlichen Zahl k gilt*

$$\sum_{n \leq x} \sigma_k(n) = \frac{\zeta(k+1)}{k+1} x^{k+1} + \begin{cases} O\left(x \log(x)\right) & \text{wenn } k = 1 \\ O\left(x^k\right) & \text{sonst} \end{cases}$$

Beweis Nach den Übungen 6.9 und 6.14 ist

$$\sum_{n \leq x} \sigma_k(n) = \sum_{d \leq x} \sum_{n \leq \frac{x}{d}} n^k = \sum_{d \leq x} \frac{1}{k+1} \left(\left(\frac{x}{d}\right)^{k+1} + O\left(\frac{x}{d}\right)^k \right)$$

$$= \frac{x^{k+1}}{k+1} \sum_{d \leq x} \frac{1}{d^{k+1}} + O\left(x^k \sum_{d \leq x} \frac{1}{d^k} \right)$$

und analog zum Beweis von Satz 6.6 folgt die gewünschte Aussage.   □

Insbesondere ist für $k = 1$

$$\sum_{n \leq x} \sigma(n) = \frac{\pi^2}{12} x^2 + O\left(x \log(x)\right)$$

Ähnlich zeigt man auch

$$\sum_{n \leq x} \tau(n) = x \log(x) + O(x)$$

Denn mit $\tau = \mathbb{1} * \mathbb{1}$ ist

$$\sum_{n \leq x} \tau(n) = \sum_{d \leq x} \sum_{n \leq \frac{x}{d}} 1 = \sum_{d \leq x} \left(\frac{x}{d} + O(1)\right) = x \sum_{d \leq x} \frac{1}{d} + O(x)$$

und mit Lemma 6.3 ergibt sich die Aussage.

Der nachstehende, andere Beweis liefert ein stärkeres Ergebnis, in dem der Fehlerterm $O(x)$ durch $O\left(\sqrt{x}\right)$ ersetzt werden kann.

Satz 6.8 (Dirichlets Hyperbelmethode) *Es gilt*

$$\sum_{n \leq x} \tau(n) = x \log(x) + (2\gamma - 1)x + O\left(\sqrt{x}\right)$$

Beweis Nach Übung 1.2 und Übung 6.1 (iv) ist

$$\sum_{n \leq x} \tau(n) = \sum_{j \leq \lfloor x \rfloor} \left\lfloor \frac{\lfloor x \rfloor}{j} \right\rfloor = \sum_{j \leq x} \left\lfloor \frac{x}{j} \right\rfloor$$

Für festes x sei mit T der Bereich der ts-Ebene bezeichnet, der durch die nichtnegativen Koordinatenachsen und dem Graphen $st = x, t > 0$, begrenzt wird.

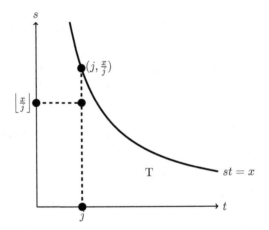

Dann ist $\left\lfloor \frac{x}{j} \right\rfloor$ gleich der Anzahl der Punkte innerhalb von T mit Koordinaten (j, s) mit $s \in \mathbb{N}$. Also gilt

$$\sum_{n \leq x} \tau(n) = \#\{(j, s) \in T : j, s \in \mathbb{N}\}$$

Diese Punkte können auch auf andere Art gezählt werden. Deren Anzahl ist zweimal die Anzahl der Punkte in T unterhalb der Geraden $s = t$, plus die Anzahl der Punkte auf dieser Geraden.

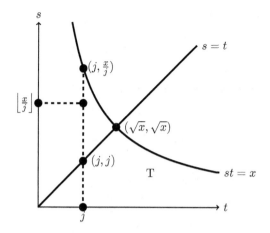

Also ist

$$\sum_{n \leq x} \tau(n) = 2 \sum_{j \leq \sqrt{x}} \left(\left\lfloor \frac{x}{d} \right\rfloor - j \right) + \lfloor \sqrt{x} \rfloor$$

$$= 2 \sum_{j \leq \sqrt{x}} \left(\frac{x}{d} + \mathrm{O}\,(1) \right) - \lfloor \sqrt{x} \rfloor \left(\lfloor \sqrt{x} \rfloor + 1 \right) + \lfloor \sqrt{x} \rfloor$$

$$= 2x \sum_{j \leq \sqrt{x}} \frac{1}{j} + \mathrm{O}\left(\sqrt{x} \right) - \lfloor \sqrt{x} \rfloor^2$$

Mit Lemma 6.3 und $\lfloor \sqrt{x} \rfloor^2 = x + \mathrm{O}\left(\sqrt{x} \right)$ ist

$$\sum_{n \leq x} \tau(n) = 2x \left(\log\left(\sqrt{x} \right) + \gamma + \mathrm{O}\left(\frac{1}{\sqrt{x}} \right) \right) - x + \mathrm{O}\left(\sqrt{x} \right)$$

$$= x \log(x) + (2\gamma - 1)x + \mathrm{O}\left(\sqrt{x} \right) \qquad \qquad \square$$

6.3 Mittelwerte arithmetischer Funktionen

Die Werte arithmetischer Funktionen können stark schwanken. Beispielsweise nimmt die Funktion τ auf Primzahlen den Wert $\tau(p) = 2$ an, jedoch können ihre Werte auch beliebig groß werden, denn auf Primzahlpotenzen gilt $\tau(p^a) = a + 1$ für jedes $a \in \mathbb{N}$. Anstelle die Werte der Funktion τ zu betrachten, ist es daher sinnvoller den Mittelwert der arithmetischen Funktion zu untersuchen, das heißt

$$\frac{1}{x} \sum_{n \leq x} \tau(n)$$

Nach Satz 6.8 ist die Funktion

$$\frac{1}{x} \sum_{n \leq x} \tau(n) - \log(x)$$

beschränkt, weshalb die schwächere Aussage

$$\lim_{x \to \infty} \frac{\frac{1}{x} \sum_{n \leq x} \tau(n)}{\log(x)} = 1$$

gilt. Sind f und g reelle Funktionen mit

$$\lim_{x \to \infty} \frac{f(x)}{g(x)} = 1$$

dann sagt man, f und g sind für $x \to \infty$ **asymptotisch gleich** und man schreibt $f \sim g$ (diese Konvention wurde ebenfalls von Edmund Landau einge-führt). Also gilt

$$\frac{1}{x} \sum_{n \leq x} \tau(n) \sim \log(x)$$

und nach den Sätzen 6.6 und 6.7 mit $k \in \mathbb{N}$ auch

$$\frac{1}{x} \sum_{n \leq x} \varphi(n) \sim \frac{3}{\pi^2} x$$

$$\frac{1}{x} \sum_{n \leq x} \sigma(n) \sim \frac{\pi^2}{12} x$$

$$\frac{1}{x} \sum_{n \leq x} J_k(n) \sim \frac{1}{(k+1)\,\zeta(k+1)} x^k$$

$$\frac{1}{x} \sum_{n \leq x} \sigma_k(n) \sim \frac{\zeta(k+1)}{k+1} x^k$$

Existiert für eine arithmetische Funktion f der Grenzwert

$$\lim_{x \to \infty} \frac{1}{x} \sum_{n \leq x} f(n)$$

dann heißt dieser der **Mittelwert von** f und man schreibt für diesen $M(f)$. Zum Beispiel ist für $f(n) = \frac{\mu(n)}{n^2}$ der Mittelwert $M(f) = 0$, da nach Übung 6.10

$$\sum_{n \leq x} \frac{\mu(n)}{n^2} = \frac{6}{\pi^2} + O\left(\frac{1}{x}\right)$$

Die Charakterisierung derjenigen arithmetischer Funktionen, deren Mittelwert existiert, ist nicht einfach und wird in diesem Buch nicht beschrieben. An dieser Stelle soll noch auf $M(\mu) = 0$ hingewiesen werden (diese Aussage ist äquivalent zum Primzahlsatz, siehe beispielsweise im Buch von Raymond Ayoub [16, Kap. II, S. 113–116]).

Sei U die unitäre Faltung, die in Kap. 4 eingeführt wurde. Ziel der nachfolgenden Absätze ist es, asymptotische Formeln für die Summen

$$\sum_{n \leq x} \varphi_U(n) \quad \text{und} \quad \sum_{n \leq x} \sigma_U(n)$$

zu finden, wobei die Funktionen φ_U und σ_U über

$$\varphi_U(n) := \sum_{d \in U(n)} d\,\mu_U\left(\frac{n}{d}\right) = \sum_{\substack{d \mid n \\ (d;\frac{n}{d})=1}} d\,\mu_U\left(\frac{n}{d}\right)$$

und

$$\sigma_U(n) := \sum_{d \in U(n)} d = \sum_{\substack{d \mid n \\ (d;\frac{n}{d})=1}} d$$

definiert sind. Beide dieser Funktionen fügen sich in den nachstehenden allgemeinen Ansatz, der in Satz 6.10 beschrieben ist, ein. Für dessen Beweis wird zuvor noch ein Lemma benötigt.

Lemma 6.9 *Für jede natürliche Zahl n gilt*

$$\sum_{\substack{m \leq x \\ (m;n)=1}} m = \frac{1}{2}\frac{\varphi(n)}{n}\,x^2 + \mathrm{O}\left(x\theta(n)\right)$$

wobei die implizite Konstante im O-Symbol unabhängig von n gewählt werden kann.

Beweis Nach Übung 6.24 ist

$$\sum_{\substack{m \leq x \\ (m;n)=1}} m = \sum_{m \leq x} m\,\delta((m;n))$$

$$= -\sum_{m \leq x}\sum_{k \leq m}\delta((k;n)) + (\lfloor x \rfloor + 1)\sum_{m \leq x}\delta((m;n))$$

$$= -\sum_{m \leq x}\varphi(m,n) + (\lfloor x \rfloor + 1)\varphi(x,n)$$

mit der in Übung 1.28 eingeführten Funktion $\varphi(x, n)$, die

$$\varphi(x, n) = \frac{\varphi(n)}{n} x + O(\theta(n))$$

erfüllt. Daher ist

$$(\lfloor x \rfloor + 1)\varphi(x, n) = \frac{\varphi(n)}{n} x^2 + \frac{\varphi(n)}{n} x + O(x\theta(n)) + O(\theta(n))$$

$$= \frac{\varphi(n)}{n} x^2 + O(x\theta(n))$$

sowie mit Übung 6.9

$$-\sum_{m \leq x} \varphi(m, n) = -\sum_{m \leq x} \left(\frac{\varphi(n)}{n} m + O(\theta(n)) \right) = -\frac{\varphi(n)}{n} \sum_{m \leq x} m + O(x\theta(n))$$

$$= -\frac{\varphi(n)}{n} \left(\frac{1}{2} x^2 + O(x) \right) + O(x\theta(n))$$

$$= -\frac{1}{2} \frac{\varphi(n)}{n} x^2 + O(x\theta(n))$$

da $\frac{\varphi(n)}{n} \leq 1 \leq \theta(n)$ für alle $n \in \mathbb{N}$ gilt. $\square$

Satz 6.10 *Sei f eine arithmetische Funktion mit*

$$f(n) := \sum_{\substack{d \mid n \\ (d; \frac{n}{d})=1}} d\, g\left(\frac{n}{d}\right)$$

und einer beschränkten arithmetischen Funktion g. Dann gilt

$$\sum_{n \leq x} f(n) = \frac{1}{2} x^2 \sum_{n=1}^{\infty} \frac{g(n)\, \varphi(n)}{n^3} + O\left(x\, (\log(x))^2 \right)$$

und die Reihe

$$\sum_{n=1}^{\infty} \frac{g(n)\, \varphi(n)}{n^3} \tag{6.2}$$

konvergiert absolut.

Beweis Die Reihe in Gleichung (6.2) konvergiert absolut, da die Dirichlet-Reihe von φ für $s > 2$ absolut konvergiert und die Funktion g nach Voraussetzung beschränkt ist. Weiter ist

$$\sum_{n \leq x} f(n) = \sum_{n \leq x} \sum_{\substack{d \mid n \\ (d; \frac{n}{d})=1}} g(d) \frac{n}{d}$$

$$= \sum_{d \leq x} g(d) \sum_{\substack{m \leq \frac{x}{d} \\ (m;d)=1}} m$$

$$= \sum_{d \leq x} g(d) \left(\frac{1}{2} \frac{\varphi(d)}{d^3} x^2 + O\left(\frac{x}{d} \theta(d) \right) \right)$$

$$= \frac{1}{2} x^2 \sum_{d \leq x} \frac{g(d)\,\varphi(d)}{d^3} + O\left(x \sum_{d \leq x} \frac{\theta(d)}{d} \right)$$

Nun ist nach Übung 6.16

$$\sum_{d \leq x} \frac{\theta(d)}{d} \leq \sum_{d \leq x} \frac{\tau(d)}{d} = O\left((\log(x))^2 \right)$$

und daher

$$\sum_{n \leq x} f(n) = \frac{1}{2} x^2 \sum_{n=1}^{\infty} \frac{g(n)\,\varphi(n)}{n^3} - \frac{1}{2} x^2 \sum_{n > x} \frac{g(n)\,\varphi(n)}{n^3} + O\left(x (\log(x))^2 \right)$$

Da $\varphi(n) \leq n$ ist, gilt für die zweite Summe nach Übung 6.8

$$\frac{1}{2} x^2 \sum_{n > x} \frac{g(n)\,\varphi(n)}{n^3} = O\left(x^2 \sum_{n > x} \frac{\varphi(n)}{n^3} \right)$$

$$= O\left(x^2 \sum_{n > x} \frac{1}{n^2} \right) = O\left(x^2 \cdot \frac{1}{x} \right) = O(x)$$

was den Beweis abschließt. $\qquad\qquad\qquad\qquad\qquad\qquad\qquad\qquad\square$

Für $g := 1$ ist die Reihe in Gleichung (6.2)

$$\sum_{n=1}^{\infty} \frac{\varphi(n)}{n^3} = \frac{\zeta(2)}{\zeta(3)} = \frac{\pi^2}{6} \zeta(3)$$

Für $g := \mu_U$ konvergiert die Reihe in Gleichung (6.2) gegen eine reelle Zahl A

$$A := \sum_{n=1}^{\infty} \frac{\mu_U(n)\,\varphi(n)}{n^3}$$

Auf Primzahlpotenzen gilt für die Reihe

$$\sum_{j=0}^{\infty} \frac{\mu_U(p^j)\,\varphi(p^j)}{p^{3j}} = 1 - \sum_{j=1}^{\infty} \frac{\varphi(p^j)}{p^{3j}} = 1 - \sum_{j=1}^{\infty} \frac{p^j\left(1-\frac{1}{p}\right)}{p^{3j}}$$

$$= 1 - \frac{p-1}{p}\sum_{j=1}^{\infty}\left(\frac{1}{p^2}\right)^j = 1 - \frac{1}{p^2+p}$$

und damit ist, siehe auch Übung 6.23,

$$A = \prod_p \left(1 - \frac{1}{p^2+p}\right) \tag{6.3}$$

Folgerung 6.11 *Mit der in Gleichung (6.3) definierten Konstanten A gilt*

$$\sum_{n\le x} \varphi_U(n) = \frac{1}{2}\,A\,x^2 + \mathrm{O}\left(x\,(\log(x))^2\right)$$

Folgerung 6.12 *Es gilt*

$$\sum_{n\le x} \sigma_U(n) = \frac{\pi^2}{12\,\zeta(3)}\,x^2 + \mathrm{O}\left(x\,(\log(x))^2\right)$$

Ein weiteres Beispiel für ein allgemeines Ergebnis in diesem Zusammenhang ist die Frage nach der summatorischen Funktion einer arithmetischen Funktion f, die für $s > 1$ durch

$$f(n) := \sum_{\substack{q=1\\(n;q)=1}}^{\infty} \frac{g(q)}{q^s} \tag{6.4}$$

gegeben ist. In Kap. 5 wurden solche Ausdrücke für $\zeta(s)\frac{\varphi_s(n)}{n^s}$ und $\zeta(2s)\frac{\psi_s(n)}{\zeta(s)\,n^s}$ aufgeführt.

Satz 6.13 *Ist für jedes $\varepsilon > 0$ die Funktion $q \mapsto g(q)\,q^{-\varepsilon}$ beschränkt, dann gilt für die Funktion f aus Gleichung (6.4)*

$$\sum_{n\le x} f(n) = \left(\sum_{q=1}^{\infty} \frac{g(q)\,\varphi(q)}{q^{s+1}}\right) x + \mathrm{O}(1) \tag{6.5}$$

Beweis Ist $\varepsilon > 0$ klein genug, dann ist $s - \varepsilon > 1$ und

$$\frac{|g(q)|}{q^s} = \frac{|g(q)|}{q^\varepsilon} \frac{1}{q^{s-\varepsilon}} \le K \frac{1}{q^{s-\varepsilon}}$$

mit einer Konstanten K. Daher konvergiert die Reihe in Gleichung (6.4), über die f definiert wurde, absolut für $s > 1$. Desweiteren konvergiert, da die Ungleichung $\varphi(n) \le n$ gilt, auch die unendliche Reihe in Gleichung (6.5) absolut für $s > 1$. Eine Vertauschung der Summationsreihenfolge, die auf Grund der absoluten Konvergenz erlaubt ist, liefert zusammen mit Übung 1.28

$$\sum_{n \le x} f(n) = \sum_{n \le x} \sum_{\substack{q=1 \\ (q;n)=1}}^{\infty} \frac{g(q)}{q^s} = \sum_{q=1}^{\infty} \frac{g(q)}{q^s} \left(\sum_{\substack{n \le x \\ (q;n)=1}} 1 \right)$$

$$= \sum_{q=1}^{\infty} \frac{g(q)}{q^s} \left(\frac{\varphi(q)}{q} x + h(q) \right)$$

$$= \left(\sum_{q=1}^{\infty} \frac{g(q)\,\varphi(q)}{q^{s+1}} \right) x + \sum_{q=1}^{\infty} \frac{g(q)\,h(q)}{q^s}$$

mit einer Funktion h, die $h(q) = O(\theta(q))$ erfüllt. Sei $\varepsilon > 0$ so klein, dass $s - 2\varepsilon > 1$. Da sowohl $\frac{g(q)}{q^\varepsilon}$ als auch $\frac{h(q)}{\theta(q)}$ und nach Übung 5.79 auch die Funktion $\frac{\tau(q)}{q^\varepsilon}$ beschränkt ist, und $\theta(q) \le \tau(q)$ gilt, existiert eine Konstante $K \in \mathbb{R}$ so, dass für alle $q \in \mathbb{N}$

$$\frac{|g(q)\,h(q)|}{q^{2\varepsilon}} \le K$$

Daraus folgt die Ungleichung

$$\frac{|g(q)\,h(q)|}{q^s} \le K \frac{1}{q^{s-2\varepsilon}}$$

womit sich die Konvergenz der Reihe $\sum_{q=1}^{\infty} g(q)\,h(q)q^{-s}$ ergibt. $\square$

In Kap. 5 wurde die Gültigkeit von

$$\frac{\varphi_s(n)}{n^s} = \frac{1}{\zeta(s)} \sum_{\substack{q=1 \\ (n;q)=1}}^{\infty} \frac{1}{q^s}$$

für $s > 1$ gezeigt. Daraus folgt für denselben Bereich für die summatorische Funktion

$$\sum_{n \leq x} \frac{\varphi_s(n)}{n^s} = \frac{B_1}{\zeta(s)} x + O(1) = \frac{1}{\zeta(s+1)} x + O(1)$$

mit

$$B_1 := \sum_{q=1}^{\infty} \frac{\varphi(q)}{q^{s+1}} = \frac{\zeta(s)}{\zeta(s+1)}$$

Man beachte hierbei, dass die implizite Konstante des O-Symbols von s abhängt. Insbesondere gilt also für $k \geq 2$

$$\sum_{n \leq x} \frac{J_k(n)}{n^k} = \frac{1}{\zeta(k+1)} x + O(1)$$

Ebenfalls in Kap. 5 wurde die Gültigkeit von

$$\frac{\psi_s(n)}{n^s} = \frac{\zeta(s)}{\zeta(2s)} \sum_{\substack{q=1 \\ (q:n)=1}}^{\infty} \frac{\lambda(q)}{q^s}$$

für $s > 1$ gezeigt. Da der Quotient $\lambda(q)\, q^{-\varepsilon}$ für $\varepsilon > 0$ beschränkt ist, gilt im Bereich $s > 1$ mit

$$B_2 := \sum_{q=1}^{\infty} \frac{\lambda(q)\, \varphi(q)}{q^{s+1}} = \frac{\zeta(2s)\, \zeta(s+1)}{\zeta(s)\, \zeta(2(s+1))}$$

die Identität

$$\sum_{n \leq x} \frac{\psi_s(n)}{n^s} = \frac{\zeta(s)}{\zeta(2s)}\, B_2 x + O(1) = \frac{\zeta(s+1)}{\zeta(2(s+1))} x + O(1)$$

6.4 Übungen zu Kap. 6

Übung 6.1 Seien $x, y \in \mathbb{R}$ und $m, n \in \mathbb{N}$. Dann gilt:

(i) $\lfloor x + m \rfloor = \lfloor x \rfloor + m$

(ii)

$$\lfloor x \rfloor + \lfloor -x \rfloor = \begin{cases} 0 & \text{wenn } x \in \mathbb{Z} \\ -1 & \text{sonst} \end{cases}$$

(iii) $\lfloor x + y \rfloor \leq \lfloor x \rfloor + \lfloor y \rfloor$

(iv) $\left\lfloor \frac{\lfloor x \rfloor}{n} \right\rfloor = \left\lfloor \frac{x}{n} \right\rfloor$

(v) $\lfloor x \rfloor - 2 \left\lfloor \frac{x}{2} \right\rfloor \in \{0, 1\}$

(vi) Für $x \leq y$ gibt es $\lfloor y \rfloor - \lfloor x \rfloor$ natürliche Zahlen k mit $x < k \leq y$.

(vii) Für $x > 0$ existieren $\left\lfloor \frac{x}{n} \right\rfloor$ positive Vielfache von n, die nicht größer als x sind.

Übung 6.2 Seien g, h Funktionen, die für genügend große x positiv sind. Dann gilt:

(i)   Ist $f_1(x) = O(g(x))$ und $f_2(x) = O(g(x))$, dann ist auch $f_1(x) \pm f_2(x) = O(g(x))$.

(ii) Ist $f(x) = O(g(x))$, dann ist $f(x)^2 = O(g(x)^2)$.

(iii) Ist $f(x) = O(g(x))$ und $g(x) = O(h(x))$, dann ist auch $f(x) = O(h(x))$.

Übung 6.3 Seien $g(x)$ und $h(g(x))$ positiv für genügend große x. Ist $f(x) = O(g(x))$, dann gilt im Allgemeinen $h(f(x)) = O(h(g(x)))$ nicht. Man gebe ein Beispiel für Funktionen an, bei denen zwar $f(x) = O(g(x))$ gilt, aber $\log(f(x)) \neq O(\log(g(x)))$ ist. Man finde Bedingungen an $f(x)$ unter denen dies gilt.

Übung 6.4 Sei $g_j(x)$ für $j \in \mathbb{N}$ für genügend große x positiv und es sei $f_j(x) = O(g_j(x))$. Für eine monoton wachsende Funktion h gilt im Allgemeinen nicht

$$\sum_{j \leq h(x)} f_j(x) = O\left(\sum_{j \leq h(x)} g_j(x)\right)$$

Man gebe hierfür ein Beispiel an. Die Aussage ist jedoch wahr, wenn eine vom Index j unabhängige Konstante K existiert mit $|f_j(x)| \leq K\, g_j(x)$ für alle $j \in \mathbb{N}$.

Übung 6.5 Sei $f(x)$ eine stückweise stetige Funktion, die für große x beschränkt ist. Dann gilt für $s > 0$

$$\int_{t=x}^{\infty} \frac{f(t)}{t^{s+1}}\, dt = O\left(\frac{1}{x^s}\right)$$

Übung 6.6 Für die Eulersche Konstante γ gilt

$$\gamma = 1 - \int_{t=1}^{\infty} \frac{t - \lfloor t \rfloor}{t^2}\, dt$$

Übung 6.7 Für $0 < s < 1$ konvergiert das uneigentliche Integral

$$\int_{t=1}^{\infty} \frac{t - \lfloor t \rfloor}{t^2}\, dt$$

und in diesem Bereich wird die ζ-Funktion deshalb durch den Grenzwert

$$\zeta(s) := \lim_{x \to \infty} \left(\sum_{n \leq x} \frac{1}{n^s} - \frac{x^{1-s}}{1-s}\right)$$

definiert. Das Lemma 6.5 gilt auch für $0 < s < 1$.

Übung 6.8 Für $s > 1$ ist

$$\sum_{n > x} \frac{1}{n^s} = O\left(x^{1-s}\right)$$

Übung 6.9 Für $s \geq 0$ gilt

$$\sum_{n \leq x} n^s = \frac{x^{1+s}}{1 + s} + O\left(x^s\right)$$

Tipp: Man wende die Eulersche Summenformel mit $f(x) := x^s$ an.

Übung 6.10 Für $s > 1$ ist

$$\sum_{n > x} \frac{\mu(n)}{n^s} = O\left(x^{1-s}\right)$$

und daher

$$\sum_{n \leq x} \frac{\mu(n)}{n^s} = \frac{1}{\zeta(s)} + O\left(x^{1-s}\right)$$

Übung 6.11 Seien f und g reelle Funktionen. Dann gilt

$$f(x) = \sum_{n \leq x} g\left(\frac{x}{n}\right)$$

für alle $x \geq 1$ genau dann, wenn

$$g(x) = \sum_{n \leq x} \mu(n) f\left(\frac{x}{n}\right)$$

für alle $x \geq 1$ gilt.

Übung 6.12 Seien f und g reelle Funktionen. Definiert man eine Verknüpfung $f \circ g$ durch

$$(f \circ g)(x) = \sum_{n \leq x} f(n) g\left(\frac{x}{n}\right)$$

und ist $g(x) = 0$ für $x \notin \mathbb{N}$, dann ist $f \circ g = f * g$. Desweiteren gilt für eine Funktion h

$$(f \circ (g \circ h)) = ((f * g) \circ h)$$

Übung 6.13 Anknüpfend an Übung 6.11, seien f, g und h reelle Funktionen und die arithmetische Funktion g besitze ein Inverse. Dann gilt

$$f(x) = \sum_{n \le x} g(n) \, h\left(\frac{x}{n}\right)$$

für alle $x \ge 1$ genau dann, wenn

$$h(x) = \sum_{n \le x} g^{-1}(n) \, f\left(\frac{x}{n}\right)$$

für alle $x \ge 1$ gilt. Setzt man $g(x) := g^{-1}(x) := 0$ für $x \notin \mathbb{N}$, dann gilt $f = g \circ h$ genau dann, wenn $h = g^{-1} \circ f$ gilt.

Übung 6.14 Sind f und g arithmetische Funktionen, dann gilt

$$\sum_{n \le x} (f * g)(n) = \sum_{d \le x} f(d) \sum_{n \le \frac{x}{d}} g(n)$$

Übung 6.15 Für eine natürliche Zahl k definiert man die arithmetische Funktion σ_{-k} durch

$$\sigma_{-k}(n) := \sum_{d \mid n} \frac{1}{d^k}$$

Dann gilt

$$\sum_{n \le x} \sigma_{-k}(n) = \zeta(k+1) x + \begin{cases} \mathrm{O}\left(\log(x)\right) & \text{wenn } k = 1 \\ \mathrm{O}\left(1\right) & \text{sonst} \end{cases}$$

Übung 6.16 Es gilt

$$\sum_{n \le x} \frac{\tau(n)}{n} = \frac{1}{2} (\log(x))^2 + 2\gamma \log(x) + \mathrm{O}\left(1\right)$$

Übung 6.17 Es gilt

$$\sum_{n \le x} \frac{\varphi(n)}{n} = \frac{6}{\pi^2} x + \mathrm{O}\left(\log(x)\right)$$

Übung 6.18 Mit der Klee-Funktion Ξ_k, die in Übung 1.29 eingeführt wurde, gilt für $k \ge 2$

$$\sum_{n \le x} \Xi_k(n) = \frac{1}{2\,\zeta(2k)} x^2 + \mathrm{O}\left(x\right)$$

Übung 6.19 Es gilt

$$\sum_{n \leq x} |\mu(n)| = \frac{6}{\pi^2} x + \mathrm{O}\left(\sqrt{x}\right)$$

sowie $M(\mu^2) = \frac{6}{\pi^2}$.

Übung 6.20 Sei f eine arithmetische Funktion dergestalt, dass die Reihe

$$\sum_{n=1}^{\infty} \frac{f(n)}{n}$$

konvergiert. Dann ist $M(f) = 0$.

Tipp: Man setze $a_m := \sum_{n=m}^{\infty} \frac{f(n)}{n}$ und zeige, dass die Folgen $(a_m)_{m \in \mathbb{N}}$ und $\left(m^{-1} \sum_{j \leq m} a_j\right)_{m \in \mathbb{N}}$ beide gegen 0 konvergieren. Man drücke dann $\sum_{n \leq x} f(n)$ über a_m aus.

Übung 6.21 Sei g eine arithmetische Funktion so, dass die Reihe

$$\sum_{n=1}^{\infty} \frac{g(n)}{n}$$

absolut konvergiert. Ist $f = g * \mathbb{1}$, dann ist der Mittelwert

$$M(f) = \sum_{n=1}^{\infty} \frac{g(n)}{n}$$

Übung 6.22 Für die in Übung 6.15 eingeführte Funktion σ_{-k} gilt $M(\sigma_{-k}) = \zeta(k+1)$.

Übung 6.23 Die Reihe

$$\sum_{n=1}^{\infty} \frac{\mu(n)\,\varphi(n)}{n\,J_2(n)}$$

konvergiert absolut gegen die Konstante A aus Folgerung 6.11. Es ist

$$\frac{6}{\pi^2} < A < 1$$

Tipp: Man wende Lemma 5.19 an.

Übung 6.24 Für eine arithmetische Funktion g gilt

$$\sum_{n\leq x} n\, g(n) = -\sum_{n\leq x}\sum_{k\leq n} g(k) + (\lfloor x\rfloor + 1)\sum_{n\leq x} g(n)$$

Übung 6.25 Für jedes $n \in \mathbb{N}$ gilt

$$\sum_{\substack{q\leq x \\ (n;q)=1}} |\mu(q)| = A_n\, x + \mathrm{O}\left(\sqrt{x}\theta(n)\right)$$

mit

$$A_n := \frac{6n\,\varphi(n)}{\pi^2\, J_2(n)}$$

Übung 6.26 Anknüpfend an Übung 6.25 gilt für jedes $n \in \mathbb{N}$

$$\sum_{\substack{q\leq x \\ (n;q)=1}} |\mu(q)|\, q = \frac{1}{2} A_n\, x^2 + \mathrm{O}\left(x^{\frac{3}{2}}\theta(n)\right)$$

Übung 6.27 Sei g eine beschränkte arithmetische Funktion und sei f über

$$f(n) := \sum_{\substack{d\mid n \\ (d;\frac{n}{d})=1}} d\,|\mu(d)|\, g\left(\frac{n}{d}\right)$$

definiert. Dann gilt

$$\sum_{n\leq x} f(n) = \frac{3}{\pi^2} x^2 \sum_{n=1}^{\infty} \frac{g(n)\,\varphi(n)}{n\, J_2(n)} + \mathrm{O}\left(x^{\frac{3}{2}}\right)$$

Übung 6.28 Es gilt

$$\sum_{n\leq x} |\mu(n)|\,\varphi(n) = \frac{3}{\pi^2} A\, x^2 + \mathrm{O}\left(x^{\frac{3}{2}}\right)$$

siehe auch die Übungen 1.12 und 6.23.

Übung 6.29 Es gilt

$$\sum_{n\leq x} \gamma(n) = \frac{1}{2} A\, x^2 + \mathrm{O}\left(x^{\frac{3}{2}}\right)$$

Übung 6.30 Für $s > 1$ gilt

$$\sum_{n \leq x} \frac{n^s}{\psi_s(n)} = \zeta(s)\, D_1\, x + \mathrm{O}(1)$$

mit

$$D_1 := \prod_p \left(1 - \frac{(p-1)(p^{s-1}-1)}{p^{2s-1}}\right)$$

Übung 6.31 Für $s > 1$ gilt

$$\sum_{n \leq x} \frac{n^s}{\psi_s(n)} = \frac{\zeta(2s)}{\zeta(s)}\, D_2\, x + \mathrm{O}(1)$$

mit

$$D_2 := \prod_p \left(1 + \frac{(p-1)(p^{s-1}+1)}{p^{2s-1}}\right)$$

Übung 6.32 Für $s > 1$ gilt

$$\sum_{n \leq x} \frac{\varphi_s(n)}{\psi_s(n)} = \frac{\zeta(2s)}{\zeta(s)^2}\, D_3\, x + \mathrm{O}(1)$$

mit

$$D_3 := \prod_p \left(2\, \frac{1 - p^{-s}}{1 - p^{1-s}} - 2\right)$$

Übung 6.33 Sei S eine beliebige Menge geordneter Paare $(x, y) \in \mathbb{N} \times \mathbb{N}$ mit $x \leq y$. Für $n \in \mathbb{N}$ definiert man

$$S_n := \#\{(x, y) \in S : x \leq y \leq n\}$$

Da es $\frac{1}{2}n(n+1)$ geordnete Paare (x, y) natürlicher Zahlen mit $x \leq y \leq n$ gibt, kann der Grenzwert

$$\lim_{n \to \infty} \frac{S_n}{\frac{1}{2}n(n+1)}$$

als Wahrscheinlichkeit, dass bei zufälliger Wahl von x und y die Aussage $(x, y) \in S$ gilt, interpretiert werden. Wenn die Menge S durch eine bestimmte Eigenschaft von

Paaren natürlicher Zahlen charakterisiert ist, dann ist der obige Grenzwert die Wahrscheinlichkeit, dass ein zufälliges Paar natürlicher Zahlen diese Eigenschaft besitzt. Beispielsweise könnte die Eigenschaft „Teilerfremdheit" sein. Die Wahrscheinlichkeit für zwei Zahlen x, y teilerfremd zu sein, ist damit gleich $\zeta(2)^{-1} = \frac{6}{\pi^2}$. Allgemeiner ist die Wahrscheinlichkeit, dass für zwei zufällige Zahlen $(x; y)_k = 1$ gilt, gleich $\zeta(2k)^{-1}$.

Übung 6.34 Die Wahrscheinlichkeit, dass für zwei zufällige Zahlen $x, y \in \mathbb{N}$ die Gleichung $(x; y)_U = 1$ unter der Bedingung $x \leq y$ gilt, ist gleich der Konstanten A aus Folgerung 6.11. Es sei darauf hingewiesen, dass nach Übung 6.23 die Ungleichung $A > \frac{6}{\pi^2}$ gilt.

6.5 Anmerkungen zu Kap. 6

Viele der Ergebnisse in diesem Kapitel sind klassisch, manche sind modern. Der Satz 6.10 und die asymptotischen Formeln für φ_U und σ_U, die in den Folgerungen 6.11 und 6.12 aufgeführt sind, stammen von Eckford Cohen [85]. Die Identitäten und Aussagen der Übungen 6.23, 6.25 bis 6.29 und 6.34 sind ebenfalls aus dem genannten Artikel entnommen. Diese Ergebnisse wurden von D. Suryanarayana verallgemeinert [426].

Der Satz 6.13 wurde von Eckford Cohen [103] bewiesen, welcher auch viele Anwendungen des Satzes, die teilweise im Text sowie in den Übungen 6.30 bis 6.32 enthalten sind, angab.

Die Aussage aus Übung 6.20 ist seit langem bekannt. Der vorgeschlagene Beweis sowie die Ergebnisse der Übung 6.21 sind von Johannes van der Corput[3] [131]. Über die Existenz von Mittelwerten arithmetischer Funktionen wurde viel geforscht. Ein Übersichtsartikel über dieses sowie verwandte Themen stammt von Wolfgang Schwarz[4] [365].

Die asymptotische Formel für die summatorische Funktion der Klee-Funktion in Übung 6.18 wurde von Paul McCarthy [249] entdeckt. Dessen Artikel enthält auch die Ergebnisse der Übung 6.33: Der Fall $k = 1$ ist klassischer Natur, wohingegen der Fall $k = 2$ von Edward Haviland [198] und John Christopher[5] [67] untersucht wurde.

---

[3] Johannes Gualtherus van der Corput (1890–1975)
[4] Wolfgang Schwarz (1934–2013)
[5] John Christopher

Verallgemeinerte arithmetische Funktionen 7

7.1 Inzidenzfunktionen

Viele der Eigenschaften arithmetischer Funktionen, insbesondere die Inversion sowie arithmetische Identitäten, gelten auch in einem allgemeineren Kontext. In diesem Kapitel soll dieser allgemeinere Ansatz eingeführt, verschiedene Beispiele betrachtet sowie allgemeine Ergebnisse erzielt werden, die der Leser in den Übungen anwenden kann.

Sei $\mathcal{P}$ eine **halbgeordnete Menge**, das bedeutet, dass $\mathcal{P}$ aus einer nichtleeren Menge, die ebenfalls mit $\mathcal{P}$ bezeichnet wird, besteht und eine Relation „$\leq$" auf $\mathcal{P}$ definiert ist, die transitiv, reflexiv und antisymmetrisch ist. Für alle $a, b, c \in \mathcal{P}$ gilt also

(i)   *Reflexivität:* $a \leq a$
(ii) *Antisymmetrie:* Aus $a \leq b$ und $b \leq a$ folgt $a = b$.
(iii) *Transitivität:* Aus $a \leq b$ und $b \leq c$ folgt $a \leq c$.

Eine Relation auf einer Menge $\mathcal{P}$, die diese drei Eigenschaften besitzt, nennt man **Halbordnung** auf $\mathcal{P}$. Man schreibt $x < y$, wenn $x \leq y$ und $x \neq y$ gilt. Man schreibt $x \nleq y$, wenn $x \leq y$ nicht gilt.

Zu gegebenen $x, y \in \mathcal{P}$ heißt die Menge

$$[x, y] := \{z \in \mathcal{P} : x \leq z \leq y\}$$

das **Intervall** zwischen x und y. Die Halbordnung heißt **lokal endlich**, wenn die Menge $[x, y]$ für alle $x, y \in \mathcal{P}$ endlich ist. Alle Halbordnungen, die im Folgenden betrachtet werden, sind lokal endlich, weshalb diese Eigenschaft für den Rest des Texts stets voraus gesetzt wird.

Eine komplexwertige Funktion $f : \mathcal{P} \times \mathcal{P} \to \mathbb{C}$ die $f(x, y) = 0$ für $x \nleq y$ erfüllt, nennt man **Inzidenzfunktion** auf $\mathcal{P}$. Man nennt diese auch **verallgemeinerte arithmetische Funktionen**, aus Gründen, die später ersichtlich werden. Da dies

© Springer-Verlag GmbH Deutschland 2017
P.J. McCarthy, *Arithmetische Funktionen*, DOI 10.1007/978-3-662-53732-9_7

ein Buch über Zahlentheorie ist, sollte der Leser diese Funktionen auch so betrachten, selbst wenn sie Inzidenzfunktionen genannt werden. Daher rührt auch der Titel dieses Kapitels.

Sei $F(\mathcal{P})$ die Menge der Inzidenzfunktionen auf $\mathcal{P}$. Diese Menge ist sicherlich nichtleer, da die Funktionen δ und $\mathbb{1}$ in ihr enthalten sind mit

$$\delta(x, y) := \begin{cases} 1 & \text{wenn } x = y \\ 0 & \text{sonst} \end{cases}$$

und

$$\mathbb{1}(x, y) := \begin{cases} 1 & \text{wenn } x \leq y \\ 0 & \text{sonst} \end{cases}$$

Definition 7.1 Für zwei Funktionen $f, g \in F(\mathcal{P})$ wird deren Summe $f + g$ und Produkt fg kanonisch durch

$$(f + g)(x, y) := f(x, y) + g(x, y)$$

und

$$(fg)(x, y) := f(x, y)\, g(x, y)$$

erklärt. Die Faltung $f * g$ wird über

$$(f * g)(x, y) := \sum_{x \leq z \leq y} f(x, z)\, g(z, y)$$

definiert, wobei eine Summe über die leere Menge wie üblich den Wert 0 zugewiesen bekommt.

Die Multiplikation ist kommutativ und assoziativ sowie distributiv bezüglich der Addition. Zusammen mit der Addition und Faltung bildet die Menge $F(\mathcal{P})$ einen Ring mit Einselement δ. Dieser Ring ist im Allgemeinen nicht kommutativ, siehe Übung 7.1. Man nennt diesen Ring $F(\mathcal{P})$ den **Inzidenzring** von $\mathcal{P}$, oder auch den **Ring der verallgemeinerten arithmetischen Funktionen** auf $\mathcal{P}$.

Eine Inzidenzfunktion $f \in F(\mathcal{P})$ besitzt ein **Inverses**, wenn eine Funktion $g \in F(\mathcal{P})$ mit $f * g = g * f = \delta$ existiert. Das Inverse ist eindeutig bestimmt, denn gäbe es g_1 und g_2 die beide diese Eigenschaft besitzen, dann ist

$$g_1 = g_1 * \delta = g_1 * (f * g_2) = (g_1 * f) * g_2 = \delta * g_2 = g_2$$

Für das eindeutige Inverse zu f schreibt man auch f^{-1}.

Lemma 7.2 *Eine Inzidenzfunktion* $f \in F(\mathcal{P})$ *besitzt genau dann ein Inverses, wenn die Bedingung* $f(x, x) \neq 0$ *für alle* $x \in \mathcal{P}$ *gilt.*

Beweis Besitzt f ein Inverses, dann gilt für alle $x \in P$

$$1 = \delta(x, x) = (f * f^{-1})(x, x) = f(x, x)\, f^{-1}(x, x)$$

und damit ist $f(x, x) \neq 0$. Ist umgekehrt $f(x, x) \neq 0$ für alle $x \in P$, dann definiert man $g \in F(P)$ so, dass $f * g = \delta$ gilt. Für $x \nleq y$ setzt man $g(x, y) := 0$. Für $x \leq y$ wird der Funktionswert von g rekursiv nach der Anzahl $\#[x, y]$ definiert. Für $x = y$ setzt man

$$g(x, x) := \frac{1}{f(x, x)}$$

Sei $x < y$ und $g(u, v)$ für alle $u, v \in P$ mit $u \leq v$ und $\#[u, v] \leq \#[x, y]$ definiert. Für diejenigen $z \in P$ mit $x \leq z < y$ ist $\#[x, z] < \#[x, y]$ und damit ist $g(x, z)$ definiert. Man kann $g(x, y)$ deshalb durch

$$g(x, y) := -\frac{1}{f(y, y)} \sum_{x \leq z < y} g(x, z)\, f(z, y)$$

definieren. Mit dieser Definition gilt für alle $x, y \in P$

$$g(x, x)\, f(x, x) = 1$$

sowie für $x < y$

$$\sum_{x \leq z \leq y} g(x, z)\, f(z, y) = 1$$

woraus $g * f = \delta$ folgt. Da $g(x, x) \neq 0$ für jedes $x \in P$ gilt, existiert eine Funktion $h \in F(P)$ mit $h * g = \delta$. Damit ist dann auch

$$f * g = \delta * (f * g) = (h * g) * (f * g) = (h * (g * f)) * g = (h * \delta) * g = \delta$$

und g ist damit als Inverses zu f bestätigt. $\qquad\qquad\square$

Die Funktion $\mathbb{1}$ besitzt ein Inverses, welches man die **Möbius-Funktion** von P nennt und mit μ bezeichnet. Für eine Funktion $f \in F(P)$ gilt genau dann $g = f * \mathbb{1}$, wenn $f = g * \mu$ ist; ebenso wie $h = \mathbb{1} * f$ genau dann gilt, wenn $f = \mu * h$ ist.

Für $x, y \in P$ sagt man y **bedeckt** x, wenn $x < y$ und kein Element $z \in P$ mit $x < z < y$ existiert. Für solche x, y gilt dann

$$0 = \delta(x, y) = (\mu * \mathbb{1})(x, y) = \mu(x, x) + \mu(x, y)$$

und somit

$$\mu(x, y) = -\mu(x, x) = -1$$

Ist $x < y$ und y bedeckt x nicht, dann kann man im Allgemeinen nichts über den Wert von $\mu(x, y)$ aussagen. Es gibt jedoch einen Spezialfall in welchem der Wert ohne großen Aufwand bestimmt werden kann.

Sei P eine **Totalordnung** (manchmal auch **Kette** genannt), das bedeutet, dass P eine Halbordnung ist und zusätzlich für alle $x, y \in P$ entweder $x \leq y$ oder $y \leq x$ gilt. Gilt $x < y$, können die Elemente in $[x, y]$ in diesem Fall nummeriert werden, also

$$x = z_0 < z_1 < \ldots < z_n = y$$

und z_{i+1} bedeckt z_i für $i = 0, 1, \ldots, n - 1$. Daher ist $\mu(z_i, z_{i+1}) = -1$. Bedeckt y nicht x, dann ist $n \geq 2$ und

$$\mu(x, x) = 1$$
$$\mu(x, z_1) = -1$$
$$\mu(x, z_2) = -\mu(x, x) - \mu(x, z_1) = 0$$

Per Induktion folgt $\mu(x, z_i) = 0$ für alle $i \geq 2$, insbesondere ist $\mu(x, y) = 0$. Gleichermaßen ergibt sich $\mu(z_{n-1}, y) = -1$ und $\mu(z_i, y) = 0$ für $i \leq n - 2$.

Ist zum Beispiel $P = \mathbb{N}$ mit der gewöhnlichen Ordnungsrelation, dann ist dies eine lokal endliche Kette und für alle $n, m \in \mathbb{N}$ mit $m \geq n + 2$ gilt

$$\mu(x, x) = 1$$
$$\mu(n, n + 1) = -1$$
$$\mu(n, m) = 0$$

7.2 Distributive Gitter

Die Elemente $x, y \in P$ besitzen eine **kleinste obere Schranke**, wenn ein Element $u \in P$ mit $x \leq u$ und $y \leq u$ existiert und für jedes $z \in P$ mit $x \leq z$ und $y \leq z$ die Ungleichung $u \leq z$ gilt. Wenn eine kleinste obere Schranke existiert, ist diese eindeutig bestimmt und sie wird mit $x \vee y$ bezeichnet.

Die Elemente $x, y \in P$ besitzen eine **größte untere Schranke**, wenn ein Element $v \in P$ mit $v \leq x$ und $v \leq y$ existiert und für jedes $z \in P$ mit $z \leq x$ und $z \leq y$ die Ungleichung $z \leq v$ gilt. Wenn eine größte untere Schranke existiert, ist diese eindeutig bestimmt und sie wird mit $x \wedge y$ bezeichnet.

Die Halbordnung P heißt **Gitter**, wenn für alle $x, y \in P$ eine kleinste obere und größte untere Schranke existiert. An dieser Stelle soll nochmals darauf hingewiesen werden, dass nur lokal endliche Halbordnungen betrachtet werden, und daher auch nur lokal endliche Gitter. Der nachstehende Satz, welcher die grundlegenden Eigenschaften der Verknüpfungen $(x, y) \mapsto x \wedge y$ und $(x, y) \mapsto x \vee y$ beschreibt, ist einfach zu beweisen.

Satz 7.3 *Sei $\mathcal{L}$ ein Gitter. Dann gilt:*

(i) $x \vee x = x \wedge x = x$ *für jedes $x \in \mathcal{L}$*

(ii) $x \vee y = y \vee x$ *und* $x \wedge y = y \wedge x$ *für alle $x, y \in \mathcal{L}$*

(iii) $(x \vee y) \vee z = x \vee (y \vee z)$ *und* $(x \wedge y) \wedge z = x \wedge (y \wedge z)$ *für alle $x, y, z \in \mathcal{L}$*

(iv) $x \vee (x \wedge y) = x \wedge (x \vee y)$ *für alle $x, y \in \mathcal{L}$*

(v)   *Für alle $x, y \in \mathcal{L}$ sind die drei Aussagen $x \wedge y = x$, $x \vee y = y$ und $x \leq y$ äquivalent.*

Die Eigenschaften (i) bis (iv) sind charakteristisch für Gitter, wie in Übung 7.14 beschrieben ist.

Ein Gitter $\mathcal{L}$ heißt **distributiv**, wenn für alle $x, y, z \in \mathcal{L}$

$$x \wedge (y \vee z) = (x \wedge y) \vee (x \wedge z)$$

gilt, siehe die Übungen 7.15 und 7.16. Ist $\mathcal{P}$ eine Kette, dann ist $\mathcal{P}$ trivialerweise auch ein Gitter und es ist leicht ersichtlich, dass dieses sogar distributiv ist. Das Gitter, welches in Übung 7.4 an zweiter Stelle angegeben ist, ist nicht distributiv, da zwar

$$d \wedge (a \vee b) = d \wedge 1 = d$$

aber

$$(d \wedge a) \vee (d \wedge b) = 0 \vee b = b$$

gilt.

Auf der Menge der natürlichen Zahlen erzeugt die Relation $m \mid n$ eine Halbordnung. Die so erzeugte Halbordnung soll mit $\mathcal{N}_D$ bezeichnet werden. Für $m \mid n$ ist

$$[m, n] = \{d \in \mathbb{N} : d \mid n, m \mid d\}$$

und damit ist $\mathcal{N}_D$ auch lokal endlich. Die Halbordnung $\mathcal{N}_D$ ist sogar ein Gitter, in dem die kleinste obere Schranke zweier natürlicher Zahlen gleich dem kleinsten gemeinsamen Vielfachen, und die größte untere Schranke gleich dem größten gemeinsamen Teiler ist. Dieses Gitter ist darüber hinaus auch distributiv.

Einer arithmetischen Funktion f kann eine Inzidenzfunktion $\overline{f}$ auf $\mathcal{N}_D$, die durch

$$\overline{f}(m, n) := \begin{cases} f\left(\frac{n}{m}\right) & \text{wenn } m \mid n \\ 0 & \text{sonst} \end{cases}$$

definiert wird, zugeordnet werden. Da $1 \mid n$ für jedes $n \in \mathbb{N}$ gilt, ist die Abbildung $f \mapsto \overline{f}$ injektiv. Darüber hinaus erhält die Abbildung die Addition und die Faltung, das heißt, sind f und g arithmetische Funktionen, dann gilt $\overline{f+g} = \overline{f} + \overline{g}$ und $\overline{f * g} = \overline{f} * \overline{g}$, wobei die Faltung auf der linken Seite der letzten Gleichung die Dirichlet-Faltung ist, die Faltung auf der rechten Seite hingegen ist die Faltung in $\mathcal{N}_D$. In der Sprache der Algebra existiert also ein injektiver Homomorphismus vom Ring der arithmetischen Funktionen in den Ring $F(\mathcal{N}_D)$. Die genannte Eigenschaft der Addition ist trivial, die der Faltung bedarf einer kurzen Erläuterung: Gilt $m \mid n$, dann ist

$$(\overline{f} * \overline{g})(m,n) = \sum_{\substack{d \mid n \\ m \mid d}} \overline{f}(m,d)\,\overline{g}(d,n) = \sum_{\substack{d \mid n \\ m \mid d}} f\left(\frac{d}{m}\right) g\left(\frac{n}{d}\right)$$

$$= \sum_{l \mid \frac{n}{m}} f(l)\, g\left(\frac{\frac{n}{m}}{l}\right) = (f * g)\left(\frac{n}{m}\right)$$

Das erläuterte Beispiel bezüglich $\mathcal{N}_D$ kann verallgemeinert werden. Sei A eine reguläre arithmetische Faltung. Man definiert die Relation „$\leq$" auf der Menge der natürlichen Zahlen durch

$$m \leq n \quad \Leftrightarrow \quad m \in A(n)$$

Diese Ordnung erzeugt eine Halbordnung, welche lokal endlich ist und mit $\mathcal{N}_A$ bezeichnet werden soll. Eine Inzidenzfunktion f auf $\mathcal{N}_A$ ist auch eine Inzidenzfunktion auf $\mathcal{N}_D$. Darüber hinaus ist die Summe und die Faltung zweier Funktionen $f, g \in F(\mathcal{N}_A)$ gleich der Summe und Faltung in $F(\mathcal{N}_D)$, was daran liegt, dass die zusätzlichen Terme, die in der Summe

$$\sum_{\substack{d \mid n \\ m \mid d}} f(m,d)\, g(d,n)$$

auftreten, gleich 0 sind. Der Ring $F(\mathcal{N}_A)$ kann auch als Unterring von $F(\mathcal{N}_D)$ angesehen werden. Man muss jedoch auch Vorsicht walten lassen, denn das Element $\mathbb{1}$ im Ring $F(\mathcal{N}_A)$ ist vom Element $\mathbb{1}$ in $F(\mathcal{N}_D)$ verschieden, außer es ist $A = D$.

Jeder arithmetischen Funktion f kann eine Inzidenzfunktion $\widetilde{f}$ auf $\mathcal{N}_A$, die durch

$$\widetilde{f}(m,n) := \begin{cases} f\left(\frac{n}{m}\right) & \text{wenn } m \in A(n) \\ 0 & \text{sonst} \end{cases}$$

definiert ist, zugeordnet werden. Die Abbildung $f \mapsto \widetilde{f}$ ist erneut injektiv und erhält die Addition und Faltung. Also gilt für $m \in A(n)$

$$(\widetilde{f+g})(m,n) = (f+g)\left(\frac{n}{m}\right) = f\left(\frac{n}{m}\right) + g\left(\frac{n}{m}\right)$$

$$= \widetilde{f}(m,n) + \widetilde{g}(m,n) = (\widetilde{f} + \widetilde{g})(m,n)$$

und

$$(\widetilde{f *_A g})(m,n) = (f *_A g)\left(\frac{n}{m}\right) = (\widetilde{f} * \widetilde{g})(m,n)$$

Außer für $A = D$ sind die Inzidenzfunktionen $\widetilde{f}$ und $\overline{f}$ im Allgemeinen verschieden.

Die Halbordnung $\mathcal{N}_A$ ist allerdings nicht immer auch ein Gitter. Zwar ist $\mathcal{N}_A$ lokal endlich und jedes Paar m,n in $\mathcal{N}_A$ hat mit $1 \le n$ und $1 \le m$ eine größte untere Schranke in $\mathcal{N}_A$. Jedoch besitzt das Paar (p^a, p^b) für jede Primzahl p und $a,b \in \mathbb{N}$ mit $a \ne b$ überhaupt keine obere Schranke in $\mathcal{N}_A$, siehe auch Übung 7.19. Es ist aber leicht ersichtlich, dass jedes nichtleere Intervall in $\mathcal{N}_A$ ein Gitter ist.

Eine halbgeordnete Menge $\mathcal{P}$ heißt **lokales Gitter**, wenn jedes nichtleere Intervall in $\mathcal{P}$ in Bezug auf die Halbordnung von $\mathcal{P}$ ein Gitter ist. Jedes Gitter $\mathcal{L}$ ist ein lokales Gitter, und gehören x und y zum selben Intervall in $\mathcal{L}$, dann ist $x \vee y$ deren kleinste obere Schranke, und $x \wedge y$ deren größte untere Schranke in diesem Intervall. Ein lokales Gitter heißt **lokal distributiv** bzw. **lokal modular**, wenn jedes nichtleere Intervall ein distributives bzw. lokal modulares Gitter ist (zur Definition von modular, siehe Übung 7.17). Man beachte, dass in einer halbgeordneten Menge $\mathcal{P}$, die ein Element $a \in \mathcal{P}$, welches $a \le x$ für jedes $x \in \mathcal{P}$ erfüllt, automatisch jedes Paar $x, y \in \mathcal{P}$ eine größte untere Schranke $x \wedge y$ besitzt, da jedes Intervall endlich ist. Eine solche halbgeordnete Menge nennt man ein **unteres Halbgitter**.

Lemma 7.4 *Sei A eine reguläre arithmetische Faltung. Dann ist $\mathcal{N}_A$ sowohl ein unteres Halbgitter als auch ein lokal distributives lokales Gitter.*

Beweis Für den Beweis nimmt man die in Kap. 4 aufgeführten Eigenschaften (B1) bis (B4) regulärer arithmetischer Faltungen zur Hilfe. Nach der Eigenschaft (B3) genügt es nämlich zu zeigen, dass für jedes $n \in \mathbb{N}$ das Inervall $[1, n]$, das heißt $A(n)$, ein distributives Gitter ist. Denn sind x und y im Intervall $[m, n]$, dann sind deren kleinste obere Schranke und größte untere Schranke in diesem Intervall dieselben Größen, wie im Intervall $[1, n]$. Sei $n = p_1^{a_1} \cdot \ldots \cdot p_k^{a_k}$ die Primfaktorzerlegung von n und $t_i = T_A(p_i^{a_i})$ für $i = 1, \ldots, k$. Sind $x, y \in A(n)$, dann gilt nach Satz 4.7

$$x = \prod_{i=1}^{k} p_i^{t_i h_i}$$

und

$$y = \prod_{i=1}^{k} p_i^{t_i j_i}$$

mit $0 \le h_i, j_i \le \frac{a_i}{t_i}$, und nach Folgerung 4.8

$$x \wedge y = \prod_{i=1}^{k} p_i^{t_i \min(h_i, j_i)}$$

sowie

$$x \vee y = \prod_{i=1}^{k} p_i^{t_i \, \max \, (h_i, j_i)}$$

Damit sind $x \wedge y$ und $x \vee y$ nichts anderes als der größte gemeinsame Teiler und das kleinste gemeinsame Vielfache der natürlichen Zahlen x und y. Daher gilt für alle $x, y, z \in A(n)$

$$x \wedge (y \vee z) = (x \wedge y) \vee (x \wedge z)$$

was den Beweis abschließt.   □

7.3 Faktorisierbare Inzidenzfunktionen

In der Theorie arithmetischer Funktionen spielen die multiplikativen Funktionen eine zentrale Rolle, weshalb es sehr natürlich ist zu fragen, ob eine ähnliche Eigenschaft auch für Inzidenzfunktionen eingeführt werden kann. Dies ist in der Tat der Fall und im Nachfolgenden soll eine Weise dies zu tun, vorgestellt werden.

Sei $\mathcal{L}$ ein lokales Gitter. Eine Inzidenzfunktion f auf $\mathcal{L}$ heißt **faktorisierbar**, wenn f, erstens, ein Inverses besitzt und, zweitens, alle $a, b, c, d \in \mathcal{L}$, die in einem Intervall in $\mathcal{L}$ liegen mit $c \wedge d \leq a \leq c$ und $c \wedge d \leq b \leq d$, was gleichbedeutend ist mit $a \leq c, b \leq d$ und $a \wedge b = c \wedge d$, die Bedingung

$$f(a \vee b, c \vee d) = f(a, c) \, f(b, d)$$

erfüllen. Wenn f faktorisierbar ist, dann gilt $f(a, a) = 1$ für alle $a \in \mathcal{L}$. Die Funktion 1 in $F(\mathcal{L})$ ist faktorisierbar. Die Funktion δ ist hingegen nicht immer faktorisierbar, denn beispielsweise ist für das Gitter $\mathcal{L}$ aus Übung 7.4, das an zweiter Stelle aufgeführt ist, zwar $\delta(a \vee b, a \vee d) = 1$, jedoch ist $\delta(a, a) \, \delta(a, d) = 0$.

Die Definition einer faktorisierbaren Funktion hat mindestens eine Eigenschaft, die sehr nützlich ist. Und zwar gilt für eine arithmetische Funktion auf Grund von Übung 1.10 die Äquivalenz, dass f genau dann multiplikativ ist, wenn die zugehörige Funktion $\overline{f} \in F(\mathcal{N}_D)$ faktorisierbar ist. Im Allgemeinen ist es jedoch falsch, dass das Inverse und die Faltung von faktorisierbaren Funktionen, wieder faktorisierbar sind. Als Gegenbeispiel kann hier erneut das zweitgenannte Gitter aus Übung 7.4 angeführt werden. Da $\mu(a \vee b, a \vee d) = 1$ aber $\mu(a, a) \, \mu(b, d) = -1$ ist, kann die Funktion μ nicht faktorisierbar sein. Für die Faltung gilt dies ebenso wenig, da

$$(1 * 1)(a \vee b, a \vee d) = 1$$

ist, jedoch auf Grund von

$$(1 * 1)(a, a) \, (1 * 1)(b, d) = -2$$

die Funktion $(\mathbb{1} * \mathbb{1})$ nicht faktorisierbar sein kann. Das zu Grunde liegende Gitter in diesen Beispielen ist nicht distributiv und, wie man gleich sehen wird, ist diese Eigenschaft entscheidend, siehe auch Übung 7.22.

Lemma 7.5 *Ist $\mathcal{L}$ ein lokal distributives lokales Gitter, dann ist das Inverse einer faktorisierbaren Funktion in $F(\mathcal{L})$ erneut faktorisierbar.*

Beweis Seien $a, b, c, d \in \mathcal{L}$, die in einem Intervall in $\mathcal{L}$ liegen mit $c \wedge d \leq a \leq c$ und $c \wedge d \leq b \leq d$. Nach Übung 7.21 ist die Abbildung $\eta : [a, c] \times [b, d] \to [a \vee b, c \vee d]$ bijektiv. Ist also $a \vee b = c \vee d$, dann ist $a = c$ und $b = d$, und die erforderliche Gleichung für f^{-1} ist erfüllt. Der weitere Beweisverlauf erfolgt per Induktion nach der Länge des Intervalls. Es gelte also $a \vee b \neq c \vee d$ und für alle $a', b', c', d' \in \mathcal{L}$, die $c' \wedge d' \leq a' \leq c'$ und $c' \wedge d' \leq b' \leq d'$ mit $\#[a' \vee b', c' \vee d'] < \#[a \vee b, c \vee d]$ erfüllen, gilt

$$f^{-1}(a' \vee b', c' \vee d') = f^{-1}(a', c') \, f^{-1}(b', d')$$

Dann ist auf Grund der Induktionsvoraussetzung

$$
\begin{aligned}
f^{-1}(a \vee b, c \vee d) &= - \sum_{a \vee b \leq z < c \vee d} f^{-1}(a \vee b, z) \, f(z, c \vee d) \\
&= - \sum_{\substack{(x,y) \in [a,c] \times [b,d] \\ (x,y) \neq (c,d)}} f^{-1}(a \vee b, x \vee y) \, f(x \vee y, c \vee d) \qquad (7.1) \\
&= - \sum_{\substack{a \leq x \leq c \\ b \leq y \leq d \\ (x,y) \neq (c,d)}} f^{-1}(a, x) \, f^{-1}(b, y) \, f(x, c) \, f(y, d)
\end{aligned}
$$

da f faktorisierbar ist. Man beachte, dass für alle x und y die Bedingung $x \vee y \neq c \vee d$ gilt, da η injektiv ist, woraus dann auch $\#[a \vee b, x \vee y] < \#[a \vee b, c \vee d]$ folgt. Desweiteren ist $x \wedge y \leq a \leq x$, $x \wedge y \leq b \leq y$, $c \wedge d \leq x \leq c$ und $c \wedge d \leq y \leq d$. Daher gilt für die Summe aus Gleichung (7.1)

$$
\begin{aligned}
f^{-1}(a &\vee b, c \vee d) \\
&= -f^{-1}(a, c) \sum_{b \leq y < d} f^{-1}(b, y) \, f(y, d) - f^{-1}(b, d) \sum_{a \leq x < c} f^{-1}(a, x) \, f(x, c) \\
&= -\left(-\sum_{a \leq x < c} f^{-1}(a, x) \, f(x, c) \right) \left(-\sum_{b \leq y < d} f^{-1}(b, y) \, f(y, d) \right) \\
&= f^{-1}(a, c) \, f^{-1}(b, d) + f^{-1}(a, c) \, f^{-1}(b, d) - f^{-1}(a, c) \, f^{-1}(b, d) \\
&= f^{-1}(a, c) \, f^{-1}(b, d)
\end{aligned}
$$

womit die Faktorisierbarkeit von f^{-1} nachgewiesen ist. $\qquad\qquad\qquad\square$

Diese Argumentation ist dieselbe, wie die in Lemma 1.5, was nicht verwunderlich ist.

Lemma 7.6 *Ist $\mathcal{L}$ ein lokal distributives lokales Gitter, dann ist die Faltung zweier faktorisierbarer Funktionen f und g in $F(\mathcal{L})$ ebenfalls faktorisierbar.*

Beweis Seien $a, b, c, d \in \mathcal{L}$ wie in Lemma 7.5. Dann ist

$$
\begin{aligned}
(f * g)(a, c)\,(f * g)(b, d) &= \left(\sum_{a \leq x \leq c} f(a, x)\, g(x, c) \right) \left(\sum_{b \leq y \leq d} f(b, y)\, g(y, d) \right) \\
&= \sum_{(x,y) \in [a,c] \times [b,d]} f(a, x)\, f(b, y)\, g(x, c)\, g(y, d) \\
&= \sum_{(x,y) \in [a,c] \times [b,d]} f(a \vee b, y \vee y)\, g(x \vee y, c \vee d) \\
&= \sum_{a \vee b \leq z \leq c \vee d} f(a \vee b, z)\, g(z, c \vee d) \\
&= (f * g)(a \vee b, c \vee d)
\end{aligned}
$$

womit $(f * g)$ als faktorisierbar nachgewiesen ist.   □

Auch die Umkehrungen der Lemmata 7.5 und 7.6 sind wahr. Tatsächlich gelten sogar etwas allgemeinere Aussagen.

Lemma 7.7 *Für ein lokales Gitter $\mathcal{L}$ gilt:*

(i) *Ist μ faktorisierbar, dann ist $\mathcal{L}$ lokal distributiv.*
(ii) *Ist $\mathbb{1} * \mathbb{1}$ faktorisierbar, dann ist $\mathcal{L}$ lokal distributiv.*

Beweis Hier soll nur eine Beweisskizze gegeben werden, da der vollständige Beweis auf einer Eigenschaft von distributiven Gittern basiert, die hier nicht behandelt wird. Angenommen $\mathcal{L}$ sei nicht lokal distributiv, dann gibt es Elemente $x, y \in \mathcal{L}$ mit $x \leq y$ so, dass das Intervall $[x, y]$, das auch ein Gitter ist, nicht distributiv ist. Dann muss einer der beiden folgenden Fälle gelten:

(i) Das Intervall $[x, y]$ enthält verschiedene Elemente $a, b, d, 0, 1$ mit

$$
0 < a < 1, \quad 0 < b < d < 1
$$

sowie

$$
a \wedge b = a \wedge d = 0, \quad a \vee b = a \vee d = 1
$$

(ii) Das Intervall $[x, y]$ enthält verschiedene Elemente $a, b, c, 0, 1$, die paarweise nicht mit der Relation $\leq$ vergleichbar sind und es gilt

$$a \vee b = b \vee c = a \vee c = 1$$

sowie

$$a \wedge b = b \wedge c = a \wedge c = 0$$

(in der Gittertheorie wird gezeigt, dass ein nicht distributives Gitter ein Untergitter enthält, das zu einem der Gitter, die in Übung 7.4 aufgeführt sind, isomorph ist, siehe hierzu im Buch von Paul Cohn[1] [129, S. 66 und S. 69]).

Gilt Fall (i), dann existiert ein Element k in diesem Intervall mit $b < k < d$ und $a, b, k, 0, 1$ erfüllen dieselben Bedingungen, wie $a, b, d, 0, 1$, weshalb angenommen werden darf, dass b von d bedeckt wird. Damit gilt aber auch

$$\mu(a \vee b, a \vee d) = 1$$

sowie

$$\mu(a, a)\, \mu(b, d) = -1$$

womit μ nicht faktorisierbar ist. Gleichsam ist

$$(\mathbb{1} * \mathbb{1})(a \vee b, a \vee d) = 1$$

jedoch ist

$$(\mathbb{1} * \mathbb{1})(a, a)\, (\mathbb{1} * \mathbb{1})(b, d) = 2$$

womit die Funktion $(\mathbb{1} * \mathbb{1})$ nicht faktorisierbar ist. Der Fall (ii) wird als Übung 7.26 gestellt.   □

Der nächste Satz ist eine direkte Folgerung aus den Lemmata 7.5, 7.6 und 7.7.

Satz 7.8 *Sei $\mathcal{L}$ ein lokales Gitter. Das Inverse und die Faltung faktorisierbarer Funktionen in $F(\mathcal{L})$ sind genau dann wieder faktorisierbar, wenn $\mathcal{L}$ lokal distributiv ist. Insbesondere bilden die faktorisierbaren Funktionen eine Untergruppe der Einheitengruppe in $F(\mathcal{L})$.*

Für eine reguläre arithmetische Faltung A und eine multiplikative Funktion f mit zugehöriger Inzidenzfunktion $\widetilde{f}$ in $F(\mathcal{N}_A)$ ist nach Lemma 7.4 die Funk-

---

[1] Paul Moritz Cohn (1924–2006)

tion $\widetilde{f}$ faktorisierbar. Bezeichnet f^{-1} die inverse Funktion zu f bezüglich der A-Faltung, dann ist

$$\widetilde{f} * \widetilde{f^{-1}} = \overline{\left(f *_A f^{-1} \right)} = \delta$$

und damit ist $\widetilde{f^{-1}} = \left(\widetilde{f} \right)^{-1}$, die nach Satz 7.8 faktorisierbar ist. Daher folgt die Multiplikativität von f^{-1} (ein allgemeineres Ergebnis ist in Übung 4.4 enthalten).

Für ein lokales Gitter $\mathcal{L}$ gibt es unter den Inzidenzfunktionen in $\mathcal{L}$ Analoga zu bekannten arithmetischen Funktionen. Es sei H eine Funktion $H : \mathcal{L} \to \mathbb{N}$, die für x und y aus einem Intervall in $\mathcal{L}$ als Wert $H(x \wedge x)$ bzw. $H(x \vee y)$ den größten gemeinsamen Teiler bzw. das kleinste gemeinsame Vielfache von $H(x)$ und $H(y)$ annimmt. Für eine natürliche Zahl k wird die Inzidenzfunktion $v_{k,H}$ auf $\mathcal{L}$ durch

$$v_{k,H}(x, y) := \begin{cases} \frac{H(x)^k}{H(y)^k} & \text{wenn } x \leq y \\ 0 & \text{sonst} \end{cases} \tag{7.2}$$

definiert. Da $v_{k,H}(x, x) = 1$ für alle $x \in \mathcal{L}$ gilt, besitzt die Funktion $v_{k,H}$ ein inverses Element. Für jede Wahl von H gilt $v_{0,H} = \mathbb{1}$ und $(v_{0,H})^{-1} = \mu$. Desweiteren ist für $x \leq z \leq y$

$$v_{k,H}(x, z) \, v_{k,H}(z, y) = \frac{H(z)^k}{H(x)^k} \frac{H(y)^k}{H(z)^k} = \frac{H(y)^k}{H(x)^k} = v_{k,H}(x, y)$$

weshalb $v_{k,H}$ vollständig faktorisierbar ist und $(v_{k,H})^{-1} = \mu \, v_{k,H}$ (zur Definition von vollständig faktorisierbar, siehe Übung 7.13). Für a und b aus einem Intervall in $\mathcal{L}$ gilt

$$v_{k,H}(a \wedge b, a) = \left(\frac{H(a)}{H(a \wedge b)} \right)^k = \left(\frac{H(a \vee b)}{H(b)} \right)^k = v_{k,H}(b, a \vee b)$$

womit die Gleichung (7.5) aus Übung 7.24 gilt. Nach der Übung 7.25 ist die Funktion $v_{k,H}$ damit faktorisierbar.

Die Analoga der arithmetischen Funktionen σ_k und J_k sind die Inzidenzfunktionen

$$\sigma_{k,H} := v_{k,H} * \mathbb{1}$$

und

$$J_{k,H} := v_{k,H} * \mu$$

Mit $\mathcal{L} := \mathcal{N}_D$ und $H(n) := n$ für alle $n \in \mathbb{N}$ ergibt sich $\sigma_{k,H} = \overline{\sigma_k}$ und $J_{k,H} = \overline{J_k}$. Nach Satz 7.8 sind sowohl $\sigma_{k,H}$ und $J_{k,H}$ als auch deren inverse Funktion faktorisierbar, wenn das lokale Gitter $\mathcal{L}$ lokal distributiv ist.

7.4 Verallgemeinerte arithmetische Identitäten

Aus der Perspektive dieses Buchs sind arithmetische Identitäten eine der interessantesten Anwendungsmöglichkeiten der Inzidenzfunktionen. Der restliche Teil des Kapitels wird deshalb einer Untersuchung arithmetischer Identitäten in allgemeinem Kontext gewidmet. Um diese angeben zu können, müssen zuvor wenige Ergebnisse als Vorbereitung angeführt werden.

Sei $\mathcal{L}$ ein lokal distributives lokales Gitter in dem jedes Paar von Elementen eine größte untere Schranke in $\mathcal{L}$ besitzt und seien f und g faktorisierbare Funktionen in $F(\mathcal{L})$. Für $t \in \mathcal{L}$ und alle $x, y \in \mathcal{L}$ mit $x \leq y \wedge t$ definiert man die Funktion h durch

$$h(x, y) := \sum_{\substack{x \leq z \leq y \\ z \wedge t = x}} f(x, z)\, g(z, y)$$

Man beachte, dass die Funktion h im Allgemeinen keine Inzidenzfunktion auf $\mathcal{L}$ ist, da h nicht notwendigerweise für alle Werte von $x, y \in \mathcal{L}$ definiert ist. Allerdings gilt für a, b, c, d aus einem Intervall in $\mathcal{L}$ mit $a \leq c \wedge t$, $b \leq d \wedge t$, $c \wedge d \leq a \leq c$ und $c \wedge d \leq b \leq d$ die Gleichung

$$h(a \vee b, c \vee d) = h(a, c)\, h(b, d)$$

Diese Behauptung beweist man ähnlich wie Lemma 7.6 und man nutzt Übung 7.21. Da $\mathcal{L}$ lokal distributiv ist, gilt

$$a \vee b \leq (c \wedge t) \vee (d \wedge t) = (c \vee d) \wedge t$$

und damit

$$
\begin{aligned}
h(a \vee b, c \vee d) &= \sum_{\substack{a \vee b \leq z \leq c \vee d \\ z \wedge t = a \vee b}} f(a \vee b, z)\, g(z, c \vee d) \\
&= \sum_{\substack{(x,y) \in [a,c] \times [b,d] \\ (x \vee y) \wedge t = a \vee b}} f(a \vee b, x \vee y)\, g(x \vee y, c \vee d)
\end{aligned}
$$

Mit der Funktion η aus Übung 7.21 ergibt dies auf Grund der Gültigkeit von

$$\eta\big((x \wedge t, y \wedge t)\big) = (x \wedge t) \vee (y \wedge t) = (x \vee y) \wedge t = a \vee b = \eta\big((a, b)\big)$$

sowie der Injektivität von η (natürlich ist $a \leq x \wedge t \leq c, b \leq y \wedge t \leq d$) und
$x \wedge t = a, y \wedge t = b$ die Identität

$$h(a \vee b, c \vee d) = \sum_{\substack{a \leq x \leq c \\ b \leq y \leq d \\ x \wedge t = a \\ y \wedge t = b}} f(a, x)\, f(b, y)\, g(x, c)\, g(y, d)$$

$$= \left(\sum_{\substack{a \leq x \leq c \\ x \wedge t = a}} f(a, x)\, g(x, c) \right) \left(\sum_{\substack{b \leq y \leq d \\ y \wedge t = b}} g(b, y)\, g(y, d) \right)$$

$$= h(a, c)\, h(b, d)$$

Im Weiteren wird stets vorausgesetzt, dass $\mathcal{L}$ zusätzlich zu den bereits bekannten Anforderungen jedes Intervall aus $\mathcal{L}$ ein Produkt von Ketten ist. Siehe Übungen 7.11 und 7.21 zur Definition des Produkts von zwei Gittern (die Erweiterung auf mehrere Faktoren ist evident). Da $\mathcal{L}$ lokal endlich ist, existieren für jedes Intervall nur endlich viele Ketten in dessen Produktzerlegung und jede dieser Ketten ist darüber hinaus noch endlich.

Definition 7.9 Sei $f \in F(\mathcal{L})$. Eine Funktion $h \in F(\mathcal{L})$ nennt man **Begleitfunktion** von f, wenn

$$h(x, y) = f(x, y) - 1$$

für alle y, die x bedecken, gilt. Nach der Übung 7.31 besitzt jede faktorisierbare Funktion eine Begleitfunktion.

Definition 7.10 Die Funktion $f \in F(\mathcal{L})$ wird **kettenkonstant** genannt, wenn sie für alle $x, y \in \mathcal{L}$ mit $x \leq y$ für die das Intervall $[x, y] = \{x_0, x_1, \ldots, x_n\}$ eine Kette

$$x = x_0 < x_1 < \ldots < x_n = y$$

ist, die Gleichung

$$f(x, y) = f(x_i, y_i)$$

für alle $0 \leq i < j \leq n$ erfüllt.

Das Gitter $\mathcal{N}_A$ erfüllt für eine reguläre arithmetische Faltung A alle Voraussetzungen, die an $\mathcal{L}$ gestellt wurden. Zu $m \in A(n)$ mit $n = \prod_{i=1}^{k} p_i^{a_i}$ und $m = \prod_{i=1}^{k} p_i^{b_i}$ ist das Intervall $[m, n]$ das Produkt der Intervalle $\left[p_i^{a_i}, p_i^{b_i} \right]$ für $i = 1, \ldots, k$, und jedes dieser Intervalle ist eine Kette. Ist $f(n) := \frac{\varphi(n)}{n}$, dann ist die zugehörige Funktion $\overline{f} \in F(\mathcal{N}_D)$ kettenkonstant.

Satz 7.11 *Sei f eine kettenkonstante, faktorisierbare Funktion aus $F(\mathcal{L})$ mit einer faktorisierbaren Begleitfunktion h. Für $x, y \in \mathcal{L}$ mit $x \le y \wedge t$ gilt*

$$\sum_{\substack{x \le z \le y \\ z \wedge t = x}} f(x, z)\, \mu(z, y) = \mu(x, y)\, \mu(y \wedge t, y)\, h(y \wedge t, y) \tag{7.3}$$

Beweis Ohne Einschränkung kann $x \le t \le y$ angenommen werden, denn ist $t' = y \wedge t$ und $x \le z \le y$, dann ist auch $z \wedge t = z \wedge t'$. Bezeichnet $g(x, y)$ die Summe auf der linken Seite der Gleichung (7.3), dann lautet die Behauptung

$$g(x, y) = \mu(x, y)\, \mu(t, y)\, h(t, y)$$

Wie im Folgenden gezeigt wird, gilt dies für alle x, y, t mit $x \le t \le y$, wenn es auch für jedes Intervall $[x, y]$, das eine Kette ist, gilt. Nehmen wir für einen Moment an, dies gelte, dann wird nun gezeigt, dass die Behauptung gilt, wenn das Intervall $[x, y]$ eine Kette ist. Für $x = y$ sind beide Seiten der behaupteten Gleichung gleich 1. Ist $x < y$ und $[x, y] = \{z_0, z_1, \ldots, z_n\}$ mit $x = z_0 < z_1 < \ldots < z_n = y$ und $t = z_j$ für ein j, dann müssen die zwei Fälle $j = 0$ und $j > 0$ unterschieden werden. Für $j = 0$ ist die linke Seite der Behauptung mit $\mu(z_i, y) = 0$ für $i \le n-2$

$$g(x, y) = f(x, z_{n-1})\, \mu(z_{n-1}, y) + f(x, y)\, \mu(y, y) = -f(x, z_{n-1}) + f(x, y)$$

$$= \begin{cases} -1 + f(x, z_1) & \text{wenn } n = 1 \\ 0 & \text{sonst} \end{cases}$$

und die rechte Seite

$$\mu(x, y)\, \mu(t, y)\, h(t, y) = \mu(x, y)\, \mu(x, y)\, h(x, y) = \begin{cases} f(x, z_1) - 1 & \text{wenn } n = 1 \\ 0 & \text{sonst} \end{cases}$$

Für $j > 0$ ist die linke Seite der behaupteten Gleichung

$$g(x, y) = f(x, x)\, \mu(x, y) = \begin{cases} -1 & \text{wenn } n = 1 \\ 0 & \text{sonst} \end{cases}$$

und die rechte Seite

$$\mu(x, y)\, \mu(t, y)\, h(t, y) = \begin{cases} \mu(x, y)\, \mu(y, y)\, h(y, y) & \text{wenn } n = 1 \\ 0 & \text{sonst} \end{cases}$$

$$= \begin{cases} -1 & \text{wenn } n = 1 \\ 0 & \text{sonst} \end{cases}$$

Sei das Intervall $[x, y]$ ein Produkt aus zwei Ketten $[x, y] = \mathcal{L}_1 \times \mathcal{L}_2$ (der Fall für mehr als zwei Faktoren kann in gleicher Weise behandelt werden) mit

$$\mathcal{L}_1 = \{w_0, w_1, \ldots, w_m\}, \quad w_0 < w_1 < \ldots < w_m$$
$$\mathcal{L}_2 = \{z_0, z_1, \ldots, z_n\}, \quad z_0 < z_1 < \ldots < z_n$$

Wenn jedes w_i mit (w_i, z_0) und jedes z_i mit (w_0, z_i) identifiziert wird, dann können $\mathcal{L}_1$ und $\mathcal{L}_2$ als Teilmengen des Intervalls $[x, y]$ mit derselben Ordnung wie auf diesem betrachtet werden. Desweiteren ist $\mathcal{L}_1 = [w_0, w_m]$ und $\mathcal{L}_2 = [z_0, z_n]$. Da $w_0 \leq w_n \wedge t$, $z_0 \leq z_n \wedge t$, $x = w_m \wedge z_n \leq w_0 \leq w_m$ und $x = w_m \wedge z_n \leq z_0 \leq z_n$ gilt, ergibt sich

$$\sum_{\substack{x \leq z \leq y \\ z \wedge t = x}} f(x, z)\, \mu(z, y)$$

$$= \left(\sum_{\substack{w_0 \leq w \leq w_m \\ w \wedge t = w_0}} f(x_0, w)\, \mu(w, w_m) \right) \left(\sum_{\substack{z_0 \leq z \leq z_n \\ z \wedge t = z_0}} f(z_0, z)\, \mu(z, z_n) \right)$$

Andererseits ist h nach Voraussetzung faktorisierbar und deshalb gilt

$$h(y \wedge t, y) = h((w_m \vee z_n) \wedge t, w_m \vee z_n)$$
$$= h((w_m \wedge t) \vee (z_n \wedge t), w_m \vee z_n)$$
$$= h(w_m \wedge t, w_m)\, h(z_n \wedge t, z_n)$$

Eine ähnliche Gleichung gilt auch für $\mu(x, y)$ sowie $\mu(y \wedge t, y)$, was den Beweis abschließt. $\square$

Wendet man Satz 7.11 auf die zu einer multiplikativen Funktion f gehörigen Funktion $\overline{f} \in F(\mathcal{N}_D)$ an, erhält man das nachstehende Ergebnis.

Folgerung 7.12 *Sei f eine multiplikative Funktion mit $f(p^a) = f(p)$ für jede Primzahlpotenz p^a. Ist h eine multiplikative Funktion mit $h(p) = f(p) - 1$ für jede Primzahl p, dann gilt für alle natürlichen Zahlen n und q*

$$\sum_{\substack{d \mid q \\ (n;d)=1}} f(d)\, \mu\left(\frac{q}{d}\right) = \mu(q)\, \mu\left(\frac{q}{(n;q)}\right) h\left(\frac{q}{(n;q)}\right)$$

Die Funktion h muss allein nur die Voraussetzung in Bezug auf ihre Werte $h(p)$ auf Primzahlen erfüllen. Die Werte $h(p^a)$ auf Primzahlpotenzen mit $a > 1$ können beliebig gewählt werden. Eine Möglichkeit für h ist $f * \mu$, aber h muss nicht zwangsläufig so gewählt werden, wie nachfolgende Beispiele verdeutlichen.

Beispiel 7.13

(i) Setzt man $f(q) := \frac{q}{\varphi(q)}$, dann ist $f(p^a) = \frac{p}{p-1}$ für jede Primzahlpotenz p^a. Mit der Wahl $h(q) := \frac{1}{\varphi(q)}$ ist

$$h(p) = \frac{1}{p-1} = f(p) - 1$$

und nach Folgerung 7.12 erhält man die Brauer-Rademacher-Identität, siehe Satz 2.5,

$$\sum_{\substack{d|q \\ (n;d)=1}} \frac{d}{\varphi(d)} \mu\left(\frac{q}{d}\right) = \mu(q) \frac{\mu\left(\frac{q}{(n;q)}\right)}{\varphi\left(\frac{q}{(n;q)}\right)}$$

(ii) Für die Funktion $\theta = 2^\omega$, die in Übung 1.24 eingeführt wurde, ist $\theta(p^a) = 2$ für jede Primzahlpotenz p^a. Wählt man $h := \mathbb{1}$, dann gilt für alle natürlichen Zahlen n und q

$$\sum_{\substack{d|q \\ (n;d)=1}} \theta(d) \mu\left(\frac{q}{d}\right) = \mu(q) \mu\left(\frac{q}{(n;q)}\right)$$

7.5 Übungen zu Kap. 7

Übung 7.1 Sei $\mathcal{P}$ eine halbgeordnete Menge. Die Menge $F(\mathcal{P})$ bildet mit der Addition und Faltung einen Ring mit Einselement δ, der allerdings nicht notwendigerweise kommutativ ist.

Übung 7.2 Im Beweis von Lemma 7.2 könnte die Funktion g auch alternativ wie folgt definiert werden. Für $x \in \mathcal{P}$ setzt man

$$g(x,x) = \frac{1}{f(x,x)}$$

und für $x < y$

$$g(x,y) = -\frac{1}{f(x,x)} \sum_{x<z\leq y} f(x,z)\, g(z,y)$$

Übung 7.3 Sei $\mathcal{P}$ die halbgeordnete Menge, die durch das nachstehende Diagramm repräsentiert wird, das heißt, $x < y$ gilt genau dann, wenn ein aufwärtsgerichteter

Polygonpfad von x nach y existert. Es existiert eine Inzidenzfunktion f auf $\mathcal{P}$ mit $f * 1 \neq 1 * f$. Man bestimme die Möbius-Funktion von $\mathcal{P}$.

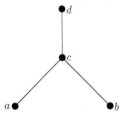

Übung 7.4 Man bestimme die jeweilige Möbius-Funktion der zwei halbgeordneten Mengen, die durch die nachstehenden Diagramme repräsentiert werden.

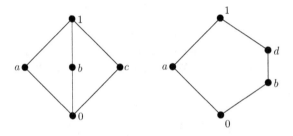

Übung 7.5 Ist μ die Möbius-Funktion der halbgeordneten Menge $\mathcal{P}$ und sind $x, y \in \mathcal{P}$ mit $x < y$, dann gilt

$$\mu(x, y) = - \sum_{x \leq z < y} \mu(x, z) = - \sum_{x < z \leq y} \mu(z, y)$$

Übung 7.6 Sei $\mathcal{P}$ eine halbgeordnete Menge und sei f eine komplexe Funktion auf $\mathcal{P}$ so, dass für ein $a \in \mathcal{P}$, $f(x) = 0$ außer für $a \leq x$ gilt. Genau dann gilt

$$g(x) = \sum_{z \leq x} f(z)$$

wenn

$$f(x) = \sum_{z \leq x} g(z) \, \mu(z, x)$$

ist.

Übung 7.7 Sei $\mathcal{P}$ eine halbgeordnete Menge und sei f eine komplexe Funktion auf $\mathcal{P}$ so, dass für ein $b \in \mathcal{P}$, $f(x) = 0$ außer für $x \leq b$ gilt. Genau dann gilt

$$g(x) = \sum_{x \leq z} f(z)$$

wenn

$$f(x) = \sum_{x \le z} \mu(x, z)\, g(z)$$

ist.

Übung 7.8 Sei $\mathcal{P}'$ eine halbgeordnete Teilmenge einer halbgeordneten Menge $\mathcal{P}$, deren Relation „$\le'$" mit der Relation „$\le$" von $\mathcal{P}$ auf $\mathcal{P}' \times \mathcal{P}'$ übereinstimmt. Ist das Intervall $[x, y]$ von $\mathcal{P}$ in $\mathcal{P}'$ enthalten, dann gilt $\mu'(x, y) = \mu(x, y)$. Ist das Intervall nicht enthalten, dann kann der Fall $\mu'(x, y) \ne \mu(x, y)$ durchaus auftreten.

Übung 7.9 Sind $\mathcal{P}$ und $\mathcal{P}'$ zueinander isomorphe halbgeordnete Mengen, das heißt, es existiert eine Bijektion $f : \mathcal{P} \to \mathcal{P}'$ so, dass für $x, y \in \mathcal{P}$ die Aussagen $x \le y$ und $f(x) \le' f(y)$ äquivalent sind. Dann gilt $\mu'(f(x), f(y)) = \mu(x, y)$ für alle $x, y \in \mathcal{P}$.

Übung 7.10 Sei S eine nichtleere Menge und $\mathcal{P}$ die halbgeordnete Menge, die aus den endlichen Teilmengen von S besteht, mit der Teilmengenbeziehung als zugehörige Ordnungsrelation. Sind $X, Y \in \mathcal{P}$ mit $X \subseteq Y$, dann gilt

$$\mu(X, Y) = (-1)^{\#Y - \#X}$$

Man beweise dies über die Definition der Möbius-Funktion.

Übung 7.11 Seien $\mathcal{P}_1$ und $\mathcal{P}_2$ halbgeordnete Mengen und sei $\mathcal{P}$ deren kartesisches Produkt. Definiert man eine Relation „$\le$" auf $\mathcal{P} \times \mathcal{P}$ durch

$$(x_1, x_2) \le (y_1, y_2) \quad \Longleftrightarrow \quad x_1 \le y_1 \text{ und } x_2 \le y_2$$

dann ist $\le$ eine Halbordnung auf $\mathcal{P}$. Für alle $(x_1, x_2), (y_1, y_2) \in \mathcal{P}$ gilt

$$\mu((x_1, x_2), (y_1, y_2)) = \mu_1(x_1, y_1)\, \mu_2(x_2, y_2)$$

Übung 7.12 Die Aussage von Übung 7.11 kann auch auf mehr als zwei halbgeordnete Mengen erweitert werden. Man wende sie auf das mehrfache Produkt der Menge $\{0, 1\}$ (mit $0 < 1$) mit sich selbst an, um einen alternativen Beweis der Übung 7.10 zu erhalten.

Übung 7.13 Sei $\mathcal{P}$ eine halbgeordnete Menge. Eine Inzidenzfunktion f auf $\mathcal{P}$ heißt **vollständig faktorisierbar**, wenn $f(x, y) = f(x, z)\, f(z, y)$ für alle $x, y, z \in \mathcal{P}$ mit $x \le z \le y$ gilt. Die Funktion f ist genau dann vollständig faktorisierbar, wenn $f(g * h) = fg * fh$ für alle $f, g \in F(\mathcal{P})$ gilt. Besitzt eine vollständig faktorisierbare Funktion f ein Inverses, dann gilt für dieses $f^{-1} = \mu f$.

Übung 7.14 Sei M eine nichtleere Menge auf der zwei binäre Verknüpfungen $(x, y) \mapsto x \vee y$ und $(x, y) \mapsto x \wedge y$ definiert sind, die die Eigenschaften (i) bis (iv) aus Satz 7.3 erfüllen. Dann existiert eine eindeutige Halbordnung „$\leq$" auf M so, dass M zusammen mit dieser ein Gitter bildet und für alle $x, y \in M$ gilt: $x \vee y$ ist die kleinste obere Schranke und $x \wedge y$ ist die größte untere Schranke von x und y innerhalb des Gitters M.

Übung 7.15 Ein Gitter $\mathcal{L}$ ist genau dann distributiv, wenn für alle $x, y, z \in \mathcal{L}$ gilt

$$x \vee (y \wedge z) = (x \vee y) \wedge (x \vee z)$$

Übung 7.16 Ein Gitter $\mathcal{L}$ ist genau dann distributiv, wenn für alle $x, y, z \in \mathcal{L}$ gilt

$$(x \vee y) \wedge (x \vee z) \wedge (y \vee z) = (x \wedge y) \vee (x \wedge z) \vee (y \wedge z)$$

Übung 7.17 Ein Gitter $\mathcal{L}$ wird **modular** genannt, wenn für alle $x, y, z \in \mathcal{L}$

$$y \leq x \quad \Rightarrow \quad x \wedge (y \vee z) = y \vee (x \wedge z)$$

gilt. Das erste in Übung 7.4 aufgeführte Gitter ist modular und nicht distributiv, das zweite ist nicht modular. Jedes distributive Gitter ist modular.

Übung 7.18 Ein Gitter $\mathcal{L}$ heißt **semi-modular**, wenn für alle $x, y \in \mathcal{L}$ aus der Aussage „x und y bedecken $x \wedge y$" die Aussage „$x \vee y$ bedeckt x und y" folgt. Jedes modulare Gitter ist semi-modular und für ein semi-modulares Gitter gilt

$$x \text{ bedeckt } x \wedge y \quad \Rightarrow \quad x \vee y \text{ bedeckt } y$$

Übung 7.19 Für eine reguläre arithmetische Faltung A ist $\mathcal{N}_A$ genau dann ein Gitter, wenn $A = D$ gilt.

Übung 7.20 Seien $\mathcal{L}_1$ und $\mathcal{L}_2$ Gitter und sei $\mathcal{L} = \mathcal{L}_1 \times \mathcal{L}_2$ das Produkt der beiden Halbordnungen $\mathcal{L}_1$ und $\mathcal{L}_2$, siehe Übung 7.11. Dann ist $\mathcal{L}$ ebenfalls ein Gitter. Sind $\mathcal{L}_1$ und $\mathcal{L}_2$ modular bzw. distributiv, dann ist auch $\mathcal{L}$ modular bzw. distributiv.

Übung 7.21 Sei $\mathcal{L}$ ein distributives Gitter und seien $a, b, c, d \in \mathcal{L}$ mit $c \wedge d \leq a \leq c$ und $c \wedge d \leq b \leq d$. Dann ist die Abbildung $\eta : [a, c] \times [b, d] \rightarrow [a \vee b, c \vee d]$ definiert durch $\eta((x, y)) := x \vee y$ bijektiv (Tipp: Man betrachte die Abbildung $\eta' : [a \vee b, c \vee d] \rightarrow [a, c] \times [b, d]$, die durch $\eta'(z) := (c \wedge z, d \wedge z)$ definiert ist).

Übung 7.22 Für das an erster Stelle in Übung 7.4 aufgeführte Gitter ist weder die Funktion μ noch $\mathbb{1} * \mathbb{1}$ faktorisierbar.

Übung 7.23 Sei $\mathcal{L}$ ein lokal distributives lokales Gitter und die Funktion $f \in F(\mathcal{L})$ besitze ein Inverses. Dann ist f genau dann faktorisierbar, wenn für alle $a, c, d \in \mathcal{L}$, die in einem Intervall liegen,

$$f(a,c)\, f(a,d) = f(a, c \vee d)$$

für $c \wedge d = a$, und

$$f(a,c) = f(a \vee d, c \vee d) \tag{7.4}$$

für $a \leq c$ mit $a \wedge d = c \wedge d$, gilt.

Übung 7.24 In Übung 7.23 kann die Aussage in Gleichung (7.4) auch durch

$$f(a \wedge b, a) = f(b, a \vee b) \tag{7.5}$$

für alle $a, b \in \mathcal{L}$ aus einem Intervall, ersetzt werden.

Übung 7.25 Anknüpfend an Übungen 7.23 und 7.24, wenn f vollständig faktorisierbar ist, ein Inverses besitzt und die Aussage aus Gleichung (7.5) gilt, dann ist f auch faktorisierbar.

Übung 7.26 Sei $\mathcal{L}$ ein lokales Gitter für welche die Bedingung (ii) in der Beweisskizze zu Lemma 7.7 gelte. Dann ist weder die Funktion μ noch die Funktion $\mathbb{1} * \mathbb{1}$ faktorisierbar.

Übung 7.27 Sei $\mathcal{L}$ ein lokales Gitter. Genau dann ist $\mathcal{L}$ lokal distributiv, wenn aus der Gültigkeit von $f \in F(\mathcal{L})$ und

$$g(x,y) = \sum_{x \leq z \leq y} f(z,y)$$

für alle $x, y \in \mathcal{L}$, die Aussage „g ist genau dann faktorisierbar ist, wenn f faktorisierbar ist" folgt.

Übung 7.28 Sei $\mathcal{L}$ ein lokales Gitter und die Funktion $\tau \in F(\mathcal{L})$ sei durch

$$\tau(x,y) := \begin{cases} 1 & \text{wenn } y \text{ bedeckt } x \\ 0 & \text{sonst} \end{cases}$$

definiert. Dann ist τ genau dann faktorisierbar, wenn jedes Intervall in $\mathcal{L}$ total geordnet ist.

Übung 7.29 Sei $\mathcal{L}$ ein lokales Gitter. Die Funktion $\delta \in F(\mathcal{L})$ ist genau dann faktorisierbar, wenn Bedingung (i) in der Beweisskizze zu Lemma 7.7 nicht gilt (also genau dann, wenn $\mathcal{L}$ lokal modular ist, siehe auch im Buch von Paul Cohn [129, S. 66]).

Übung 7.30 Sei $\mathcal{L}$ ein lokales Gitter und H sei eine Funktion auf $\mathcal{L}$ wie in der Untersuchung von $\nu_{k,H}$ betrachtet, siehe Gleichung (7.2). Definiere $\varphi_{h,k,H} := \nu_{h,H}^{-1} * \nu_{k,H}$ für $h, k \in \mathbb{N}$. Dann ist $\varphi_{h,k,H}^{-1} = \varphi_{k,h,H}$ und für $x, y \in \mathcal{L}$ mit $x \leq y$ gilt

$$\frac{H(y)^k}{H(x)^k} = \sum_{x \leq z \leq y} \varphi_{h,k,H}(z, y) \, \frac{H(z)^h}{H(x)^h}$$

Übung 7.31 Ist $\mathcal{L}$ ein lokal distributives lokales Gitter und $f \in F(\mathcal{L})$, dann ist $h := f * \mu$ eine faktorisierbare Begleitfunktion von f.

Übung 7.32 Ist A eine reguläre arithmetische Faltung und $f(n) := \frac{\varphi_A(n)}{n}$, dann ist die zugehörige Inzidenzfunktion auf $\widetilde{f} \in \mathcal{N}_A$ kettenkonstant.

Übung 7.33 Für alle natürlichen Zahlen n und q gilt

$$\sum_{\substack{d \mid q \\ (n;d)=1}} \frac{\varphi(d)}{d} \, \mu \left(\frac{q}{d} \right) = \frac{\mu(q)}{\frac{q}{(n;q)}}$$

Übung 7.34 Man zeige, dass die Folgerung 7.12 den Satz 2.5 impliziert.

Übung 7.35 Sei A eine reguläre arithmetische Faltung. Sei f eine multiplikative Funktion so, dass $f(p^a) = f(p^t)$ mit $t = T(p^a)$ für jede Primzahlpotenz p^a gilt und sei h eine multiplikative Funktion mit $h(p^a) = f(p^a) - 1$ auf Primzahlpotenzen p^a. Dann gilt für alle $n, q \in \mathbb{N}$

$$\sum_{\substack{d \in A(q) \\ (n;d)_A=1}} f(d) \, \mu_A \left(\frac{q}{d} \right) = \mu_A(q) \, \mu_A \left(\frac{q}{(n;q)_A} \right) h \left(\frac{q}{(n;q)_A} \right)$$

Übung 7.36 Man leite das Analogon zur Brauer-Rademacher-Identität für reguläre arithmetische Faltungen aus der Übung 7.35 ab.

Übung 7.37 Sei $\varphi_{h,k,H}$ die in Übung 7.30 definierte Funktion. Ist $\mathcal{L}$ das Gitter aus Satz 7.11 und sind $x, y, t \in \mathcal{L}$ mit $x \leq y \wedge t$, dann gilt

$$\sum_{\substack{x \leq z \leq y \\ z \wedge t = x}} \frac{\nu_{k,H}(x, z)}{\varphi_{h,k,H}(x, z)} \mu(z, y) = \frac{\mu(x, y) \, \mu(y \wedge t, y) \, \nu_{h,H}(y \wedge t, y)}{\varphi_{h,k,H}(y \wedge t, y)}$$

Übung 7.38 Gelten die Voraussetzungen von Satz 7.11 und ist $f(x, y) \neq 0$ für den Fall, dass x von y bedeckt wird, dann gilt für alle $x, y, t \in \mathcal{L}$ mit $x \leq y \wedge t$

$$\sum_{\substack{x \leq z \leq y \\ z \wedge t = x}} h(x, z) \, \mu(x, z)^2 = \frac{f(x, y)}{f(x, y \wedge t)}$$

Übung 7.39 Sei $\mathbb{N}_0 := \mathbb{N} \cup \{0\}$ die Menge der nicht-negativen ganzen Zahlen mit der natürlichen Anordnung. Für $f, g \in F(N_0)$ und $m \leq n$ gilt

$$(f * g)(m, n) = \sum_{m \leq j \leq n} f(j - m) g(n - j)$$

Die Funktion f ist genau dann faktorisierbar, wenn $f(n, n) = 1$ für alle $n \in \mathbb{N}_0$ gilt. Ist $H(n) := 2^n$, dann gilt

$$\nu_{k,H}(m, n) = 2^{k(m-n)}$$

$$\nu_{k,H}^{-1}(m, n) = \begin{cases} 1 & \text{wenn } m = n \\ -2^k & \text{wenn } m = n - 1 \\ 0 & \text{sonst} \end{cases}$$

$$\sigma_{k,H}(m, n) = 1 + 2^k + 2^{2k} + \ldots + 2^{k(n-m)} = \frac{2^{k(n-m+1)} - 1}{2^k - 1}$$

$$\sigma_{k,H}^{-1}(m, n) = \begin{cases} 1 & \text{wenn } m = n \\ -2^k - 1 & \text{wenn } m = n - 1 \\ 2^{2k} & \text{wenn } m = n - 2 \\ 0 & \text{sonst} \end{cases}$$

$$\varphi_{h,k,H}(m, n) = \begin{cases} 1 & \text{wenn } m = n \\ 2^{k(m-n)} - 2^{k(m-n-1)+h} & \text{wenn } m < n \end{cases}$$

Übung 7.40 Für $n, m \in \mathbb{N}$ sei $\binom{n}{m}$ der Binomialkoeffizient, also

$$\binom{n}{m} := \begin{cases} \frac{n!}{m!(n-m)!} & \text{wenn } m \leq n \\ 0 & \text{sonst} \end{cases}$$

Für eine Primzahl p schreibt man $m \leq_p n$, wenn $p \nmid \binom{n}{m}$. Sind

$$m = a_0 + a_1 p + a_2 p^2 + \ldots \quad \text{mit } 0 \leq a_i \leq p - 1$$
$$n = b_0 + b_1 p + b_2 p^2 + \ldots \quad \text{mit } 0 \leq b_i \leq p - 1$$

dann gilt $m \leq_p n$ genau dann, wenn $a_i \leq b_i$ für alle i gilt. Tipp: Man zeige hierfür

$$\binom{n}{m} \equiv \binom{b_0}{a_0} \cdot \binom{b_1}{a_1} \cdot \ldots \pmod{p}$$

Also ist $\leq_p$ eine Ordnungsrelation auf $\mathbb{N}_0$. Die dadurch erzeugte Halbordnung $\mathcal{L}$ ist ein lokal endliches Gitter mit

$$m \vee n = c_0 + c_1 p + c_2 p^2 + \ldots$$
$$n \wedge n = d_0 + d_1 p + d_2 p^2 + \ldots$$

mit $c_i := \max(a_i, b_i)$ und $d_i := \min(a_i, b_i)$. Das Gitter $\mathcal{L}$ ist darüber hinaus auch distributiv.

Übung 7.41 Anknüpfend an Übung 7.40, gilt $m \leq_p n$, dann ist

$$\mu(m,n) = \begin{cases} (-1)^r & \text{wenn } n - m \text{ die Summe } r \text{ verschiedener } p\text{-Potenzen ist} \\ 0 & \text{sonst} \end{cases}$$

Übung 7.42 Für eine Grundfolge B, siehe Übung 4.41, kann eine Ordnungsrelation „$\leq_B$" auf $\mathbb{N}$ durch

$$m \leq_B n \quad \Longleftrightarrow \quad m \mid n, \ \left(m, \frac{n}{m}\right) \in B$$

definiert werden. Die dadurch erzeugte halbgeordnete Menge wird mit $\mathcal{N}_B$ bezeichnet und sie ist lokal endlich. Definiert man für eine gegebene arithmetische Funktion f die Funktion $\widetilde{f} \in F(\mathcal{N}_B)$ durch

$$\widetilde{f}(m,n) = \begin{cases} f\left(\frac{n}{m}\right) & \text{wenn } m \leq_B n \\ 0 & \text{sonst} \end{cases}$$

dann gilt für arithmetische Funktionen f und g

$$(f *_B g)(n) = \sum_{1 \leq_B d \, \leq_B n} \widetilde{f}(1,d)\widetilde{g}(d,n)$$

Übung 7.43 Diese und die nachfolgende Übung enthalten Ergebnisse aus der Kombinatorik. Sei S eine nichtleere endliche Menge und w eine komplexe Funktion auf S. Man nennt $w(x)$ das **Gewicht** von x. Seien $A_1, \ldots, A_n$ Teilmengen von S. Sei $\mathcal{P}$ die halbgeordnete Menge, die aus allen Teilmengen von $\{1, 2, \ldots, n\}$ besteht mit der Teilmengenbeziehung als Ordnungsrelation. Für $I \in \mathcal{P}$ sei $f(I)$ die Summe der Gewichte aller Elemente $x \in S$, die $(x \in A_i \Leftrightarrow i \notin I)$ erfüllen. Setzt man weiter

$$g(I) = \sum_{J \subseteq I} f(J)$$

dann gilt für $0 \leq m \leq n$

$$\sum_{\#I = n-m} f(I) = \sum_{0 \leq j \leq n-m} \left((-1)^{n-m-j} \binom{n-j}{n-m-j} \sum_{\#J=j} g(J) \right)$$

Tipp: Man wende die Übungen 7.6 und 7.10 an.

Übung 7.44 Anknüpfend an Übung 7.43, für $\{i_1, \ldots, i_k\} \subseteq \{1, 2, \ldots, n\}$ sei $N(i_1, \ldots, i_k)$ die Summe der Gewichte der Elemente in $A_{i_1} \cap \ldots \cap A_{i_k}$ und $N_k := \sum N(i_1, \ldots, i_k)$, wobei über alle k-elementigen Teilmengen von $\{1, \ldots, n\}$ summiert wird. Sei $N(m)$ die Summe der Gewichte derjenigen Elemente in S, die in genau m Mengen aus $A_1, \ldots, A_n$ enthalten sind. Dann gilt

$$N(m) = \sum_{m \le k \le n} (-1)^{k-m} \binom{k}{m} N_k$$

Ist $w(x) = 1$ für jedes $x \in S$ und $m = 0$, dann ist dies das Inklusions-Exklusions-Prinzip. Tipp: Es gilt

$$N_k = \sum_{\#J = n-k} g(J)$$

und

$$N(m) = \sum_{\#I = n-m} f(I)$$

Übung 7.45 Eine Permutation $j_1, j_2, \ldots, j_n$ von $1, 2, \ldots, n$ heißt **Derangement** oder auch **fixpunktfrei**, wenn $j_i \ne i$ für alle $i = 1, \ldots, n$ gilt. Für die Anzahl D_n der fixpunktfreien Permutationen gilt

$$D_n = n! \sum_{k=0}^{m} (-1)^k \frac{1}{k!}$$

Tipp: Man betrachte die Menge S aller Permutationen von $1, 2, \ldots, n$ sowie die Menge A_i, die als Menge aller Permutationen $j_1, \ldots, j_n$ mit $j_i = i$ definiert sei.

Übung 7.46 Ist $\mathcal{L}$ ein endliches Gitter mit kleinstem Element 0 und sind $a, b \in \mathcal{L}$ mit $b > 0$, dann gilt

$$\sum_{x \vee b = a} \mu(0, x) = 0$$

Besitzt $\mathcal{L}$ ein größtes Element 1 und sind $c, d \in \mathcal{L}$ mit $d < 1$, dann gilt

$$\sum_{x \wedge d = c} \mu(x, 1) = 0$$

Für ein beliebiges Gitter $\mathcal{G}$ und zwei Elemente $u, v \in \mathcal{G}$ deren Intervall $[u, v]$ endlich ist, gilt für alle $r \in [u, v]$:

$$\mu(u, v) = - \sum_{\substack{u < x \le v \\ x \wedge r = u}} \mu(x, v)$$

Übung 7.47 Diese Übung setzt Kenntnisse über endlich-dimensionale Vektorräume voraus. Sei q eine Primzahlpotenz und V_n ein n-dimensionaler Vektorraum über dem Körper mit q Elementen. Sei $\mathcal{L}(V_n)$ das Gitter der Unterräume von V_n mit Verknüpfungen

$$X \wedge Y := X \cap Y \quad \text{und} \quad X \vee Y := X \cup Y$$

Sind $X, Y \in \mathcal{L}(V_n)$ und $X \subseteq Y$, dann sind das Intervall $[X, Y]$ und $\mathcal{L}(Y/X)$ isomorphe Gitter. Um die Möbius-Funktion von $\mathcal{L}(V_n)$ für alle n zu bestimmen, genügt es deren Werte für $\mu(0, V_n)$ für alle n zu kennen, siehe auch Übung 7.9. Für sie gilt

$$\mu(0, V_n) = (-1)^n \, q^{\frac{1}{2}n(n-1)}$$

Tipp: Man wende Induktion nach n an. Die Aussage gilt für $n = 1$. Für einen $(n-1)$-dimensionalen Unterraum Y von V_n und einen Unterraum $X \neq \{0\}$ gilt $X \cap Y = \{0\}$ genau dann, wenn X eindimensional ist und $X \not\subseteq Y$. Man benutze die Übung 7.46 und zähle die Anzahl der Unterräume X.

Übung 7.48 Diese Übung setzt Kenntnisse über die Theorie endlicher Gruppen voraus. Sei G eine endliche Gruppe und p eine ungerade Primzahl. Bezeichnet $f_k(G)$ die Anzahl der Paare von Untergruppen von G der Ordnung p^k, die G erzeugen. Dann ist $f_k(G) \equiv 0 \pmod{p}$. Natürlich kann auch der Fall $f_k(G) = 0$ eintreten. Tipp: Die Menge der Untergruppen von G ist zusammen mit der Untergruppenbeziehung als Ordnungsrelation ein Gitter. Man bestimme $\sum_{J \subseteq H} f_k(J)$ für die Untergruppen H von G und wende Übung 7.6 an.

7.6 Anmerkungen zu Kap. 7

Die frühesten Veröffentlichungen über Möbius-Funktionen und Umkehrformeln außerhalb der Zahlentheorie betreffen Gitter von Untergruppen einer Gruppe. Louis Weisner[2] [507], [508] und Philip Hall[3] [180] waren an p-Gruppen interessiert, S. Delsarte[4] [139] und Eckford Cohen [101], [107] an abelschen Gruppen. Morgan Ward[5] [506] arbeitete abstrakter und definierte die Faltung von Inzidenzfunktionen eines lokal endlichen Gitters und er bemerkte, dass die Inzidenzfunktionen zusammen mit der Addition und Faltung einen Ring bilden, siehe hierzu auch den Artikel von Richárd Wiegandt[6] [509].

Gian-Carlo Rota[7] [352] legte im Jahr 1964 die Grundlagen der Theorie der Möbius-Funktion in der Kombinatorik. Sein Artikel ist mit historischen Anmerkungen und Beispielen angereichert und besitzt ein umfangreiches Literaturverzeichnis. Er startete eine Vielzahl an Aktivitäten in diesem Gebiet und die Möbius-Funktion

---

[2] Louis Weisner (1899–1988)
[3] Philip Hall (1904–1982)
[4] S. Delsarte
[5] Morgan Ward (1901–1963)
[6] Richárd Wiegandt (geb. 1932)
[7] Gian-Carlo Rota (1932–1999)

wird heutzutage in nahezu jedem modernen Buch über Kombinatorik behandelt. Auch im Artikel von Edward Bender[8] und Jay Goldman[9] [33] werden viele Anwendungsmöglichkeiten der Möbius-Funktion erwähnt.

Die Definition einer faktorisierbaren Funktion wurde von David Smith[10] [381] eingeführt, welcher auch die Lemmata 7.5 und 7.6 bewies. Er bewies diese Lemmata für distributive Gitter, merkte jedoch in einem anderen Artikel [382] an, dass sie auch für lokal distributive lokale Gitter gelten.

Morgan Ward [506] nannte eine Inzidenzfunktion eines lokal endlichen Gitters faktorisierbar, wenn für alle $a, b, c, d \in \mathcal{L}$ mit $a \leq b$ und $c \leq d$

$$f(a,b) \, f(c,d) = f(a \wedge c, b \wedge d) \, f(a \vee c, b \vee d)$$

gilt. Er zeigte, dass $\mathcal{L}$ distributiv ist, wenn $\mathbb{1} * \mathbb{1}$ faktorisierbar ist, aber gab keine Bedingungen für die Faktorisierbarkeit der Faltung faktorisierbarer Funktionen an. Mit einer schwächeren Definition von faktorisierbaren Funktionen bewies David Smith [381], [382] den Satz 7.8 sowie die Ergebnisse der Übungen 7.27 bis 7.29. In einem weiteren Artikel [383] erzielte er die Ergebnisse der Übungen 7.25 bis 7.27 über faktorisierbare und vollständig faktorisierbare Funktionen. Das Resultat über vollständig faktorisierbare Funktionen in Übung 7.13 stammt von Paul McCarthy [259]. Man beachte, dass für die Inzidenzfunktionen des Gitters $\mathcal{N}_D$ die beiden Definitionen von „faktorisierbar" äquivalent sind, was die Kernaussage der Übungen 1.9 und 1.10 ist.

Die Funktionen $\nu_{k,H}$, $\sigma_{k,H}$ und $\varphi_{h,k,H}$ in Übung 7.30 wurden von David Smith [381] eingeführt und von ihm stammen auch die Beispiele in den Übungen 7.39 bis 7.41, siehe hierzu auch die Artikel von Leonard Carlitz [44], [46]. In einem weiteren Artikel [383] bewies er Satz 7.11, die Ergebnisse der Übungen 7.37 und 7.38 sowie weitere ähnliche Ergebnisse, die abstrakte Versionen arithmetischer Identitäten darstellen.

Es existiert eine parallele Entwicklung der Theorie der Inzidenzfunktionen lokal endlicher, halbgeordneter Mengen, die in den Artikeln von Harald Scheid [358], [359], [361], [362], [363] dargestellt ist. Harald Scheid erzielte die gittertheoretischen Analoga altbekannter Identitäten, wie beispielsweise der Brauer-Rademacher-Identität. Darüber hinaus definierte er eine Art Ramanujan-Summe und entwickelte eine Theorie gerader Funktionen.

Die Umkehrformeln in den Übungen 7.6 und 7.7 sowie die Ergebnisse der Übungen 7.46 und 7.48 stammen von Louis Weisner [507], [508]. Im letztgenannten Artikel bestimmte er die Möbius-Funktion des Gitters aller Untergruppen einer Gruppe, deren Ordnung eine Primzahlpotenz ist.

Zuletzt sei auf die Veröffentlichung von David Smith [384] über seine Untersuchungen sowie die von Harald Scheid hingewiesen, die ergänzend zu den Übersichtsartikeln von Gian-Carlo Rota [352] und Edward Bender und Jay Goldman [33], welche jeweils die kombinatorischen Aspekte hervorheben, den Schwerpunkt auf die arithmetischen Eigenschaften setzen.

---

[8] Edward Anton Bender
[9] Jay Robert Goldman
[10] David Alexander Smith (geb. 1938)

Literatur

1. ADLER, H. L.: *A generalization of the Euler ϕ-function.* Amer. Math. Monthly, 65:690–692, 1958.

2. AHLFORS, L. V.: *Complex Analysis.* McGraw-Hill Book Co., New York u.a., 2. Aufl., 1966.

3. ALLADI, K.: *On arithmetic functions and divisors of higher order.* J. Austral. Math. Soc., 23A:9–27, 1977.

4. ANDERSON, D. R. und T. M. APOSTOL: *The evaluation of Ramanujan's sum and generalizations.* Duke Math. J., 20:211–216, 1953.

5. APOSTOL, T. M.: *A characteristic property of the Möbius-function.* Amer. Math. Monthly, 72:279–282, 1965.

6. APOSTOL, T. M.: *Möbius-functions of order k.* Pacific J. Math., 32(1):21–27, 1970.

7. APOSTOL, T. M.: *Some properties of the completely multiplicative arithmetic functions.* Amer. Math. Monthly, 78:266–271, 1971.

8. APOSTOL, T. M.: *Arithmetical properties of generalized Ramanujan sums.* Pacific J. Math., 41:281–293, 1972.

9. APOSTOL, T. M.: *Identities for series of the type $\sum f(n)\mu(n)n^{-s}$.* Proc. Amer. Math. Soc., 40(1):341–345, 1973.

10. APOSTOL, T. M.: *Notes on series of type $\sum f(n)\mu(n)n^{-s}$.* Nordisk Mat. Tidskr., 23:49–50, 1975.

11. APOSTOL, T. M.: *Introduction to Analytic Number Theory.* Springer-Verlag, Berlin Heidelberg New York, 1976.

12. APOSTOL, T. M.: *Modular Functions and Dirichlet Series in Number Theory.* Springer-Verlag, Berlin Heidelberg New York, 1976.

13. APOSTOL, T. M.: *Arithmetical subseries of series of multiplicative terms.* Bull. Soc. Math. Greece, 18:106–120, 1977.

14. APOSTOL, T. M.: *A note on periodic completely multiplicative arithmetical functions.* Amer. Math. Monthly, 83:39–40, 1983.

15. APOSTOL, T. M. und H. S. ZUCKERMAN: *On the functional equation $F(mn)F((m,n)) = F(m)F(n)f((m,n))$.* Pacific J. Math., 14:377–384, 1964.

16. AYOUB, R.: *An Introduction to the Analytic Theory of Numbers.* American Mathematical Society, Providence, 1963.

17. BALOG, A.: *On a conjecture of A. Ivić and W. Schwarz.* Publ. Inst. Math. (Beograd), 33(44):11–15, 1981.

© Springer-Verlag GmbH Deutschland 2017
P.J. McCarthy, *Arithmetische Funktionen*, DOI 10.1007/978-3-662-53732-9

18. BELL, E. T.: *Arithmetical theory of certain numerical functions*. Univ. Wash. Publ. Math. Phys. Sci., 1(1), 1915.

19. BELL, E. T.: *Numerical functions of* [x]. Ann. of Math., 19:210–216, 1918.

20. BELL, E. T.: *On a certain inversion in the theory of numbers*. Tohoku Math. J., 17:221–231, 1920.

21. BELL, E. T.: *Proof of an arithmetic theorem due to Liouville*. Bull. Amer. Math. Soc., 27:273–275, 1921.

22. BELL, E. T.: *Extensions of Dirichlet multiplication and Dedekind inversion*. Bull. Amer. Math. Soc., 29:111–122, 1922.

23. BELL, E. T.: *Sur l'inversion des produits arithmétiques*. Enseign. Math., 23:305–308, 1924.

24. BELL, E. T.: *Outline of a theory of arithmetical functions in the algebraic aspects*. J. Indian Math. Soc., 17:249–260, 1928.

25. BELL, E. T.: *Addendum to „Factorability of numerical functions“*. Bull. Amer. Math. Soc., 37:630, 1931.

26. BELL, E. T.: *Factorability of numerical functions*. Bull. Amer. Math. Soc., 37:251–253, 1931.

27. BELL, E. T.: *Functional equations for totients*. Bull. Amer. Math. Soc., 37:85–90, 1931.

28. BELL, E. T.: *Note on functions of r-th divisors*. Amer. J. Math., 53:56–60, 1931.

29. BELL, E. T.: *An algebra of numerical compositions*. J. Indian Math. Soc., 29:129–238, 1934.

30. BELL, E. T.: *Note on an inversion formula*. Amer. Math. Monthly, 43:464–465, 1936.

31. BELL, E. T.: *General theorems on numerical functions*. J. Math. Pures Appl., 16:151–154, 1937.

32. BELLMAN, R.: *Ramanujan sums and the average value of arithmetic functions*. Duke Math. J., 17:159–168, 1950.

33. BENDER, E. A. und J. R. GOLDMAN: *On the applications of Möbius inversion to combinatorial analysis*. Amer. Math. Monthly, 82:789–803, 1975.

34. BENKOSKI, S. J.: *The probability that k positive integers are relatively prime*. J. Number Theory, 8:218–223, 1976.

35. BEUMER, M. G.: *The arithmetical function* $\tau_k(N)$. Amer. Math. Monthly, 69:777–781, 1962.

36. BLIJ, F. VAN DER: *The function* $\tau(n)$ *of S. Ramanujan (an expository lecture)*. Math. Student, 18:83–99, 1950.

37. BRAUER, A.: *Lösungen der Aufgaben 30-32*. Jahresbericht der Deutschen Mathematiker-Vereinigung, 35:83–99, 1926. 2. Abteilung.

38. BRINITZER, E.: *Über* (k, r)-*Zahlen*. Monatshefte für Mathematik, 80:31–35, 1975.

39. BUSCHMAN, R. G.: *Identities involving Golubev's generalization of the* μ-*function*. Portugal. Math., 29:145–149, 1970.

40. CARLITZ, L.: *An arithmetic function*. Bull. Amer. Math. Soc., 43:271–276, 1937.

41. CARLITZ, L.: *Independence of arithmetic functions*. Duke Math. J., 19:65–70, 1952.

42. CARLITZ, L.: *Note on an arithmetic function*. Amer. Math. Monthly, 59:386–387, 1952.

43. CARLITZ, L.: *Rings of arithmetic functions*. Pacific J. Math., 14:1165–1171, 1964.

44. CARLITZ, L.: *Arithmetic functions in an unusual setting*. Amer. Math. Monthly, 73:582–590, 1966.

45. CARLITZ, L.: *A note on the composition of arithmetic functions*. Duke Math. J., 33:629–632, 1966.

46. CARLITZ, L.: *Arithmetic functions in an unusual setting II*. Duke Math. J., 34:757–759, 1967.

47. CARLITZ, L.: *Sums of arithmetic functions*. Collect. Math., 20:107–126, 1969.

48. CARLITZ, L.: *Problem E2268*. Amer. Math. Monthly, 78:1140, 1971.

49. CARMICHAEL, R. D.: *On expansions of arithmetical functions*. Proc. Nat. Acad. Sci. U.S.A., 16:613–616, 1930.

50. CARMICHAEL, R. D.: *Expansions of arithmetical functions in infinite series*. Proc. London Math. Soc., 34:1–26, 1932.

51. CARROLL, T. B.: *A characterization of completely multiplicative arithmetic functions*. Amer. Math. Monthly, 81:993–995, 1974.

52. CARROLL, T. B. und A. A. GIOIA: *On a subgroup of the group of multiplicative arithmetic functions*. J. Austral. Math. Soc. Ser. A, 20:348–358, 1975.

53. CASHWELL, E. D. und C. J. EVERETT: *The ring of number-theoretic functions*. Pacific J. Math., 9:975–985, 1959.

54. CHIDAMBARASWAMY, J. S.: *On the functional equation* $F(mn)F((m,n)) = F(m)F(n)f((m,n))$. Portugal. Math., 26:101–107, 1967.

55. CHIDAMBARASWAMY, J. S.: *Sum functions of unitary and semi-unitary divisors*. J. Indian Math. Soc., 31:117–126, 1967.

56. CHIDAMBARASWAMY, J. S.: *The K-unitary convolution of certain arithmetical functions*. Publ. Math. Debrecen, 17:67–74, 1970.

57. CHIDAMBARASWAMY, J. S.: *Totients with respect to a polynomial*. Indian J. Pure Appl. Math., 5:601–608, 1974.

58. CHIDAMBARASWAMY, J. S.: *A remark on a couple of papers of D. Suryanarayana*. Math. Student, 43:39–41, 1975.

59. CHIDAMBARASWAMY, J. S.: *Generalized Dedekind ψ-functions with respect to a polynomial. I*. J. Indian Math. Soc., 18:23–34, 1976.

60. CHIDAMBARASWAMY, J. S.: *Generalized Dedekind ψ-functions with respect to a polynomial. II*. Pacific J. Math., 65:19–27, 1976.

61. CHIDAMBARASWAMY, J. S.: *Series involving the reciprocals of generalized totients*. J. Nat. Sci. Math., 17:11–26, 1977.

62. CHIDAMBARASWAMY, J. S.: *Generalized Ramanujan's sum*. Periodica Math. Hungarica, 10(1):71–87, 1979.

63. CHIDAMBARASWAMY, J. S.: *Totients and unitary totients with respect to a set of polynomials*. Indian J. Pure Appl. Math., 10:287–302, 1979.

64. CHIDAMBARASWAMY, J. S. und S. RAO: *On arithmetical functions associated with higher order divisors*. J. Okayama Univ., 26(1):185–194, 1983.

65. CHOWLA, S. D.: *On some identities involving zeta-functions*. J. Indian Math. Soc., 17:153–163, 1928.

66. CHOWLA, S. D.: *Some identities in the theory of numbers*. J. Indian Math. Soc., 18:87–88, 1929. Notes & Questions.

67. CHRISTOPHER, J.: *The asymptotic density of some k-dimensional sets*. Amer. Math. Monthly, 63:399–401, 1956.

68. COHEN, E.: *An extension of Ramanujan's sum*. Duke Math. J., 16:85–90, 1949.

69. COHEN, E.: *Rings of arithmetic functions*. Duke Math. J., 19:115–129, 1952.

70. COHEN, E.: *Congruence representations in algebraic number fields*. Trans. Amer. Math. Soc., 75:444–470, 1953.

71. COHEN, E.: *Rings of arithmetic functions II. The number of solutions of quadratic congruences*. Duke Math. J., 21, 1954.

72. COHEN, E.: *A class of arithmetical functions*. Proc. Nat. Acad. Sci. U.S.A., 41:939–944, 1955.

73. COHEN, E.: *An extension of Ramanujan's sum. II. Additive properties*. Duke Math. J., 22:543–550, 1955.

74. COHEN, E.: *An extension of Ramanujan's sum. III. Connections with totient functions*. Duke Math. J., 23:623–630, 1956.

75. COHEN, E.: *Some totient functions*. Duke Math. J., 25:515–522, 1956.

76. COHEN, E.: *Generalizations of the Euler ϕ-function*. Scripta Math., 23:157–161, 1958.

77. COHEN, E.: *Representations of even functions (mod r). I. Arithmetical identities*. Duke Math. J., 25:401–421, 1958.

78. COHEN, E.: *Arithmetical functions associated with arbitrary sets of integers*. Acta Arith., 5:407–415, 1959.

79. COHEN, E.: *An arithmetical inversion principle*. Bull. Amer. Math. Soc., 65:335–336, 1959.

80. COHEN, E.: *A class of residue systems (mod r) and related arithmetical functions*. Pacific J. Math., 9:667–679, 1959.

81. COHEN, E.: *A class of residue systems (mod r) and related arithmetical functions. I. A generalization of Möbius inversion*. Pacific J. Math., 9:13–23, 1959.

82. COHEN, E.: *Representations of even functions (mod r). II. Cauchy products*. Duke Math. J., 26:165–182, 1959.

83. COHEN, E.: *Representations of even functions (mod r). III. Special topics*. Duke Math. J., 26:491–500, 1959.

84. COHEN, E.: *Trigonometric sums in elementary number theory*. Amer. Math. Monthly, 66:105–117, 1959.

85. COHEN, E.: *Arithmetical functions associated with the unitary divisors of an integer*. Math. Z., 74:66–80, 1960.

86. COHEN, E.: *Arithmetical functions of a greatest common divisor. I*. Proc. Amer. Math. Soc., 11:164–171, 1960.

87. COHEN, E.: *Arithmetical inversion formulas*. Canad. J. Math., 12:399–409, 1960.

88. COHEN, E.: *The average order of certain types of elementary arithmetical functions: generalized k-free numbers and totient points*. Monatshefte für Mathematik, 64:251–262, 1960.

89. COHEN, E.: *The Brauer-Rademacher identity*. Amer. Math. Monthly, 67:30–33, 1960.

90. COHEN, E.: *A class of arithmetical functions in several variables with applications to congruences*. Trans. Amer. Math. Soc., 96:335–381, 1960.

91. COHEN, E.: *The elementary arithmetical functions*. Scripta Math., 25:221–227, 1960.

92. COHEN, E.: *Nagell's totient function*. Math. Scand., 8:55–58, 1960.

93. COHEN, E.: *The number of unitary divisors of an integer*. Amer. Math. Monthly, 67:879–880, 1960.

94. COHEN, E.: *A trigonometric sum*. Math. Student, 28:29–32, 1960.

95. COHEN, E.: *Arithmetical functions of a greatest common divisor. III. Cesàro's divisor problem*. Proc. Glasgow Math. Assoc., 5(2):67–75, 1961.

96. COHEN, E.: *Arithmetical functions of finite abelian groups*. Math. Ann., 142(2):165–182, 1961.

97. COHEN, E.: *Arithmetical notes. I. On a theorem of van der Corput*. Proc. Amer. Math. Soc., 12:214–217, 1961.

98. COHEN, E.: *Arithmetical notes. V. A divisibility property of the divisor function*. Amer. J. Math., 83:693–697, 1961.

99. COHEN, E.: *An elementary method in the asymptotic theory of numbers*. Duke Math. J., 28(1):183–192, 1961.

100. COHEN, E.: *Fourier expansions of arithmetical functions*. Bull. Amer. Math. Soc., 67(1):145–147, 1961.

101. COHEN, E.: *On the inversion of even functions of finite abelian groups*. J. Reine Angew. Math., 207:192–202, 1961.

102. COHEN, E.: *A property of Dedekind's ψ-function*. Proc. Amer. Math. Soc., 12:996–233, 1961.

103. COHEN, E.: *Series representations of certain types of arithmetical functions*. Osaka Math. J., 13:209–216, 1961.

104. COHEN, E.: *Some sets of integers related to the k-free integers*. Acta Sci. Math. (Szeged), 22:223–233, 1961.

105. COHEN, E.: *Unitary functions (mod r)*. Duke Math. J., 28:475–485, 1961.

106. COHEN, E.: *Unitary products of arithmetical functions*. Acta Arith., 7:29–38, 1961.

107. COHEN, E.: *Almost even functions of finite abelian groups*. Acta Arith., 7:311–323, 1962.

108. COHEN, E.: *Arithmetical functions of a greatest common divisor. II. An alternative approach*. Boll. Un. Mat. Ital., 17:349–356, 1962.

109. COHEN, E.: *Arithmetical notes. VIII. An asymptotic formula of Renyi*. Proc. Amer. Math. Soc., 13:536–539, 1962.

110. COHEN, E.: *Averages of completely even arithmetical functions (over certain types of plane regions)*. Ann. Mat. Pura Appl., 59:165–177, 1962.

111. COHEN, E.: *An identity related to the Dedekind-von Sterneck function*. Amer. Math. Monthly, 69:213–215, 1962.

112. COHEN, E.: *Unitary functions (mod r). II*. Publ. Math. Debrecen, 9:94–104, 1962.

113. COHEN, E.: *Arithmetical notes. II. An estimate of Erdős and Szekeres*. Scripta Math., 26:353–356, 1963.

114. COHEN, E.: *An elementary estimate for the k-free integers*. Bull. Amer. Math. Soc., 69:762–765, 1963.

115. COHEN, E.: *On the distribution of certain sequences of integers*. Amer. Math. Monthly, 70:516–521, 1963.

116. COHEN, E.: *Some analogues of certain arithmetical functions*. Riv. Mat. Univ. Parma, 4:115–125, 1963.

117. COHEN, E.: *Arithmetical notes. VII. Some classes of even functions (mod r)*. Collect. Math., 16:81–87, 1964.

118. COHEN, E.: *Arithmetical notes. X. A class of totients*. Proc. Amer. Math. Soc., 15:534–539, 1964.

119. COHEN, E.: *Arithmetical notes. XI. Some divisor identities.* Enseign. Math., 10:248–254, 1964.

120. COHEN, E.: *A generalization of Axer's theorem and some of its applications.* Math. Nachr., 17:163–177, 1964.

121. COHEN, E.: *Remark on a set of integers.* Acta Sci. Math. (Szeged), 25:179–180, 1964.

122. COHEN, E.: *Some asymptotic formulas in the theory of numbers.* Trans. Amer. Math. Soc., 112:214–227, 1964.

123. COHEN, E.: *A generalized Euler ϕ-function.* Math. Mag., 41:276–279, 1968.

124. COHEN, E.: *On the mean parity of arithmetical functions.* Duke Math. J., 36:659–668, 1969.

125. COHEN, E. und K. J. DAVIS: *Elementary estimates for certain types of integers.* Acta Sci. Math. (Szeged), 31:363–371, 1970.

126. COHEN, E. und R. L. ROBINSON: *On the distribution of k-free integers.* Acta Arith., 8:283–293, 1963.

127. COHEN, E. und R. L. ROBINSON: *Errata to „On the distribution of k-free integers".* Acta Arith., 10:443, 1964.

128. COHEN, E. und R. L. ROBINSON: *Corrections to „On the distribution of k-free integers".* Acta Arith., 16:439, 1970.

129. COHN, P. M.: *Universal Algebra.* Harper & Row, New York, Evanston, 1965.

130. COMMENT, P.: *Sur l'equation fonctionnelle $F(nm)F((n,m)) = F(n)F(m)f((n,m))$.* Full. Res. Council Israel Sect. F, 17:14–20, 1957.

131. CORPUT, J. VAN DER: *Sur quelques fonctions arithmétiques élémentaires.* Proc. Kon. Nederl. Akad. Wetensch., 42:859–866, 1939.

132. CRUM, M. M.: *On some Dirichlet series.* J. London Math. Soc., 15:10–15, 1940.

133. DAVIS, K. J.: *A generalization of the Dirichlet product.* Fibonacci Quart., 20:41–44, 1982.

134. DAVISON, T. M. K.: *On arithmetic convolutions.* Canad. Math. Bull., 9:287–296, 1966.

135. DAYKIN, D. E.: *Generalized Möbius inversion formulae.* Quart. J. Math., 15:349–354, 1964.

136. DAYKIN, D. E.: *An arithmetic congruence.* Amer. Math. Monthly, 72:291–292, 1965.

137. DAYKIN, D. E.: *A generalization of the Möbius inversion formula.* Simon Stevin, 46:141–146, 1972/73.

138. DELANGE, H.: *On Ramanujan expansions of certain arithmetical functions.* Acta Arith., 31:259–270, 1976.

139. DELSARTE, S.: *Fonctions de Möbius sur les groupes abeliens finis.* Ann. of Math., 49(3):600–609, 1948.

140. DICKSON, L. E.: *History of the Theory of Numbers*, Bd. I. Chelsea Publishing, New York, 1952.

141. DIXON, J. D.: *A finite analogue of the Goldbach problem.* Canad. Math. Bull., 3:121–126, 1960.

142. DONAVAN, G. S. und D. REARICK: *On Ramanujan's sums.* Norske Vid. Selsk. Forh., 39:1–2, 1966.

143. ERDŐS, P.: *Some asymptotic formulas in number theory.* J. Indian Math. Soc., 12:75–78, 1948.

144. ERDŐS, P. und G. G. LORENTZ: *On the probability that n and $g(n)$ are relatively prime.* Acta Arith., 5:35–44, 1958.

145. EUGENI, F.: *Numeri primitivi e indicator generalizzati.* Rend. Math., 6(6):73–130, 1973.

146. EUGENI, F. und B. RIZZI: *An incidence algebra on rational numbers.* Rend. Math., 12(6):557–576, 1979.

147. EUGENI, F. und B. RIZZI: *Una classe di funzioni aritmetiche periodiche.* La Ricerca, 30(2):3–14, 1979.

148. EUGENI, F. und B. RIZZI: *Una estensione di due identita di Anderson-Apostol e Landau.* La Ricerca, 30(3):11–18, 1979.

149. EUGENI, F. und B. RIZZI: *On certain solutions of Cohen's functional equation relating the Brauer-Rademacher identity.* Boll. Un. Mat. Ital., 17:696–978, 1980.

150. EUGENI, F. und B. RIZZI: *Somma generalizzata di Ramanujan per l'indicatore di Stevens.* La Ricerca, 31(3):3–10, 1980.

151. EWELL, J. A.: *A formula for Ramanujan's tau function.* Proc. Amer. Math. Soc., 91:37–40, 1984.

152. FANG, G. W.: *Some identities of Dirichlet series relating with the Möbius function.* Chinese J. Math., 9:79–85, 1981.

153. FERRERO, M.: *On generalized convolution rings of arithmetic functions.* Tsubuka J. Math., 4:161–176, 1980.

154. FOMENKO, O. M.: *Quelques remarques sur la fonction de Jordan.* Mathesis, 69:287–291, 1961.

155. FOMENKO, O. M. und V. A. GOLUBEV: *On the functions $\phi_2(n)$, $\mu_2(n)$, $\zeta_2(n)$.* Ann. Polon. Math., 11:13–17, 1961.

156. FOTINO, I. P.: *Generalized convolution ring of arithmetical functions.* Pacific J. Math., 61:103–116, 1975.

157. FREDMAN, M. L.: *Arithmetical convolution products.* Duke Math. J., 37:231–242, 1970.

158. GAGLIARDO, E.: *Le funzioni simmetriche semplici delle radici n-esime primitive dell'unità.* Boll. Un. Mat. Ital., 8:269–273, 1953.

159. GESSLEY, M. D.: *A generalized arithmetic convolution.* Amer. Math. Monthly, 74:1216–1217, 1967.

160. GIOIA, A. A.: *On an identity for multiplicative functions.* Amer. Math. Monthly, 69:988–991, 1962.

161. GIOIA, A. A.: *The K-product of arithmetic functions.* Canad. J. Math., 17:970–976, 1965.

162. GIOIA, A. A. und D. L. GOLDSMITH: *Convolutions of arithmetic functions over cohesive basic sequences.* Pacific J. Math., 38:391–399, 1971.

163. GIOIA, A. A. und D. L. GOLDSMITH: *On a question of Erdős concerning cohesive basic sequences.* Proc. Amer. Math. Soc., 34:356–358, 1972.

164. GIOIA, A. A. und M. SUBBARAO: *Generalized Dirichlet products of arithmetic functions (Abstract).* Notices Amer. Math. Soc., 9:305, 1962.

165. GIOIA, A. A. und M. SUBBARAO: *Generating functions for a class of arithmetic functions.* Canad. Math. Bull., 9:427–431, 1966.

166. GIOIA, A. A. und M. SUBBARAO: *Identities for multiplicative functions.* Canad. Math. Bull., 10:65–73, 1967.

167. GIOIA, A. A. und A. M. VAIDYA: *The number of square-free divisors of an integer.* Duke Math. J., 33:797–799, 1966.

168. GOLDBERG, R. R. und R. S. VARGA: *Möbius inversion and Fourier transforms.* Duke Math. J., 23:553–559, 1956.

169. GOLDSMITH, D. L.: *On the multiplicative property of arithmetic functions.* Pacific J. Math., 27:283–304, 1968.

170. GOLDSMITH, D. L.: *A generalization of some identities of Ramanujan.* Rend. Mat., 2(6):472–479, 1969.

171. GOLDSMITH, D. L.: *A note on sequences of almost-multiplicative arithmetic functions.* Rend. Mat., 3(6):167–170, 1970.

172. GOLDSMITH, D. L.: *On the structure of certain basic sequences associated with an arithmetic function.* Proc. Edinburgh Math. Soc., 17(2):305–310, 1970.

173. GOLDSMITH, D. L.: *A generalized convolution for arithmetic functions.* Duke Math. J., 38:279–283, 1971.

174. GOLDSMITH, D. L.: *On the density of certain cohesive basic sequences.* Pacific J. Math., 42:323–327, 1972.

175. GOLDSMITH, D. L.: *Minimal cohesive basic sets.* Proc. Edinburgh Math. Soc., 19(2):73–76, 1974.

176. GÖTZE, F.: *Über Teilerfunktionen in Dirichletschen Reihen.* Arch. Math., 19:627–634, 1968.

177. GRYTCZUK, A.: *An identity involving Ramanujan's sum.* Elem. Math., 36:16–17, 1981.

178. GUERIN, E. E.: *Matrices and convolutions of arithmetic functions.* Fibonacci Quart., 16:327–334, 1978.

179. GYIRES, B.: *Über die Faktorisation im Restklassenring mod m.* Publ. Math. Debrecen, 1:51–55, 1949.

180. HALL, P.: *A contribution to the theory of groups of prime power order.* Proc. London Math. Soc., 36:24–80, 1934.

181. HALL, R. R.: *On the probability that n and $f(n)$ are relatively prime.* Acta Arith., 17:169–183, 1970.

182. HALL, R. R.: *Corrections to „On the probability that n and $f(n)$ are relatively prime".* Acta Arith., 19:203–204, 1971.

183. HALL, R. R.: *On the probability that n and $f(n)$ are relatively prime. II.* Acta Arith., 19:175–184, 1971.

184. HALL, R. R.: *On the probability that n and $f(n)$ are relatively prime. III.* Acta Arith., 20:267–289, 1972.

185. HAMME, L. VAN: *Sur une généralisation de l'indicateur d'Euler.* Acad. Roy. Belg. Bull. Cl. Sci., 57(5):805–817, 1971.

186. HANSEN, R. T.: *Arithmetic inversion formulas.* J. Natur. Sci. Math., 20:141–150, 1980.

187. HANSEN, R. T. und L. G. SWANSON: *Vinogradov's Möbius inversion theorem.* Nieuw Arch. v. Wisk., 28:1–11, 1980.

188. HANUMANTHACHARI, J.: *Certain generalizations of Nagell's totient function and Ramanujan's sum.* Math. Student, 38:183–187, 1970.

189. HANUMANTHACHARI, J.: *Some generalized unitary functions and their applications to linear congruences.* J. Indian Math. Soc., 34:99–108, 1970.

190. HANUMANTHACHARI, J.: *A generalization of Dedekind's ψ-function.* Math. Student, 40A:1–4, 1972.

191. HANUMANTHACHARI, J.: *Corrections and addition to „Certain generalizations of Nagell's totient function and Ramanujan's sum".* Math. Student, 42:121–124, 1974.

192. HANUMANTHACHARI, J.: *On an arithmetic convolution.* Canad. Math. Bull., 20:301–305, 1977.

193. HANUMANTHACHARI, J. und V. V. SUBRAHMANYASASTRI: *Certain totient functions – allied Ramanujan sums and applications to certain linear congruences*. Math. Student, 42:214–222, 1974.

194. HANUMANTHACHARI, J. und V. V. SUBRAHMANYASASTRI: *On some arithmetical identities*. Math. Student, 46:60–70, 1978.

195. HARDY, G. H.: *Note on Ramanujan's trigonometrical function $c_q(n)$, and certain series of arithmetical functions*. Proc. Camb. Philos. Soc., 20:263–271, 1921.

196. HARDY, G. H.: *Ramanujan*. Cambridge University Press, Cambridge, 1940.

197. HARDY, G. H. und E. M. WRIGHT: *An Introduction to the Theory of Numbers*. Oxford University Press, Oxford, 5. Aufl., 1979.

198. HAVILAND, E. K.: *An analogue of Euler's ϕ-function*. Duke Math. J., 11:869–872, 1944.

199. HAYASHI, M.: *On some Dirichlet series generated by an arithmetic function*. Mem. Osaka Inst. Tech. Ser. A, 25:1–5, 1980.

200. HILLE, E.: *The inversion problem of Möbius*. Duke Math. J., 3:549–569, 1937.

201. HILLE, E. und O. SZÁSZ: *On the completeness of Lambert functions*. Bull. Amer. Math. Soc., 42:411–418, 1936.

202. HILLE, E. und O. SZÁSZ: *On the completeness of Lambert functions. II*. Ann. of Math., 37:801–815, 1936.

203. HÖLDER, O.: *Zur Theorie der Kreisteilungsgleichung $K_m(x) = 0$*. Prace Mat.-Fiz., 43:13–23, 1936.

204. HORADAM, E. M.: *Arithmetical functions of generalized primes*. Amer. Math. Monthly, 68:625–629, 1961.

205. HORADAM, E. M.: *Arithmetical functions associated with the unitary divisors of a generalized integer*. Amer. Math. Monthly, 69:196–199, 1962.

206. HORADAM, E. M.: *A calculus of convolutions for generalized integers*. Proc. Nederl. Akad. Wetensch., 66:695–698, 1963.

207. HORADAM, E. M.: *The Euler ϕ-function for generalized integers*. Proc. Amer. Math. Soc., 14:754–762, 1963.

208. HORADAM, E. M.: *The order of arithmetical functions of generalized integers*. Amer. Math. Monthly, 70:506–512, 1963.

209. HORADAM, E. M.: *The number of unitary divisors of a generalized integer*. Amer. Math. Monthly, 71:893–895, 1964.

210. HORADAM, E. M.: *Ramanujan's sum for generalized integers*. Duke Math. J., 31(2):697–702, 1964.

211. HORADAM, E. M.: *Addendum to „Ramanujan's sum for generalized integers"*. Duke Math. J., 33:705–707, 1966.

212. HORADAM, E. M.: *Exponential functions for arithmetical semigroups*. J. Reine Angew. Math., 222:14–19, 1966.

213. HORADAM, E. M.: *Unitary divisor functions of a generalized integer*. Portugal. Math., 24:131–143, 1966.

214. HORADAM, E. M.: *A sum of a certain divisor function for arithmetical semigroups*. Pacific J. Math., 22:407–412, 1967.

215. HORADAM, E. M.: *Ramanujan's sum and its applications to the enumerative functions of certain sets of elements of an arithmetical semigroup*. J. Math. Sci., 3:47–70, 1968.

216. HORADAM, E. M.: *An extension of Daykin's generalized Möbius function to unitary divisors.* J. Reine Angew. Math., 246:117–125, 1971.

217. IVIĆ, A.: *On a class of arithmetical functions connected with multiplicative functions.* Publ. Inst. Math. (Beograd), 20(34):131–144, 1976.

218. IVIĆ, A.: *A property of Ramanujan's sums concerning totally multiplicative functions.* Univ. Beograd Publ. Elektrotehn. Fak. Ser. Mat. Fiz., 577–598(34):74–78, 1977.

219. IVIĆ, A. und W. SCHWARZ: *Remarks on some number-theoretical functional equations.* Aequationes Math., 20:80–89, 1980.

220. JAGER, H.: *The unitary analogues of some identities for certain arithmetical functions.* Nederl. Akad. Wetensch. Proc. Ser. A, 64:508–515, 1961.

221. JOHNSON, K. R.: *A reciprocity law for Ramanujan sums.* Pacific J. Math., 98:99–105, 1982.

222. JOHNSON, K. R.: *Unitary analogues of generalized Ramanujan sums.* Pacific J. Math., 103:429–436, 1982.

223. JOHNSON, K. R.: *A result for the „other" variable of Ramanujan's sum.* Elem. Math., 38:122–124, 1983.

224. KAZANDZIDIS, G. S.: *Algebra of subsets and Möbius pairs.* Math. Ann., 152:208–225, 1963.

225. KEMP, P.: *A note on a generalized Möbius function.* J. Natur. Sci. Math., 15:55–57, 1975.

226. KEMP, P.: *Extensions of the ring of number theoretic functions.* J. Natur. Sci. Math., 16:57–60, 1976.

227. KEMP, P.: *Properties of multiplicative functions.* J. Natur. Sci. Math., 16:51–56, 1976.

228. KEMP, P.: *N th roots of arithmetical functions.* J. Natur. Sci. Math., 17:27–30, 1977.

229. KLEE, V.: *A generalization of Euler's function.* Amer. Math. Monthly, 55:358–359, 1948.

230. KONINCK, J.-M. D. und A. MERCIER: *Remarque sur un article de T. M. Apostol.* Canad. Math. Bull., 20:77–88, 1977.

231. KOTELYANSKIĬ, D. M.: *On N. P. Romanov's method of obtaining identities for arithmetic functions.* Ukrain Mat. Žurnal, 5:453–458, 1953.

232. KRISHNA, K.: *A proof of an identity for multiplicative functions.* Canad. Math. Bull., 22:299–304, 1979.

233. LAMBEK, J.: *Arithmetical functions and distributivity.* Amer. Math. Monthly, 73:969–973, 1966.

234. LAMBEK, J. und L. MOSER: *On integers n relatively prime to f(n).* Canad. J. Math., 7:155–158, 1955.

235. LANDAU, E.: *Handbuch der Lehre von der Verteilung der Primzahlen.* B. G. Teubner, Leipzig, 1909.

236. LANGFORD, E.: *Distributivity over the Dirichlet product and completely multiplicative arithmetical functions.* Amer. Math. Monthly, 80:411–414, 1973.

237. LEHMER, D. H.: *On the rth divisor of a number.* Amer. J. Math., 52:293–304, 1930.

238. LEHMER, D. H.: *Arithmetic of double series.* Trans. Amer. Math. Soc., 33:945–957, 1931.

239. LEHMER, D. H.: *A new calculus of numerical functions.* Amer. J. Math., 53:832–854, 1931.

240. LEHMER, D. H.: *On a theorem of von Sterneck.* Bull. Amer. Math. Soc., 37:723–726, 1931.

241. LEHMER, D. H.: *Polynomials for the n-ary composition of numerical functions.* Amer. J. Math., 58:563–572, 1936.

242. LEHMER, D. H.: *Some functions of Ramanujan.* Math. Student, 27:105–116, 1959.

243. LEHMER, D. N.: *Certain theorems in the theory of quadratic residues*. Amer. Math. Monthly, 20:151–157, 1913.

244. LI, K. C.: *A note on identities for series of the type* $\sum f(n)\mu(n)n^{-s}$. Chinese J. Math., 8:59–60, 1980.

245. LIBERATORE, A. und M. G. M. TOMASINI: *On two identities of Anderson-Apostol and Landau*. La Ricerca, 30(3):3–10, 1979.

246. LOXTON, J. H. und J. W. SANDERS: *On an inversion theorem of Möbius*. J. Austral. Math. Soc., 30:15–32, 1980.

247. MAKOWSKI, A.: *Remark on multiplicative functions*. Elem. Math., 27:132–133, 1972.

248. MAUCLAIRE, J. L.: *On the extension of a multiplicative arithmetical function in an algebraic number field*. Math. Japon., 21:337–342, 1976.

249. MCCARTHY, P. J.: *On a certain family of arithmetic functions*. Amer. Math. Monthly, 65:586–590, 1958.

250. MCCARTHY, P. J.: *On an arithmetic function*. Monatshefte für Mathematik, 63:228–230, 1959.

251. MCCARTHY, P. J.: *Busche-Ramanujan identities*. Amer. Math. Monthly, 67:966–970, 1960.

252. MCCARTHY, P. J.: *The generation of arithmetical identities*. J. Reine Angew. Math., 203:55–63, 1960.

253. MCCARTHY, P. J.: *The probability that* $(n, f(n))$ *is r-free*. Amer. Math. Monthly, 67:268–269, 1960.

254. MCCARTHY, P. J.: *Some properties of extended Ramanujan sums*. Archiv Math., 11:253–258, 1960.

255. MCCARTHY, P. J.: *Some remarks on arithmetical identities*. Amer. Math. Monthly, 67:539–548, 1960.

256. MCCARTHY, P. J.: *Some more remarks on arithmetical identities*. Portugal. Math., 21:45–57, 1962.

257. MCCARTHY, P. J.: *Note on some arithmetical sums*. Boll. Un. Mat. Ital., 21:239–242, 1966.

258. MCCARTHY, P. J.: *Regular arithmetical convolutions*. Portugal. Math., 27:1–13, 1968.

259. MCCARTHY, P. J.: *Arithmetical functions and distributivity*. Canad. Math. Bull., 13:491–496, 1970.

260. MCCARTHY, P. J.: *Regular arithmetical convolutions and linear congruences*. Colloq. Math., 22:215–222, 1971.

261. MCCARTHY, P. J.: *The number of restricted solutions of some systems of linear congruences*. Rend. Sem. Mat. Univ. Padova, 54:59–68, 1975.

262. MCCARTHY, P. J.: *Counting restricted solutions of a linear congruence*. Nieuw Arch. v. Wisk., 25:133–147, 1977.

263. MCCARTHY, P. J.: *A generalization of Smith's determinant*. Canad. Math. Bull., 29(1):109–113, 1986.

264. MENON, P. K.: *Multiplicative functions which are functions of the g.c.d. and l.c.m. of their arguments*. J. Indian Math. Soc., 6:134–142, 1942.

265. MENON, P. K.: *Transformations of arithmetic functions*. J. Indian Math. Soc., 6:143–152, 1942.

266. MENON, P. K.: *Identities in multiplicative functions*. J. Indian Math. Soc., 7:48–52, 1943.

267. MENON, P. K.: *On arithmetic functions*. Proc. Indian Acad. Sci. Sect. A, 18:88–99, 1943.

268. MENON, P. K.: *Some generalizations of the divisor function*. J. Indian Math. Soc., 9:32–36, 1945.

269. MENON, P. K.: *On Vaidyanathaswamy's class division of residue classes modulo N*. J. Indian Math. Soc., 26:167–186, 1962.

270. MENON, P. K.: *Series associated with Ramanujan's function $\tau(n)$*. J. Indian Math. Soc., 27:57–65, 1963.

271. MENON, P. K.: *On the sum $\sum_{(a;n)=1} (a - 1; n)$*. J. Indian Math. Soc., 29:155–163, 1965.

272. MENON, P. K.: *An extension of Euler's function*. Math. Student, 35:55–59, 1967.

273. MENON, P. K.: *On functions associated with Vaidyanathaswamy's algebra of classes mod n*. Indian J. Pure Appl. Math., 3:118–141, 1972.

274. MERCIER, A.: *Identité pour $\sum f(n)n^{-s}$*. Canad. Math. Bull., 22:317–325, 1979.

275. MERCIER, A.: *Quelques identités arithmétiques*. Ann. Sci. Math. Québec, 5:59–67, 1981.

276. MERCIER, A.: *Sommes de la forme $\sum g(n)/f(n)$*. Canad. Math. Bull., 24:299–307, 1981.

277. MERCIER, A.: *Remarques sur les fonctions spécialement multiplicatives*. Ann. Sci. Math. Québec, 6:99–107, 1982.

278. MÖBIUS, A. F.: *Über eine besondere Art von Umkehrung der Reihen*. Crelles Journal für die reine und angewandte Mathematik, 9:105–123, 1832.

279. MORGADO, J.: *Corrections to „Unitary analogue of the Nagell totient function"*. Portugal. Math., 22:119, 1962.

280. MORGADO, J.: *Unitary analogue of the Nagell totient function*. Portugal. Math., 21:221–223, 1962.

281. MORGADO, J.: *Some remarks on the unitary analogue of Nagell's totient function*. Portugal. Math., 22:127–135, 1963.

282. MORGADO, J.: *Unitary analogue of a Schemmel's function*. Portugal. Math., 22:215–233, 1963.

283. MORGADO, J.: *On the arithmetical function σ_h^**. Portugal. Math., 23:25–40, 1964.

284. NADLER, H.: *Verallgemeinerung einer Formel von Ramanujan*. Arch. Math., 14:243–246, 1963.

285. NAGELL, T.: *Verallgemeinerung eines Satzes von Schemmel*. Skr. Norske Vod.-Akad. Oslo (Math. Class), 13(I):23–25, 1923.

286. NARKIEWICZ, W.: *On a class of arithmetical convolutions*. Colloq. Math., 10:81–94, 1963.

287. NICOL, C. A.: *Linear congruences and the Von Sterneck function*. Duke Math. J., 26:193–197, 1959.

288. NICOL, C. A.: *Some formulas involving Ramanujan sums*. Canad. J. Math., 14:284–286, 1962.

289. NICOL, C. A.: *On restricted partitions and a generalization of the Euler ϕ number and the Möbius function*. Proc. Nat. Acad. Sci. U.S.A., 39:963–968, 1963.

290. NICOL, C. A.: *Some diophantine equations involving arithmetic functions*. J. Math. Anal. Appl., 15:154–161, 1966.

291. NICOL, C. A. und H. S. VANDIVER: *A von Sterneck arithmetical function and restricted partitions with respect to a modulus*. Proc. Nat. Acad. Sci. U.S.A., 40:825–835, 1954.

292. NICOL, C. A. und H. S. VANDIVER: *Supplement to a paper entitled „A von Sterneck arithmetical function and restricted partitions with respect to a modulus"*. Proc. Nat. Acad. Sci. U.S.A., 44:917–918, 1958.

293. NIEBUR, D.: *A formula for Ramanujan's τ-function.* Illinois J. Math., 19:448–449, 1975.

294. NIVEN, I. und H. S. ZUCKERMAN: *An Introduction to the Theory of Numbers.* John Wiley & Sons, New York, London, Sydney, 1960.

295. NYMANN, J. E.: *On the probability that k-positive integers are relatively prime.* J. Number Theory, 4:469–473, 1972.

296. NYMANN, J. E.: *On the probability that k-positive integers are relatively prime. II.* J. Number Theory, 7:406–412, 1975.

297. PAKSHIRAJAN, R. P.: *Some properties of the class of arithmetic functions $T_r(N)$.* Ann. Polon. Math., 13:113–114, 1963.

298. PANKAJAM, S.: *On Euler's ϕ-function and its extension.* J. Indian Math. Soc., 2:67–75, 1936.

299. PELLEGRINO, F.: *Sviluppi moderni del calculo numerico integrale di Michele Cipolla.* Atti del Quarto Congresso dell'Unione Matematica Italiano, 2:161–168, 1953.

300. PELLEGRINO, F.: *Lineamenti di una teoria delle funzioni aritmetiche.* Rend. Mat. Appl., 15(5):469–504, 1956.

301. PELLEGRINO, F.: *La divisione integrale.* Rend. Mat. Appl., 22(5):489–497, 1963.

302. PELLEGRINO, F.: *La potenza integrale.* Rend. Mat. Appl., 23(5):201–220, 1964.

303. PELLEGRINO, F.: *Operatori lineari dell'anello funzioni aritmetiche.* Rend. Mat. Appl., 25(5):308–332, 1966.

304. PELLEGRINO, F.: *Elementi moltiplicativi dell'anello delle funzioni aritmetiche.* Rend. Mat. Appl., 26(5):422–509, 1967.

305. POPKEN, J.: *On convolutions in number theory.* Proc. Kon. Nederl. Akad. Wetensch., 58:10–15, 1955.

306. PULATOVA, M. I.: *On some systems of linear operators connected with arithmetical inversion formulas.* Tsubaka J. Math., 5:165–172, 1981.

307. RADEMACHER, H.: *Aufgaben 30-32.* Jahresbericht der Deutschen Mathematiker-Vereinigung, 34:158–159, 1925. 2. Abteilung.

308. RADEMACHER, H.: *Zur additiven Primzahltheorie algebraischer Zahlkörper. III. Über die Darstellung totalpositiver Zahlen als Summen von totalpositiven Primzahlen in einem beliebigen Zahlkörper.* Math. Zeit., 27:321–426, 1928.

309. RAINVILLE, E. D.: *Special Functions.* The Macmillan Co., New York, 1960.

310. RAMAIAH, V. S.: *Arithmetical sums in regular convolutions.* J. Reine Angew. Math., 303/304:265–283, 1978.

311. RAMAIAH, V. S.: *On certain multiplicative functions related to the Möbius function.* Portugal. Math., 38:119–134, 1979.

312. RAMAIAH, V. S. und D. SURYANARAYANA: *Sums of reciprocals of some multiplicative functions.* Math. J. Okayama Univ., 21:155–164, 1979.

313. RAMAIAH, V. S. und D. SURYANARAYANA: *Sums of reciprocals of some multiplicative functions, II.* Indian J. Pure Appl. Math., 11:1334–1355, 1980.

314. RAMAIAH, V. S. und D. SURYANARAYANA: *An order result involving the σ-function.* Indian J. Pure Appl. Math., 12:1192–1200, 1981.

315. RAMAIAH, V. S. und D. SURYANARAYANA: *Asymptotic results on sums of some multiplicative functions.* Indian J. Pure Appl. Math, 13:772–784, 1982.

316. RAMAIAH, V. S. und D. SURYANARAYANA: *On a method of Eckford Cohen.* Boll. Un. Mat. Ital., 1-B(6):1235–1251, 1982.

317. RAMANATHAN, K. G.: *Multiplicative arithmetic functions*. J. Indian Math. Soc., 7:111–117, 1943.

318. RAMANATHAN, K. G.: *On Ramanujan's trigonometrical sum $C_m(n)$*. J. Madras Univ. Sect. B, 15:1–9, 1943.

319. RAMANATHAN, K. G.: *Some applications of Ramanujan's trigonometrical sum $C_m(n)$*. Proc. Indian Acad. Sci. (A), 20:62–69, 1944.

320. RAMANATHAN, K. G. und M. SUBBARAO: *Some generalizations of Ramanujan's sum*. Canad. J. Math., 32:1250–1260, 1980.

321. RAMANUJAN, S.: *On certain arithmetical functions*. Trans. Camb. Philos. Soc., 22(9):159–184, 1916.

322. RAMANUJAN, S.: *Some formulae in the analytic theory of numbers*. Messenger Math., 45:81–84, 1916.

323. RAMANUJAN, S.: *On certain trigonometrical sums and their applications to the theory of numbers*. Trans. Camb. Philos. Soc., 22(13):259–276, 1918.

324. RAO, K. N.: *Generalization of a theorem of Eckford Cohen*. Math. Student, 29:83–87, 1961.

325. RAO, K. N.: *A note on an extension of Euler's ϕ-function*. Math. Student, 29:33–35, 1961.

326. RAO, K. N.: *On an extension Ramanujan's sum*. Neerajana, 1:20–24, 1961.

327. RAO, K. N.: *On extensions of Euler's ϕ-function*. Math. Student, 29:121–126, 1961.

328. RAO, K. N.: *On Jordan function and its extension*. Math. Student, 29:25–28, 1961.

329. RAO, K. N.: *An extension of Schemmel's totient*. Math. Student, 34:87–82, 1966.

330. RAO, K. N.: *On the unitary analogues of certain totients*. Monatshefte für Mathematik, 70:149–154, 1966.

331. RAO, K. N.: *Unitary class divisions of integers (mod n) and related arithmetical identities*. J. Indian Math. Soc., 30:195–205, 1966.

332. RAO, K. N.: *A congruence equation involving the factorisation in residue class ring mod n*. Publ. Math. Debrecen, 14:29–34, 1967.

333. RAO, K. N.: *On a congruence equation and related arithmetical identities*. Monatshefte für Mathematik, 71:24–31, 1967.

334. RAO, K. N.: *Some identities involving an extension of Ramanujan's sum*. Norske Vid. Selsk. Fohr. (Trondheim), 40:18–23, 1967.

335. RAO, K. N.: *A note on a multiplicative function*. Ann. Polon. Math., 21:29–31, 1968.

336. RAO, K. N.: *On an extension of Kronecker's function*. Portugal. Math., 27:169–171, 1968.

337. RAO, K. N.: *A ring of arithmetic functions*. J. Math. Sci, 3:31–34, 1968.

338. RAO, K. N.: *On certain arithmetical sums*. In: GOLDSMITH, D. L. und A. A. GIOIA (Hrsg.): *The Theory of Arithmetic Functions*, Bd. 251 d. Reihe *Lecture Notes in Mathematics*, S. 181–192. Springer, New York, 1972.

339. RAO, K. N. und R. A. SIVARAMAKRISHNAN: *Ramanujan's sum and its applications to some combinatorial problems*. Proc. Tenth Manitoba Conf. Numer. Math. and Comput., 31(Vol. II):205–239, 1981.

340. RAO, R. S. und D. SURYANARAYANA: *The number of pairs of integers with L.C.M.$\leq x$*. Arch. Math., 21:490–497, 1970.

341. RAO, R. S. und D. SURYANARAYANA: *On $\sum_{n \leq x} \sigma^*(n)$ and $\sum_{n \leq x} \phi^*(n)$*. Proc. Amer. Math. Soc., 41:61–66, 1973.

342. REARICK, D.: *A linear congruence with side conditions*. Amer. Math. Monthly, 70:837–840, 1963.

343. REARICK, D.: *Correlations of semi-multiplicative functions*. Duke Math. J., 35:761–766, 1966.

344. REARICK, D.: *Semi-multiplicative functions*. Duke Math. J., 33:49–53, 1966.

345. REARICK, D.: *The trigonometry of numbers*. Duke Math. J., 35:767–776, 1968.

346. REDMOND, D.: *Some remarks on a paper of A. Ivić*. Univ. Beograd Publ. Elektrotehn. Fak. Ser. Mat. Fiz., 634–677:137–142, 1979.

347. REDMOND, D.: *A remark on a paper: „An identity involving Ramanujan's sum" by A. Grytczuk*. Elem. Math., 38:17–20, 1983.

348. REDMOND, D. und R. SIVARAMAKRISHNAN: *Some properties of specially multiplicative functions*. J. Number Theory, 13:210–227, 1981.

349. RICHARDS, I. M.: *A remark on the number of cyclic subgroups of a finite group*. Amer. Math. Monthly, 91:571–572, 1984.

350. RIEGER, G. J.: *Ramanujansche Summen in algebraischen Zahlkörpern*. Math. Nachr., 22:371–377, 1960.

351. ROBINSON, R. L.: *An estimate for the enumerative functions of certain sets of integers*. Proc. Amer. Math. Soc., 17:232–237, 1966.

352. ROTA, G.-C.: *On the foundations of combinatorial theory I. Theory of Möbius functions*. Zeitschrift f. Wahrscheinlichkeitstheorie und verw. Gebiete, 2:340–368, 1964.

353. RYDEN, R. W.: *Groups of arithmetic functions under Dirichlet convolution*. Pacific J. Math., 44:355–366, 1973.

354. SASTRY, K. P. R.: *On the generalized type of Möbius function*. Math. Student, 31:85–88, 1963.

355. SATYANARAYANA, U. V.: *On the inversion properties of the Möbius μ-function*. Math. Gaz., 47:38–42, 1963.

356. SATYANARAYANA, U. V.: *On the inversion properties of the Möbius μ-function II*. Math. Gaz., 49:171–178, 1965.

357. SATYANARAYANA, U. V. und K. PATTABHIRAMASASTRY: *A note on the generalized φ-function*. Math. Student, 33:81–83, 1965.

358. SCHEID, H.: *Arithmetische Funktionen über Halbordnungen, I*. J. Reine Angew. Math., 231:192–214, 1968.

359. SCHEID, H.: *Arithmetische Funktionen über Halbordnungen, II*. J. Reine Angew. Math., 232:207–220, 1968.

360. SCHEID, H.: *Einige Ringe zahlentheoretischer Funktionen*. J. Reine Angew. Math., 237:1–11, 1969.

361. SCHEID, H.: *Über ordnungstheoretische Funktionen*. J. Reine Angew. Math., 238:1–13, 1969.

362. SCHEID, H.: *Funktionen über lokal endlichen Halbordnungen, I*. Monatshefte für Mathematik, 74:336–347, 1970.

363. SCHEID, H.: *Funktionen über lokal endlichen Halbordnungen, II*. Monatshefte für Mathematik, 75:44–56, 1971.

364. SCHEID, H. und R. SIVARAMAKRISHNAN: *Certain classes of arithmetic functions and the operation of additive convolution*. J. Reine Angew. Math., 245:201–207, 1970.

365. SCHWARZ, W.: *Aus der Theorie der zahlentheoretischen Funktionen*. Jahresbericht der Deutschen Mathematiker-Vereinigung, 78:147–167, 1976.

366. SEGAL, S. L.: *Footnote to a formula of Gioia and Subbarao*. Canad. Math. Bull., 9:749–750, 1966.

367. SHADER, L. E.: *The unitary Brauer-Rademacher identity*. Atti Accad. Naz. Lincei Rend. Cl. Sci. Fis. Mat. Natur., 48:403–404, 1970.

368. SHAPIRO, H. N.: *On the convolution ring of arithmetic functions*. Comm. Pure Appl. Math., 25:287–336, 1972.

369. SHOCKLEY, J. E.: *On the functional equation $F(mn)F((m,n)) = F(m)F(n)f((m,n))$*. Pacific J. Math., 18:185–189, 1966.

370. SIVARAMAKRISHNAN, R. A.: *The arithmetic function $\tau_{k,r}$*. Amer. Math. Monthly, 75:988–989, 1968.

371. SIVARAMAKRISHNAN, R. A.: *Generalization of an arithmetic function*. J. Indian Math. Soc., 33:127–132, 1969.

372. SIVARAMAKRISHNAN, R. A.: *Problem E2196*. Amer. Math. Monthly, 77:772, 1970.

373. SIVARAMAKRISHNAN, R. A.: *On three extensions of Pillai's arithmetic function $\beta(n)$*. Math. Student, 39:187–190, 1971.

374. SIVARAMAKRISHNAN, R. A.: *A number-theoretic identity*. Publ. Math. Debrecen, 21:67–69, 1974.

375. SIVARAMAKRISHNAN, R. A.: *On a class of multiplicative arithmetic functions*. J. Reine Angew. Math., 280:157–172, 1976.

376. SIVARAMAKRISHNAN, R. A.: *Multiplicative even functions (mod r). I Structure properties*. J. Reine Angew. Math., 302:32–43, 1978.

377. SIVARAMAKRISHNAN, R. A.: *Multiplicative even functions (mod r). II Identities involving Ramanujan sums*. J. Reine Angew. Math., 302:44–50, 1978.

378. SIVARAMAKRISHNAN, R. A.: *Square-reduced residue systems (mod r) and related arithmetical functions*. Canad. Math. Bull., 22:207–220, 1979.

379. SIVARAMAPRASAD, V. und M. V. SUBBARAO: *Regular convolutions and a related Lehmer problem*. Nieuw Arch. v. Wisk., 3:1–18, 1985.

380. SIVARAMASAMA, A.: *On $\Delta(x,n) = \phi(x,n) - x(\phi(n)/n)$*. Math. Student, 46:160–174, 1978.

381. SMITH, D. A.: *Incidence functions as generalized arithmetic functions, I*. Duke Math. J., 34:617–634, 1967.

382. SMITH, D. A.: *Incidence functions as generalized arithmetic functions, II*. Duke Math. J., 36:15–30, 1969.

383. SMITH, D. A.: *Incidence functions as generalized arithmetic functions, III*. Duke Math. J., 36:353–368, 1969.

384. SMITH, D. A.: *Generalized arithmetic function algebras*. In: GOLDSMITH, D. L. und A. A. GIOIA (Hrsg.): *The Theory of Arithmetic Functions*, Bd. 251 d. Reihe *Lecture Notes in Mathematics*, S. 205–245. Springer, New York, 1972.

385. SOURIAN, J.-M.: *Géneralisation de certaines formules arithmétiques d'inversion*. Revue Sci. (Rev. Rose Illus.), 82:204–211, 1944.

386. STEVENS, H.: *Generalizations of the Euler ϕ function*. Duke Math. J., 38:181–186, 1971.

387. SUBBARAO, M. V.: *Ramanujan's trigonometrical sum and relative partitions*. J. Indian Math. Soc., 15:57–64, 1951.

388. SUBBARAO, M. V.: *A generating function for a class of arithmetic functions*. Amer. Math. Monthly, 70:841–842, 1963.

389. SUBBARAO, M. V.: *The Brauer-Rademacher identity*. Amer. Math. Monthly, 72:135–138, 1965.

390. SUBBARAO, M. V.: *Arithmetic functions satisfying a congruence property*. Canad. Math. Bull., 9:143–146, 1966.

391. SUBBARAO, M. V.: *A congruence for a class of arithmetical functions*. Canad. Math. Bull., 9:571–574, 1966.

392. SUBBARAO, M. V.: *A note on the arithmetical functions $C(m, r)$ and $C^*(n, r)$*. Nieuw Arch. v. Wisk., 14:237–240, 1966.

393. SUBBARAO, M. V.: *An arithmetic function and an associated probability theorem*. Proc. Kon. Nederl. Akad. Wetensch., 70:93–95, 1967.

394. SUBBARAO, M. V.: *A class of arithmetical equations*. Nieuw Arch. v. Wisk., 15:211–217, 1967.

395. SUBBARAO, M. V.: *Arithmetic functions and distributivity*. Amer. Math. Monthly, 75:984–988, 1968.

396. SUBBARAO, M. V.: *Remarks on a paper of P. Kesava Menon*. J. Indian Math. Soc., 32:317–318, 1968.

397. SUBBARAO, M. V.: *On some arithmetic convolutions*. In: GOLDSMITH, D. L. und A. A. GIOIA (Hrsg.): *The Theory of Arithmetic Functions*, Bd. 251 d. Reihe *Lecture Notes in Mathematics*, S. 241–271. Springer, New York, 1972.

398. SUBBARAO, M. V. und Y. K. FENG: *On the distribution of the k-free integers in residue classes*. Duke Math. J., 38:741–748, 1971.

399. SUBBARAO, M. V. und V. C. HARRIS: *A new generalization of Ramanujan's sum*. J. London Math. Soc., 4:595–604, 1966.

400. SUBBARAO, M. V. und D. SURYANARAYANA: *On an identity of Eckford Cohen*. Proc. Amer. Math. Soc., 33:20–24, 1972.

401. SUBBARAO, M. V. und D. SURYANARAYANA: *Some theorems in additive number theory*. Ann. Univ. Sci. Budapest, 15:5–16, 1972.

402. SUBBARAO, M. V. und D. SURYANARAYANA: *Almost and nearly k-free integers*. Indian J. Math., 15:163–169, 1973.

403. SUBBARAO, M. V. und D. SURYANARAYANA: *The divisor problem for (k, r)-integers*. J. Austral. Math. Soc., 15:430–440, 1973.

404. SUBBARAO, M. V. und D. SURYANARAYANA: *On the order of the error function of the (k, r)-integers*. J. Number Theory, 6:112–123, 1974.

405. SUBBARAO, M. V. und D. SURYANARAYANA: *Corrections and additions to „Almost and nearly k-free integers"*. Indian J. Math., 17:172, 1975.

406. SUBBARAO, M. V. und D. SURYANARAYANA: *On the order of the error function of the (k, r)-integers, II*. Canad. Math. Bull., 20:397–399, 1977.

407. SUBBARAO, M. V. und D. SURYANARAYANA: *Sums of the divisor and unitary divisor functions*. J. Reine Angew. Math., 302:1–15, 1978.

408. SUBRAHMANYAN, P. und D. SURYANARAYANA: *The maximal square-free, bi-unitary divisor of m which is prime to n. I*. Ann. Univ. Sci. Budapest. Eötvös Sect. Math., 25:163–174, 1982.

409. SUBRAHMANYAN, P. und D. SURYANARAYANA: *The maximal square-free, bi-unitary divisor of m which is prime to n. II*. Ann. Univ. Sci. Budapest. Eötvös Sect. Math., 25:175–192, 1982.

410. SUBRAHMANYASASTRI, V. und J. HANUMANTHACHARI: *On some aspects of multiplicative arithmetic functions*. Portugal. Math., 38:193–212, 1979.

411. SUCCI, F.: *Sulla expressione del quoziente integrale di due funzioni aritmetiche*. Rend. Mat. Appl., 15(5):80–92, 1956.

412. SUCCI, F.: *Una generalizzazione delle funzioni aritmetiche completamente moltiplicative*. Rend. Mat. Appl., 16(5):255–280, 1957.

413. SUCCI, F.: *Divisibilita integrale localle delle funzioni aritmetiche regolari*. Rend. Mat. Appl., 19(5):174–192, 1960.

414. SUCCI, F.: *Sul gruppo moltiplicativo dello funzioni aritmetiche regolari*. Rend. Mat. Appl., 19(5):458–472, 1960.

415. SUGANAMMA, M.: *Eckford Cohen's generalizations of Ramanujan's trigonometrical sum $C(n, r)$*. Duke Math. J., 27:323–330, 1960.

416. SURYANARAYANA, D.: *Asymptotic formula for $\sum_{n \leq x} \mu(n)^2/n$*. Indian J. Math., 9:543–545, 1967.

417. SURYANARAYANA, D.: *The number of k-ary divisors of an integer*. Monatshefte für Mathematik, 72:445–450, 1968.

418. SURYANARAYANA, D.: *A generalization of Dedekind's ψ-function*. Math. Student, 37:81–86, 1969.

419. SURYANARAYANA, D.: *The greatest divisor of n which is prime to k*. Math. Student, 37:217–218, 1969.

420. SURYANARAYANA, D.: *Note on Liouville's λ- and Euler's ϕ-function*. Math. Student, 37:217–218, 1969.

421. SURYANARAYANA, D.: *The number and sum of k-free integers $\leq x$ which are prime to n*. Indian J. Math., 11:131–139, 1969.

422. SURYANARAYANA, D.: *The number of unitary, squarefree divisors of an integer. I*. Norske Vid. Selsk. Forh. (Trondheim), 42:6–13, 1969.

423. SURYANARAYANA, D.: *The number of unitary, squarefree divisors of an integer. II*. Norske Vid. Selsk. Forh. (Trondheim), 42:14–21, 1969.

424. SURYANARAYANA, D.: *Extensions of Dedekind's ψ-function*. Math. Scand., 26:107–118, 1970.

425. SURYANARAYANA, D.: *A property of the unitary analogue of Ramanujan's sum*. Elem. Math., 25:114, 1970.

426. SURYANARAYANA, D.: *Some theorems concerning the k-ary divisors of an integer*. Math. Student, 39:384–394, 1970.

427. SURYANARAYANA, D.: *Uniform O-estimates of certain error functions connected with k-free integers*. J. Austral. Math. Soc., 11:242–250, 1970.

428. SURYANARAYANA, D.: *New inversion properties of μ^* and μ*. Elem. Math., 26:136–138, 1971.

429. SURYANARAYANA, D.: *Semi-k-free integers*. Elem. Math., 26:39–40, 1971.

430. SURYANARAYANA, D.: *The number of bi-unitary divisors of an integer*. In: GOLDSMITH, D. L. und A. A. GIOIA (Hrsg.): *The Theory of Arithmetic Functions*, Bd. 251 d. Reihe *Lecture Notes in Mathematics*, S. 273–282. Springer, New York, 1972.

431. SURYANARAYANA, D.: *On the core of an integer*. Indian J. Math., 14:65–74, 1972.

432. SURYANARAYANA, D.: *A remark on „Extensions of Dedekind's ψ-function"*. Math. Scand., 30:337–338, 1972.

433. SURYANARAYANA, D.: *Two arithmetic functions and asymptotic densities of related sets.* Portugal. Math., 31:1–11, 1972.

434. SURYANARAYANA, D.: *Remark to „Uniform O-estimates of certain error functions connected with k-free integers".* J. Austral. Math. Soc., 16:177–178, 1973.

435. SURYANARAYANA, D.: *On $\Delta(x, n) = \phi(s, n) - x\phi(n)/n$.* Proc. Amer. Math. Soc., 44:17–21, 1974.

436. SURYANARAYANA, D.: *Congruences for sums of powers of primitive roots and Ramanujan's sum.* Elem. Math., 30:129–133, 1975.

437. SURYANARAYANA, D.: *Corrections to „Congruences for sums of powers of primitive roots and Ramanujan's sum".* Elem. Math., 31:104, 1976.

438. SURYANARAYANA, D.: *The divisor problem for (k, r)-integers, II.* J. Reine Angew. Math., 295:49–56, 1977.

439. SURYANARAYANA, D.: *On a class of sequences of integers.* Amer. Math. Monthly, 84:728–730, 1977.

440. SURYANARAYANA, D.: *On a theorem of Apostol concerning Möbius functions of order k.* Pacific J. Math., 68:277–281, 1977.

441. SURYANARAYANA, D.: *On the distribution of some generalized square-full integers.* Pacific J. Math., 72:547–555, 1977.

442. SURYANARAYANA, D.: *A remark on uniform O-estimate for k-free integers.* J. Reine Angew. Math., 293/294:18–21, 1977.

443. SURYANARAYANA, D.: *Generalization of two identities of Ramanujan and Eckford Cohen.* Boll. Un. Mat. Ital., 15:424–430, 1978.

444. SURYANARAYANA, D.: *On a functional equation relating to the Brauer-Rademacher identity.* Enseign. Math., 24:55–62, 1978.

445. SURYANARAYANA, D.: *On the average order of the function $E(x) = \sum_{n \le x} \phi(n) - 3x^2/\pi^2$. II.* J. Indian Math. Soc., 42:179–195, 1978.

446. SURYANARAYANA, D.: *On the functional equation $s(m, n)F[n/(m, n)] = F(n)h[n/(m, n)]$.* Aequationes Math., 18:322–329, 1978.

447. SURYANARAYANA, D.: *Corrections to „The divisor problem for (k, r)-integers, II".* J. Reine Angew. Math., 305:133, 1979.

448. SURYANARAYANA, D.: *On the order of the error function of the square-full integers.* Period. Math. Hungar., 10:261–271, 1979.

449. SURYANARAYANA, D.: *Some more remarks on uniform O-estimate for k-free integers.* Indian J. Pure Appl. Math., 12:1420–1424, 1981.

450. SURYANARAYANA, D.: *On some asymptotic formulae of S. Wigert.* Indian J. Math., 24:81–98, 1982.

451. SURYANARAYANA, D. und V. S. R. PRASAD: *The number of k-free divisors of an integer.* Acta Arith., 17:345–354, 1970/71.

452. SURYANARAYANA, D. und V. S. R. PRASAD: *The number of pairs of generalized integers with L.C.M.$\le x$.* J. Austral. Math. Soc., 13:411–416, 1972.

453. SURYANARAYANA, D. und V. S. R. PRASAD: *The number of k-free and k-ary divisors of m which are prime to n.* J. Reine Angew. Math., 264:56–75, 1973.

454. SURYANARAYANA, D. und V. S. R. PRASAD: *Sum functions of k-ary and semi-k-ary divisors.* J. Austral. Math. Soc., 15:148–162, 1973.

455. SURYANARAYANA, D. und V. S. R. PRASAD: *Corrections to „The number of k-free and k-ary divisors of m which are prime to n".* J. Reine Angew. Math., 265:182, 1974.

456. SURYANARAYANA, D. und V. S. R. PRASAD: *The number of k-ary divisors of a generalized integer.* Portugal. Math., 33:85–92, 1974.

457. SURYANARAYANA, D. und V. S. R. PRASAD: *The number of k-ary, (k + 1)-free divisors of an integer.* J. Reine Angew. Math., 276:15–35, 1975.

458. SURYANARAYANA, D. und V. S. R. PRASAD: *The number of k-free divisors of an integer. II.* J. Reine Angew. Math., 276:200–205, 1975.

459. SURYANARAYANA, D. und V. S. R. PRASAD: *The number of semi-k-free divisors of an integer.* Ann. Univ. Sci. Budapest Eötvös Sect. Math., 20:5–19, 1977.

460. SURYANARAYANA, D. und R. S. RAO: *On the order of the error function of the k-free integers.* Proc. Amer. Math. Soc., 28:53–58, 1971.

461. SURYANARAYANA, D. und R. S. RAO: *The number of square-full divisors of an integer.* Proc. Amer. Math. Soc., 34:79–80, 1972.

462. SURYANARAYANA, D. und R. S. RAO: *On the average order of the function $E(x) = \sum_{n \leq x} \phi(n) - 3x^2/\pi^2$.* Ark. Mat., 10:99–106, 1972.

463. SURYANARAYANA, D. und R. S. RAO: *Distribution of semi-k-free integers.* Proc. Amer. Math. Soc., 37:340–346, 1973.

464. SURYANARAYANA, D. und R. S. RAO: *The distribution of the square-full integers.* Ark. Mat., 11:195–201, 1973.

465. SURYANARAYANA, D. und R. S. RAO: *On an asymptotic formula of Ramanujan.* Math. Scand., 32:258–264, 1973.

466. SURYANARAYANA, D. und R. S. RAO: *Uniform O-estimate for k-free integers.* J. Reine Angew. Math., 261:146–251, 1973.

467. SURYANARAYANA, D. und R. S. RAO: *Distribution of unitary k-free integers.* J. Austral. Math. Soc., 20:129–141, 1975.

468. SURYANARAYANA, D. und R. S. RAO: *The number of bi-unitary divisors of an integer. II.* J. Indian Math. Soc., 39:261–280, 1975.

469. SURYANARAYANA, D. und R. S. RAO: *On the true maximum order of a class of arithmetical functions.* Math. J. Okayama Univ., 17:95–100, 1975.

470. SURYANARAYANA, D. und R. S. RAO: *The number of unitarily k-free divisors of an integer.* J. Austral. Math. Soc., 21:19–35, 1976.

471. SURYANARAYANA, D. und R. S. RAO: *On an identity of Eckford Cohen. II.* Indian J. Math., 18:171–176, 1976.

472. SURYANARAYANA, D. und M. V. SUBBARAO: *Arithmetical functions associated with the bi-unitary k-ary divisors of an integer.* Indian J. Math., 22:281–298, 1980.

473. SURYANARAYANA, D. und P. SUBRAHAMANYAN: *The maximal k-free divisor of m which is prime to n. I.* Acta Math. Acad. Sci. Hungar., 30:49–67, 1977.

474. SURYANARAYANA, D. und P. SUBRAHAMANYAN: *The maximal k-free divisor of m which is prime to n. II.* Acta Math. Acad. Sci. Hungar., 33:239–260, 1979.

475. SURYANARAYANA, D. und P. SUBRAHAMANYAN: *The maximal k-free unitary divisor of an integer.* Bull. Inst. Math. Acad. Sinica, 9:472–488, 1981.

476. SURYANARAYANA, D. und P. SUBRAHAMANYAN: *The maximal k-full divisor of an integer.* Indian J. Pure Appl. Math., 12:175–190, 1981.

477. SURYANARAYANA, D. und D. T. WALKER: *Some generalizations of an identity of Subhankulov.* Canad. Math. Bull., 20:489–494, 1977.

478. SWAMY, U. M., G. C. RAO und V. S. RAMAJAN: *On a conjecture in a ring of arithmetic functions.* Indian J. Pure Appl. Math., 14:1519–1530, 1983.

479. SZÁSZ, O.: *On Möbius' inversion formula and closed sets of functions.* Trans. Amer. Math. Soc., 62:213–239, 1947.

480. SZÜSZ, P.: *Once more the Brauer-Rademacher theorem.* Amer. Math. Monthly, 74:570–571, 1967.

481. THRIMURTHY, P.: *Some identities in arithmetic functions.* Math. Student, 46:251–258, 1977.

482. VAIDYANATHASWAMY, R.: *On the inversion of multiplicative arithmetic functions.* J. Indian Math. Soc., 17:69–73, 1927. Notes and Questions.

483. VAIDYANATHASWAMY, R.: *The identical equations of the multiplicative function.* Bull. Amer. Math. Soc., 36(10):762–772, 1930.

484. VAIDYANATHASWAMY, R.: *The theory of multiplicative arithmetic functions.* Trans. Amer. Math. Soc., 33:579–662, 1931.

485. VAIDYANATHASWAMY, R.: *A remarkable property of integers mod N and its bearing on group theory.* Proc. Indian Acad. Sci. Sect. A, 5:63–75, 1937.

486. VASU, A. C.: *A generalization of the Brauer-Rademacher identity.* Math. Student, 33:97–101, 1965.

487. VASU, A. C.: *On a certain arithmetic function.* Math. Student, 34:93–95, 1966.

488. VASU, A. C.: *A generating function for $J_{k,l}(m)$.* Math. Student, 40:255–259, 1972.

489. VASU, A. C.: *A note on an extension of Klee's ψ-function.* Math. Student, 40A:36–39, 1972.

490. VASU, A. C.: *Generating functions for $J_{k,l}(m)$, $V_{k,l}(m)$, $\lambda'(m,n)$ and $I^2(m)$.* Math. Student, 41:376–380, 1973.

491. VASU, A. C.: *On three product functions.* Math. Student, 41:381–384, 1973.

492. VENKATARAMAN, C. S.: *Further applications of the identical equation to Ramanujan's sum $C_M(N)$ and Kronecker's function $\rho(M,N)$.* J. Indian Math. Soc., 10:57–61, 1946.

493. VENKATARAMAN, C. S.: *A new identical equation for multiplicative functions of two arguments and its applications to Ramanujan's sum $C_M(N)$.* Proc. Indian Acad. Sci. Sect. A, 24:518–529, 1946.

494. VENKATARAMAN, C. S.: *On some remarkable types of multiplicative functions.* J. Indian Math. Soc., 10:1–12, 1946.

495. VENKATARAMAN, C. S.: *The ordinal correspondence and certain classes of multiplicative functions of two arguments.* J. Indian Math. Soc., 10:81–101, 1946.

496. VENKATARAMAN, C. S.: *A theorem on residues and its bearing on multiplicative functions with a modulus.* Math. Student, 14:59–62, 1946.

497. VENKATARAMAN, C. S.: *Classification of multiplicative functions of two arguments based on the identical equation.* J. Indian Math. Soc., 13:17–22, 1949.

498. VENKATARAMAN, C. S.: *A generalization of Euler's ϕ-function.* Math. Student, 17:34–36, 1949.

499. VENKATARAMAN, C. S.: *On Von Sterneck-Ramanujan function.* J. Indian Math. Soc., 13:65–72, 1949.

500. VENKATARAMAN, C. S.: *Modular multiplicative functions.* J. Madras Univ. Sect. B, 19:69–78, 1950.

501. VENKATARAMAN, C. S. und R. SIVARAMAKRISHNAN: *An extension of Ramanujan's sum.* Math. Student, 40A:211–216, 1972.

502. VENKATARAMAN, T.: *A note on the generalization of an arithmetic function in kth power residues.* Math. Student, 42:101–102, 1974.

503. VENKATRAMAIAH, S.: *On a paper of Kesava Menon.* Math. Student, 41:303–306, 1973.

504. VIETORIS, L.: *Über die Zahl der in einem k-reduzierten Restsystem liegenden Lösungen einer Kongruenz* $x_1 + \ldots + x_r \equiv a \ (m^k)$. Monatsh. Math., 71:55–63, 1967.

505. VIETORIS, L.: *Über eine Zählfunktion von K. Nagaswara Rao.* Monatsh. Math., 72:147–151, 1968.

506. WARD, M.: *The algebra of lattice functions.* Duke Math. J., 5:357–371, 1939.

507. WEISNER, L.: *Abstract theory of inversion of finite series.* Trans. Amer. Math. Soc., 38:474–484, 1935.

508. WEISNER, L.: *Some properties of prime-power groups.* Trans. Amer. Math. Soc., 38:485–492, 1935.

509. WIEGANDT, R.: *On the general theory of Möbius inversion formula and Möbius product.* Acta Sci. Math. Szeged, 20:164–180, 1959.

510. WIGERT, S.: *Sur quelques formules asymptotiques de la theorie des nombres.* Ark. Mat. Astron. Fys., 22B:1–6, 1932.

511. WILSON, B. M.: *Proofs of some formulae enunciated by Ramanujan.* Proc. London Math. Soc., 21:235–255, 1923.

512. WOHLFAHRT, K.: *Über Operatoren Heckescher Art bei Modulformen reeller Dimension.* Math. Nachr., 16:233–256, 1957.

513. WOHLFAHRT, K.: *Über Funktionalgleichungen zahlentheoretischer Funktionen.* Colloq. Math., 27:278–281, 1973.

514. YOCOM, K. L.: *Totally multiplicative functions in regular convolution rings.* Canad. Math. Bull., 16:119–128, 1973.

Personenverzeichnis

Sachverzeichnis

Printed in the United States
By Bookmasters